즐거운 현대대수학 시리즈

즐거운 현대대수 II

김주필 · 최은미 지음

教友社

머 리 말

대학에서 수학을 오래 강의하다 보면 학생들로부터 자주 듣는 질문 중 하나가 자기는 고등학교 때 수학을 잘 하고 흥미가 있어서 수학과에 들어 왔는데 막상 수학을 공부해 보니 자기가 지금까지 생각한 수학과는 너무나 틀려서 매우 실망하고 공부하기가 힘들다고 하는 것이다. 또 어떻게 하면 수학을 잘 할 수 있는지를 묻는 학생도 많다.

요즈음 서점에 가보면 수학과 관련하여 수학을 쉽게 풀어 설명해놓은 책들이 굉장히 많다. 그럼에도 불구하고 지금 학생들의 수학 실력이 옛날보다 월등히 뛰어나지 않는 것을 보면 수학을 쉽게 잘 할 수 있는 방법이 없는 것은 확실하다. 꾸준히 쉬운 것부터 시작해서 하다보면 알게 되고, 알면 재미있고, 재미있어서 또 하고 그러다 보면 자연적으로 도가 터지게 된다.

사실 고등학교까지의 수학은 주로 문제풀이 위주의 수학이다. 수능점수를 잘 받기 위해서는 어쩔 수 없는 일면도 있으나 이것은 이해나 논리적 추론보다는 빠르고 정확한 계산능력과 유형별 문제풀이법의 기계적인 암기 등에 의존한다.

이렇게 해서 어느 정도 목적을 달성할 수는 있겠으나 대부분의 학생들은 그만 수학에 흥미를 잃어버린다. 그러나 수학과에 와서 배우는 수학은 그렇지 않다. 한 마디로 고등학교의 수학은 고전대수이고 수학과의 수학은 현대대수이다.

수학과에서 배우는 수학, 특히 현대대수는 복잡한 계산은 그렇게 많지 않다. 대부분이 다섯줄 이내로 끝나며 어떤 것은 한 줄로 풀 수 있는 것도 많다. 그래도 못하는 것은 기초실력의 부족, 문제 전체의 의미파악과 추론능력의 부족 탓이다. 현대대수를 배우는 과정에서 우리는 잘 알려진 사실로부터 새로운 사실을 계속해서 조사해 나간다.

이러한 과정은 우리가 처음 가정한 구조를 잘 이해해야만 가능하다. 따라서 수학을 잘 하기 위해서는 앞에서 배운 내용과 정의 등 여러 가지 성질을 잘 이해해야 하고 기억해야만 한다. 어떠한 성질들이 필요한지를 판단할 수 있는 직관도 필요하다. 물론 어느 정도의 계산능력과 사고력은 기본이다.

특히 계산을 등한시 하는 경향이 있는데 그렇지 않다. 아무리 풀이과정이 다 맞아도 계산이 틀리면 정확한 답이 나오지 않는다. 최근에는 간단한 계산은 컴퓨터로 할 수 있으므로 지루한 계산을 싫어하여 잘 안하려고 하는데 그래도 귀찮고 힘들어도 꼼꼼하고 정확하게 계산할 수 있어야 한다. 계산은 영어의 단어와 같이 수학의 가장 기본이다. 수학을 잘 하는 사람은 모두 계산을 잘 한다. 그러나 계산 못 하는 사람치고 수학 잘 하는 사람은 없다.

또 몰라도 끝가지 될 때까지 붙들고 늘어지는 끈기와 참을성도 있어야 한다. 끈기는 수학을 하는데 절대적으로 필요하다. 조금 하다가 어렵다고 포기하는 사람은 절대로 수학을 잘 할 수 없다. 이런 사람은 수학뿐만 아니라 아무 것도 잘 할 수 없다. 과거 몇몇 천재적인 수학자를 제외하고 처음부터 수학을 잘 하는 사람은 없다.

사람들은 흔히 수학은 특별히 머리가 좋고 수학에 재능이 있어야 하는 것으로 생각하는데 절대 그렇지 않다. 물론 특별한 재능이 있으면 좋지만 대부분의 유명한 수학자도 수많은 실수와 시행착오를 거쳐 해답을 찾아낸다. 사원수로 유명한 아일랜드의 수학자 해밀턴은 한 문제에 13년을 매달려 결국 해결하였다. 대부분의 사람들은 조금 하다가는 금방 포기한다. 중학생이 초등학교 수학 교과서를 보면 너무 쉬울 것이다. 고등학생이 중학교 교과서를 봐도 마찬가지로 쉽다. 그 이유는 수학공부를 그만큼 더 많이 했기 때문이다.

수학은 한 마디로 머리만 가지고는 되지 않고 투자한 시간만큼 정확하게 비례하여 성과가 나타난다. 일반인의 생각과는 달리 머리만 믿고 노는 학생보다는 열심히 노력하는 학생이 대체로 수학을 잘한다. 그래서 수학을 잘 하는 학생은 다른 것도 잘하고 인간성도 좋다.

결국 결론적으로 수학을 잘 하기 위해서는 1.**정확한 계산능력**, 2.**끈기와 인내심**, 3.**앞에서 배운 내용을 잘 이해하고 기억하기**, 4.**연습문제를 많이 풀어보기**이다. 이것으로 충분하나 여기에 덧붙여 직관(intuitive)과 감(feel)이 있으면 금상첨화이다.

본 교재는 과거 본인이 저술한 대수학 책으로 공부한 학생들의 요청에 의해서 미진한 부분들을 보충하고 어려운 부분들을 개편하여 개정판을 내려고 시도했으나 그러다보니 전체적으로 분량이 너무 많아졌다. 그래서 두 부분으로 나누어 현대대수의 기초적인 부분만 추려서 즐거운 **현대대수** I로 하고, 보다 어렵고 수준이 높은 부분은 즐거운 **현대대수** II로 나누어 두 권으로 만든 것이다.

이 책은 사실 즐거운 현대대수를 두 부분으로 나눈 1권 2권 중 **2권**에 해당한다. 본 저술의 특징으로는

1. 되도록 많은 예제를 수록하여 정의나 정리를 이해하기 쉽게 하였다. 특히 정의 다음에는 반드시 그 정의에 해당하는 예와 그렇지 않은 예를 들어서 정의의 구체적 의미를 쉽게 이해하게 하였다.
2. 각 장의 끝에 다양한 많은 문제를 수록하여 초보자부터 대학원생까지 자기 수준에 알맞은 문제를 선택하여 풀 수 있도록 하였다.
3. 다양한 독자의 구미에 맞게 가능하면 많은 내용을 수록하도록 노력하였다. 그러다 보니 어떤 것은 너무 어려운 것도 있고 너무 쉬운 것도 있고 불필요하다고 생각되는 것도 있을 수 있을 것이다. 읽는 사람이 잘 판단하여 자기의 수준에 맞게 취사선택하기 바란다. 너무 어렵고 이해가 잘 안 되는 부분은 그냥 넘어가면 된다. 나중에 대학원에 가거나 이 책을 다 읽고 난 후에 다시 보면 그때는 이해가 될 것이다. 어디까지나 학부 학생 수준으로 이해 못할 내용은 없다. 수학 전공자가 아닌 비전공자도 고등학교 수학 정도의 실력과 이 책의 부록에 있는 기초적인 집합지식만 있으면 혼자서도 충분히 독학할 수 있을 정도로 쉽게 설명하였다.
4. 이 책은 실제로는 즐거운 **현대대수** I의 연장으로 체의 성질과 그 응용부분이 주 단원이다. 따라서 이 책을 읽기 전에 반드시 즐거운 **현대대수** I을 먼저 공부하여야 한다. 또 대학원과정이나 각종시험을 준비하는 학생들에게는 현대대수에서 취급하는 일반적인 군과 환의 성질 중 비교적 어렵고 까다로운 내용도 필요한 경우가 있으므로 부록 편에 수록하였다. 따라서 현대대수의 보다 심화된 내용을 공부하고자하는 학생위주로 편집하였다.
5. 문제풀이는 이 책 뒤에 풀어놓으려고 했으나 양이 너무 많고 또 한 두 번 풀다가 안 되면 바로 풀이를 보고 싶은 유혹에 넘어가서 결국 스스로 풀기를 포기하는 폐단을 막기 위하여 따로 **연습문제 풀이집**을 만들었다. 그러나 가능하면 풀이는 본인이 직접 한 후 풀이집으로 확인하는 정도로 하는 것이 좋다. 중요한 것은 틀려도 본인이 스스로 풀려고 노력하는 가운데 실력이 향상된다는 것이다. 가능하면 풀이 전에 요점과 힌트를 적어 놓았다. 특히 약간의 변형은 있으나 대부분의 문제는 정리의 증명과정이 바로 풀이법과 같다는 사실이다. 문제를 잘 풀기 위해서는 해당되는 정리와

그 증명법을 잘 알아야 한다.

대학교재를 보면 강의하는 사람들 위주로 쓴 책도 있고 순수하게 학생들을 위한 책도 있는데 이 책은 가능하면 강의자 중심이 아닌 배우는 학생의 입장에서 저술하고자 최대한 노력하였다. 그래도 이해가 안 되는 부분도 있고 어려운 부분도 있을 것이다.

이 책을 읽고 의문점이 있으면 jpkim@hnu.ac.kr로 연락하거나 또는 한남대학교 수학과 홈페이지로 접속하면 된다. 이 책으로 공부하여 수학에 흥미를 가지고 대수학을 좀 더 쉽게 배울 수 있다면 저자로서 더 이상 바랄 것이 없겠다.

앞으로 여건이 허락한다면 응용대수 부분을 추가하여 현대대수의 완결본을 만들고자 한다. 여러 가지로 도와주신 동료 교수, 조교, 가족, 출판사 여러분께 감사말씀 드린다.

2010년 3월, 오정골에서

저 자

차 례

단원 3.

체

지금까지 우리는 군과 환에 대해서 공부하였다. 이제부터는 지금까지 공부한 내용을 바탕으로 하여 체를 공부해 보자. 어떻게 보면 앞으로 배우게 될 내용들이 진짜 대수학이다. 한편의 연극을 공연하기 위해서는 대본도 필요하고 무대장치, 음향, 조명, 연기할 배우와 배역 등 모든 것이 준비되고 여러 번의 리허설을 거쳐야 비로소 연극을 공연한다. 지금까지는 이 모든 것의 준비과정이고 이제부터 연극이 시작된다고 봐야 한다. 그래서 군이나 환의 내용은 사실 좀 애매하고 모호해서 과연 이것을 배워 무엇을 하고 어디에 쓰나 하는 의문도 생긴다. 물론 간단한 응용은 할 수 있다. 그러나 근본적으로는 체를 이용하여 고대로부터 내려오는 기하문제, 방정식의 해에 관한 문제 등 수천년 동안 수학자를 괴롭혀온 문제 등을 해결한다. 이러한 문제들은 칼로 두부를 자르듯이 단숨에 해결되는 것은 아니다. 각 단계마다 조금씩 조금씩 문제에 접근하여 어떤 부분은 해결하고 나머지는 다시 미해결인체로 남겨두고 또 일부분을 풀고 이와 같이 하여 결국 최근의 현대대수에서 완전히 베일을 벗겨버린다. 그래서 지금까지 배운 군, 환은 마치 수학을 하기 위한 수학처럼 보였겠지만 사실은 그렇지 않다. 현대대수는 상아탑 속에 있는 학문이 아니다. 실제 어떤 목표를 향하여 발전되어왔다. 과거의 수학은 대부분 $\mathbb{Q}$, $\mathbb{R}$, $\mathbb{C}$ 혹은 $\mathbb{R}\times\mathbb{R}$ 평면에서의 도형, 함수 등 체를 바탕으로 하였다. 따라서 대수도 이러한 대상들을 일반화시키고 추상화시킨 체를 연구하는 것은 너무도 당연한 일이다. 기하를 포함한 많은 문제들이 실제적인 계산에서는 체를 빌려서 표현되고 체 이론으로 변형된다. 그래서 지금부터는 체를 중점적으로 공부한다.

23 확대체
(Extension Fields)

어떤 체 F가 주어졌을 때 눈을 F의 안쪽으로 돌려서 F의 모든 부분체를 구할 수도 있고 바깥쪽으로 돌려서 F의 확대체를 볼 수도 있다. F와 부분체와는 어떤 관계가 있듯이 F와 F의 확대체 사이에도 여러 가지 관계가 있다. 이 관계는 군의 라그랑즈의 정리와 매우 흡사하다. 군에서는 주로 부분군을 많이 공부했으나 체에서는 확대체를 많이 다룬다. 그 이유는 몇 가지 있으나 가장 큰 이유로 우리가 다항식의 근을 구할 때를 예를 들어서 설명하자. 수는 처음 자연수, 정수, 유리수, 실수, 복소수로 차례대로 발전하였다. 이렇게 수가 커지게 된 근본원인은 다항식의 근의 존재성 때문이다. $x+5=3$은 계수가 자연수이나 그 근은 자연수가 아니다. 그래서 이 근이 존재하도록 음수를 도입하여 정수를 만들었다. 마찬가지로 $3x=2$ 같은 다항식의 근을 구하다가 유리수를 만들고 또 $x^2+1=0$의 근은 실수에서 존재하지 않는다. 그래서 복소수를 새롭게 만들었다. 이와 같이 우리는 수 체계를 확대해 나갔는데 체도 이와 같이 F의 원소를 계수로 가지는 다항식이 F 안에서 근이 없을 경우 근이 존재하는 F를 확대한 체 K를 만들어 나간다.

정의 23.1 F, K는 체이다. $K \subset F$일 때 K를 F의 **부분체**(subfield)라고 한다. 또 F를 K의 **확대체**(extension field)라고 하고 $F \le K$로 표시한다.

정의에서 K가 F의 부분체이면 K는 F의 사칙, 즉 더하기(addition), 빼기(subtraction), 곱하기(multiplication), 0이 아닌 원소의 나누기(division)에 대해서 닫혀있다.

【예제 1】 $\mathbb{Q}$는 $\mathbb{R}$, $\mathbb{C}$의 부분체이다. 또 $\mathbb{C}$는 $\mathbb{R}$의 확대체이다.

$a(x) \in \mathbb{C}[x]$, $\deg a(x) = n$이면 $a(x)$는 $\mathbb{C}$ 안에서 n개의 근 $c_1, c_2, \cdots, c_n$을 가진다. 따라서 $a(x)$는 $\mathbb{C}[x]$에서 $a(x) = c(x-c_1)(x-c_2)\cdots(x-c_n)$와 같이 일차식으로 인수분해된다. 이런 의미에서 복소수 $\mathbb{C}$는 다항식에 관한 한은 거의 완벽한 체계를 갖췄다고 볼 수 있다. 그러면 일반적인 체 F에서는 어떨까? 어떤 체 F에서는 $a(x) \in F[x]$가 F 내에서 근을 한 개도 안가질 수도 있고 또 어떤 체 K에서는 $a(x) \in K[x]$가 $\deg a(x)$ 만큼의 근을 K 내에서 가질 수도 있다. 이것은 다항식 $a(x)$와 체 F의 성질에 따라서 결정된다. 그러나 중요한 사실은 임의의 체 F와 임의의 상수가 아닌 다항식 $a(x) \in F[x]$에 대해서도 $a(x)$는 F의 확대체 K에서 $\deg a(x)$ 만큼의 근을 가질 수 있도록 F의 확대체 K를 만들 수 있다는 것이다. 따라서 $a(x)$는 $K[x]$에서

$$a(x) = c(x-u_1)(x-u_2)\cdots(x-u_n), \quad u_i \in K$$

으로 인수분해 할 수 있다. 바로 이것이 체의 확대를 공부하는 중요한 이유이다.

정리 23.1 F는 체, $p(x) \in F[x]$, $p(x)$는 $F[x]$에서 기약이다. $\langle p(x) \rangle = J$라고 두면

$$E = F[x]/J$$

는 F의 확대체이다.

증명 $p(x) \in F[x]$는 $F[x]$에서 기약이므로 앞 정리 22.5에서 $E = F[x]/J$는 체가 됨을 알 수 있다. E가 F를 포함함을 보이기 위해서 다음과 같은 함수 h를 정의하자.

$$h : F \to E,\ h(a) = \overline{a}\ \ (= a + J)$$

h가 단사인 환준동형사상이 되면 F는 E에 매입되므로 E는 F의 확대체로 볼 수 있다. 만일 $a, b \in F$, $h(a) = h(b)$이면 $\overline{a} = \overline{b}$이므로 $a - b \in J$이고 따라서

$$p(x) \mid a - b$$

가 된다. 그런데 $\deg p(x) \geq 1$이므로 따라서 $a = b$가 되어 h는 단사이다. h가 환준동형사상이 됨은 상환의 정의에서 쉽게 알 수 있다. 따라서 F는 E에 매입된다. 당연히 E에서는 F의 원소 a와 $\overline{a} = a + J$는 동일시한다. □

실제로 위의 함수 h는 다항식환 $F[x]$에서 상환 $F[x]/J$로의 전형적 전사

$$\pi : F[x] \to F[x]/J,\ \pi(f(x)) = \overline{f(x)}\ \ (= f(x) + J)$$

를 F로 축약한 $\pi|_F$이다.

정리 23.2 (확대체의 기본정리) F는 체이다. $a(x) \in F[x]$가 상수가 아닌 다항식이면 $a(x)$의 근을 포함하는 F의 확대체가 존재한다. 다시 말해서 u는 $a(x)$의 근, $u \in E$인 F의 확대체 E가 존재한다.

증명 $a(x)$는 $F[x]$에서 기약인 다항식의 곱으로 표시할 수 있다. $p(x)$를 $a(x)$의 기약인 한 인수라 하고

$$E = F[x]/\langle p(x) \rangle$$

라고 하면 위의 정리 23.1에서 E는 F의 확대체이다.

$$p(x) = a_0 + a_1 x + \cdots + a_n x^n \in F[x]$$

라 하자. 전형적전사

$$\pi : F[x] \to F[x]/\langle p(x) \rangle,\ \pi(f(x)) = f(x) + \langle p(x) \rangle$$

의 $x \in F[x]$의 상

$$\pi(x) = \bar{x} = x + \langle p(x) \rangle \in E$$

가 $p(x)$의 근이 됨을 보이자. $\pi(p(x)) \in F[x]/\langle p(x) \rangle$는

$$\pi(p(x)) = \overline{p(x)} = p(x) + \langle p(x) \rangle = \bar{0}$$

이고 π는 환준동형사상이므로

$$\bar{0} = \overline{p(x)} = \overline{a_0} + \overline{a_1}\,\bar{x} + \overline{a_2}\,\bar{x}^2 \cdots + \overline{a_n}\,\bar{x}^n$$

인 데 우리는 F는 E에 매입되므로 $a \in F$는 $\bar{a} \in E$와 동일하게 생각하면 $\overline{a_i}$와 a_i는 같은 것으로 취급한다.

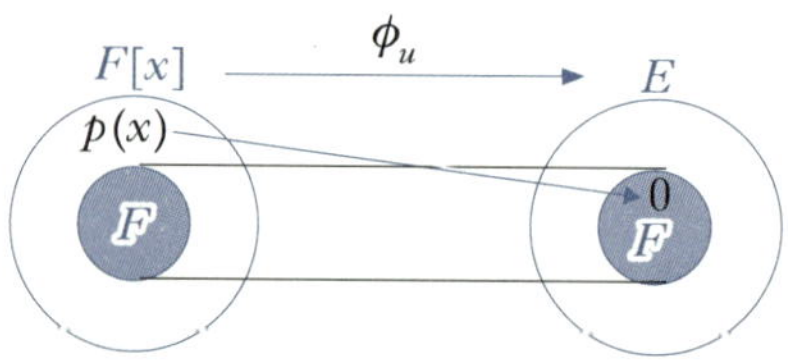

[그림 23.1]

따라서 $\bar{x} = u$라 두면

$$\begin{aligned}\phi_u(p(x)) &= a_0 + a_1 u + a_2 u^2 + \cdots + a_n u^n \\ &= a_0 + a_1\bar{x} + a_2\bar{x}^2 \cdots + a_n\bar{x}^n \\ &= \bar{0}\end{aligned}$$

이므로 u는 $p(x)$의 근이 됨을 알 수 있다. $p(x)$는 $a(x)$의 인수이므로 따라서 u는 $a(x)$의 근이 된다. □

위의 정리를 계속 반복하면 $a(x)$의 모든 근을 포함하는 체를 만들 수 있다.

정리 23.3 $a(x) \in F[x]$, $\deg a(x) = n$이면 $a(x)$의 모든 근을 포함하는 F의 확대체 E가 존재한다. 따라서 E에서는 $a(x)$는 일차식 $c(x-u_1)(x-u_2)\cdots(x-u_n)$, $u_i \in E$으로 인수분해된다.

【예제 2】 $p(x) = x^2 + 1 \in \mathbb{R}[x]$라고 하면 $\mathbb{R}$에서 $p(x)$는 근을 가지지 않는다. 따

라서 $p(x)$는 $\mathbb{R}$에서 기약이다.

$$\langle x^2+1 \rangle = J,\ \ \mathbb{R}[x]/J = \mathbb{C}$$

라고 하면 정리 23.1에 의해 $\mathbb{C}$는 $\mathbb{R}$을 포함하는 체이고 위의 정리 23.2에서 $i = \bar{x} = x + J \in \mathbb{C}$는 $p(x)$의 근이다. 따라서

$$i^2 + 1 = \bar{x}^2 + 1 = \overline{x^2+1} = (x^2+1) + J = \bar{0}$$

이다. 임의의 $\mathbb{C}$의 원소는

$$\overline{f(x)} = f(x) + J,\ f(x) \in \mathbb{R}[x]$$

꼴로 표시된다. $\mathbb{R}[x]$에서 나눗셈 정리에 의해서

$$f(x) = (x^2+1)q(x) + (ax+b),\ q(x),\ ax+b \in \mathbb{R}[x]$$

로 나타낼 수 있다. 따라서 $\mathbb{C}$에서

$$\begin{aligned}\overline{f(x)} &= \overline{(x^2+1)q(x)+ax+b} \\ &= (\overline{x^2+1})\overline{q(x)} + \overline{ax+b}\end{aligned}$$

이다. 그런데

$$\overline{x^2+1} = \bar{0}$$

이므로

$$\overline{f(x)} = a\bar{x} + b = ai + b$$

이다. 따라서

$$\mathbb{C} = \{ai + b \mid a,\ b \in \mathbb{R},\ i^2+1=0\}$$

로 쓸 수 있다. 복소수는 이와 같이 만들어졌다.

【예제 3】 $a(x) = x^4 - x^3 - x + \bar{1} \in \mathbb{Z}_5[x]$라 하면 우선 $a(\bar{1}) = \bar{0}$이므로

$$a(x) = (x - \bar{1})(x^3 - \bar{1}) = (x - \bar{1})(x - \bar{1})(x^2 + x + \bar{1})$$

로 분해된다. 그런데 $x^2+x+\bar{1}$는 $\mathbb{Z}_5$에서 근이 없으므로 기약이다.

$$K=\mathbb{Z}_5[x]/\langle x^2+x+\bar{1}\rangle$$

라고 하면 K는 $\mathbb{Z}_5$의 확대체이고 $u=\bar{x}\in K$는 $x^2+x+\bar{1}$의 근이 된다. 따라서 K에서 $x^2+x+\bar{1}$는 $x-u$로 나누어진다. 실제로 $x^2+x+\bar{1}$를 $x-u$로 나누면 몫은 $x+u+\bar{1}$, 나머지는 $u^2+u+\bar{1}$가 된다. 즉

$$x^2+x+\bar{1}=(x-u)(x+u+\bar{1})+u^2+u+\bar{1}$$

인데 당연히 $u^2+u+\bar{1}=\bar{0}$이다. K의 임의의 원소는

$$\overline{f(x)}=f(x)+\langle x^2+x+\bar{1}\rangle,\ f(x)\in\mathbb{Z}_5[x]$$

꼴이다. 나눗셈 정리에서

$$f(x)=(x^2+x+\bar{1})q(x)+(ax+b),\ q(x),\ ax+b\in\mathbb{Z}_5[x]$$

로 쓸 수 있다. 따라서 K에서

$$\begin{aligned}\overline{f(x)}&=\overline{(x^2+x+\bar{1})}\,\overline{g(x)}+\overline{ax+b}\\&=(u^2+u+\bar{1})\overline{g(x)}+au+b\\&=au+b\end{aligned}$$

이므로 결국

$$K=\{au+b\mid a,\ b\in\mathbb{Z}_{5,}\ u^2+u+\bar{1}=\bar{0}\}$$

로 쓸 수 있다. 그런데 $a,\ b\in\mathbb{Z}_5$이므로 결국 K의 원소의 개수는 5^2개가 됨을 알 수 있다.

E는 F의 확대체이고 $u\in E$라고 하자. 집합

$$S=\{K\mid K\text{는 } u\text{와 } F\text{를 포함하는 체}\}$$

는 E를 원소로 가지므로 $\varnothing$가 아니다. 따라서

$$F(u)=\cap\{K\mid K\text{는 } u\text{와 } F\text{를 포함하는 체}\}$$

라고 하면 $F \le F(u) \le E$이고 $F(u)$는 F와 u를 포함하는 가장 작은 체가 된다. 이 체는 많이 나오므로 정의를 하자.

정리 23.4 E는 F의 확대체, $u \in E$이다. F와 u를 포함하는 최소의 체를 $F(u)$라 적고 F의 **단순확대체**(simple extension)라고 부른다.

정의에서 $F(u)$는 F와 u를 포함하는 모든 체에 포함된다. 그런데 $F(u)$의 구체적인 모양은 알 수가 없다. 그러나 실제로 이 $F(u)$의 모양은 u가 $F[x]$의 어떤 다항식의 근이 되느냐 아니냐에 따라서 결정된다. 그래서 우리는 또 다음과 같은 정의를 한다. 이 정의는 많이 쓰이므로 잘 기억하여야 한다.

정리 23.5 E는 F의 확대체이다. $u \in E$가 $F[x]$의 0이 아닌 어떤 다항식의 근이 될 때 u를 F**상에서 대수적**(algebraic over F)이라고 부른다. 또 u가 $F[x]$의 어떠한 다항식의 근도 되지 않을 때 F**상에서 초월적**(transcendental over F)이라고 한다.

F의 확대체 E의 임의의 원소는 대수적이거나 아니면 초월적이거나 둘 중 하나이다. 또 정의에서 $u \in E$가 F상에서 대수적이 될 필요충분조건은 $p(u)=0$이 되는 0이 아닌 다항식 $p(x)$가 $F[x]$에 존재할 경우이다. 여기서 뒤에 붙은 F상에서란 말에 유의해야 한다. 같은 원소 u가 뒤에 붙은 이 말에 따라서 대수적일 때도 있고 초월적일 때도 있다.

【예제 4】 $\mathbb{C}$는 $\mathbb{R}$의 확대체, $i \in \mathbb{C}$에서 i는 $x^2+1 \in \mathbb{R}[x]$의 근이므로 따라서 i는 $\mathbb{R}$상에서 대수적이다. 마찬가지로 $2+i \in \mathbb{C}$는 $x^3-x^2-7x+15 \in \mathbb{Q}[x]$의 근이므로 $2+i$는 $\mathbb{Q}$상에서 대수적이다. $\sqrt[3]{5} \in \mathbb{R}$은 $x^5-3 \in \mathbb{Q}[x]$의 근이므로 $\mathbb{Q}$상에서 대수적이다.

【예제 5】 체 F에서 F의 임의의 원소 u는 $a(x)=x-u \in F[x]$이고 $a(u)=0$이므로

F상에서 대수적이다.

【예제 6】 $2^{\sqrt{5}} \in \mathbb{R}$ 은 유리수를 계수로 하는 어떠한 다항식의 근도 될 수 없다. 따라서 $2^{\sqrt{5}}$는 $\mathbb{Q}$ 상에서 초월적이다. 그러나 당연히 $\mathbb{R}$ 상에서는 대수적이다.

【예제 7】 $\pi, e \in \mathbb{R}$ 은 계수가 유리수인 다항식의 근이 될 수 없다. 따라서 $\mathbb{Q}$ 상에서 초월적이다. 이 증명은 조금 어려운데 Herstein([12], p. 216)을 참고하기 바란다. 실제로 π, e가 무리수란 사실도 증명하기가 쉽지 않다. 그래도 e가 무리수임은 쉽게 증명되지만 π가 무리수가 된다는 사실은 매우 어려워서 19세기(1882년 F. Lindemann)에 와서야 겨우 증명할 수 있었다.

실수 중에서 $\mathbb{Q}$ 상에서 대수적인 수를 간단히 **대수적수**(algebraic number)라고 부른다. 당연히 모든 유리수는 대수적이다. 또 무리수 중에서도 $\sqrt{2}$ 같은 것은 $x^2-2 \in \mathbb{Q}[x]$의 근이므로 대수적이다. 따라서 대수적수는 유리수 전부와 무리수의 일부를 포함한다. 대수적인 수와 초월적인 수 중 어느 것이 많은지 간단히 생각하면 대수적인 수가 많을 것 같으나 실제적으로는 초월적인 수가 훨씬 많다. 대수적인 수의 개수는 가부번(countable)이고 초월적인 수의 개수는 비가부번(uncountable)이다.

【예제 8】 $u = \sqrt[3]{1+\sqrt{2}} \in \mathbb{R}$ 은 대수적 수이다. 그 이유는 $x = \sqrt[3]{1+\sqrt{2}}$ 라 두면

$$x^3 = 1+\sqrt{2}, \ (x^3-1)^2 = 2$$

로부터 $x^6-2x^3-1=0$이므로 u는 $x^6-2x^3-1 \in \mathbb{Q}[x]$의 근이다.

앞으로는 주로 대수적인 경우만 취급한다. 먼저 u가 F상에서 대수적일 때 $F(u)$의 모양을 조사해 보자.

정리 23.6 E는 F의 확대체, $u \in E$이다.
(1) u가 F상에서 대수적일 필요충분조건은 $\text{Ker}\ \phi_u \neq 0$이다.
(2) u가 F상에서 초월적일 필요충분조건은 $\text{Ker}\ \phi_u = 0$이다.

증명 (1) u가 F상에서 대수적이면 정의에서

$$p(x) \neq 0 \in F[x],\ \ \phi_u(p(x)) = p(u) = 0$$

인 다항식이 존재한다. 따라서 $p(x) \in \text{Ker}\ \phi_u$이므로 $\text{Ker}\ \phi_u \neq 0$이다. 역으로 $\text{Ker}\ \phi_u \neq 0$이면

$$p(x) \neq 0,\ \ p(x) \in \text{Ker}\ \phi_u$$

인 $p(x)$를 생각하면 $p(u) = 0$이므로 u는 $p(x)$의 근이 된다. 따라서 u는 F상에서 대수적이다.

(2)는 (1)이 아닌 경우이다. □

따름정리 23.7 E는 F의 확대체, $u \in E$이다. u가 F상에서 초월적일 필요충분조건은 대입함수 $\phi_u : F[x] \to E$가 단사일 때이다.

정리 23.8 E는 F의 확대체이다. $u \in E$가 F상에서 대수적이면 다음의 세 가지 성질을 만족하는 다항식 $p(x) \in F[x]$가 단 한 개 존재한다.
(1) u는 $p(x)$ 근이다.
(2) 만일 u가 $f(x) \in F[x]$의 근이면 $p(x)$는 $f(x)$를 나눈다.
(3) $p(x)$는 선두계수가 1이고 $F[x]$에서 기약이다.

증명 앞 정리 23.6에서 $\text{Ker}\ \phi_u \neq 0$이다. $\text{Ker}\ \phi_u$는 $F[x]$의 아이디얼이므로 정리 22.2에 의해서

$$\text{Ker}\ \phi_u = \langle p(x) \rangle,\ p(x) \in F[x],\ p(x) \neq 0$$

로 둘 수 있다. 실제로 $p(x)$는 u가 근이 되는 다항식 중 차수가 최소인 다항식이다. 만일 $p(x)$의 선두계수 c가 1이 아니면 $c^{-1}p(x)$의 선두계수는 1이고

$$\text{Ker}\,\phi_u = \langle p(x) \rangle = \langle c^{-1}p(x) \rangle$$

이므로 우리는 아예 $p(x)$의 선두계수가 1이라고 가정해도 상관없다.

(1) $p(x) \in \text{Ker}\,\phi_u$이므로 $p(u)=0$이다.

(2) 만일 $f(u)=0$이면 $f(x) \in \text{Ker}\,\phi_u$이므로 $f(x) \in \langle p(x) \rangle$이고 따라서 $p(x) \mid f(x)$이다.

(3) 만일

$$p(x) = a(x)b(x),\ \ a(x),\ b(x) \in F[x]$$

라면 $0=p(u)=a(u)b(u) \in E$로 부터 $a(u)=0$ 또는 $b(u)=0$이다. 따라서 (2)에서 $p(x) \mid a(x)$ 또는 $p(x) \mid b(x)$이다. 따라서 $\deg p(x) \le \deg a(x)$ 또는 $\deg p(x) \le \deg b(x)$이다. 따라서 $\deg b(x)=0$이거나 $\deg a(x)=0$, 즉 $b(x)$는 상수이거나 $a(x)$는 상수이다. 따라서 $p(x)$는 $F[x]$에서 기약이다.

마지막으로 $p(x)$는 유일함을 보이자. 만일 위의 성질을 만족시키는 다른 $h(x) \in F[x]$가 존재한다면 (2)에 의해서

$$p(x) \mid h(x),\ \ h(x) \mid p(x)$$

이므로 $p(x)$, $h(x)$는 동반원소이다. $p(x)=th(x)$, $t \in F$ 꼴로 적을 수 있다. 그런데 양쪽의 선두계수를 비교하면 결국 $t=1$이 되어 $p(x)=h(x)$가 된다. □

위의 정리 23.8을 만족시키는 다항식 $p(x) \in F[x]$는 자주 나오고 또 중요하므로 이름이 붙어있다.

정의 23.2 위의 정리 23.8의 $p(x) \in F[x]$를 F상에서 u의 극소다항식(minimal polynomial of u over F)이라고 부른다.

F상에서 u의 극소다항식을 $\min_F u$, $\text{irr}(u, F)$ 또는 $\text{irr}_F u$ 등으로 표시한다.

$p(x)$가 F상에서 u의 극소다항식이 될 필요충분조건은 선두계수가 1이고 $p(u)=0$이 되는 F상에서 차수가 가장 낮은 기약다항식이다.

【예제 9】 $\sqrt{3}\in\mathbb{R}$ 의 $\mathbb{Q}$ 상에서의 극소다항식은 x^2-3이다. 그러나 $\sqrt{3}\in\mathbb{R}$ 의 $\mathbb{R}$ 상에서 극소다항식은 당연히 $x-\sqrt{3}$ 이다.

【예제 10】 $u=\sqrt{3}+\sqrt{5}\in\mathbb{R}$ 의 $\mathbb{Q}$ 상에서 극소다항식은 u가 근이고 계수가 유리수가 되도록 제곱을 반복하면 된다. 우선

$$u^2=8+2\sqrt{15}$$

이고 다시 $\sqrt{15}\notin\mathbb{Q}$ 이므로

$$u^2-8=2\sqrt{15}$$

에서 $(u^2-8)^2=60$. 따라서

$$u^4-16u^2+4=0$$

이 되므로 $p(x)=x^4-16x^2+4\in\mathbb{Q}[x]$는 u의 $\mathbb{Q}$ 상에서 극소다항식이다. $p(x)$는 $\mathbb{Q}[x]$에서 기약이 됨을 증명해 보라. (정리 23.8의 (3) 이용)

【예제 11】 $i\in\mathbb{C}$ 의 $\mathbb{Q}$ 상에서의 극소다항식은 x^2+1이다.

【예제 12】 $\mathbb{Q}$ 상에서 $\frac{1}{2}\sqrt[3]{1+\sqrt{2}}\in\mathbb{R}$ 의 극소다항식은 $\frac{1}{2}\sqrt[3]{1+\sqrt{2}}=x$라 두면

$$1+\sqrt{2}=8x^3,\ (8x^3-1)^2=2$$

로부터 $64x^6-16x^3-1=0$. 따라서

$$x^6-\frac{1}{4}x^3-\frac{1}{64}\in\mathbb{Q}[x]$$

는 $\mathbb{Q}$ 상에서 $\frac{1}{2}\sqrt[3]{1+\sqrt{2}}$ 의 극소다항식이다.

그러면 이제는 단순확대체 $F(u)$의 구체적인 모양을 조사해 보자.

정리 23.9 E는 F의 확대체, $u \in E$이다.

(1) u가 F상에서 대수적이면

$$F(u) = \mathrm{Im}\ \phi_u = \{a(u) \mid a(x) \in F[x]\}$$

이다.

(2) u가 F상에서 초월적이면

$$F(u) = \left\{ \frac{a(u)}{b(u)} \,\middle|\, a(x),\ b(x) \in F[x],\ b(u) \neq 0 \right\}$$

이다.

증명 (1) 대입함수 $\phi_u : F[x] \to E$에서 $\mathrm{Ker}\ \phi_u = \langle p(x) \rangle$, $p(x)$는 u의 F상에서의 극소다항식이고 준동형사상의 기본정리에서

$$F[x]/\langle p(x) \rangle \cong \mathrm{Im}\ \phi_u \subset E$$

이다. $p(x)$는 F상에서 기약이므로 $\langle p(x) \rangle$는 $F[x]$의 극대아이디얼이고 따라서 $F[x]/\langle p(x) \rangle$는 체가 되어 $\mathrm{Im}\ \phi_u$는 체이다. 즉 E는 $\mathrm{Im}\ \phi_u$의 확대체이다. 임의의 $y \in \mathrm{Im}\ \phi_u$에 대해서

$$y = a_0 + a_1 u + \cdots + a_n u^n,\ a_i \in F$$

로 적을 수 있고 $a_i \in F \subset F(u)$, $u \in F(u)$이므로 당연히 $y \in F(u)$이다. 따라서

$$\mathrm{Im}\ \phi_u \subset F(u)$$

이다. 또 임의의 $a \in F$에 대해서 $\phi_u(a) = a$이므로

$$F \subset \mathrm{Im}\ \phi_u,\ \phi_u(x) = u \in \mathrm{Im}\ \phi_u$$

이므로 단순확대체의 정의에서

$$F(u) \subset \mathrm{Im}\ \phi_u$$

따라서 $F(u) = \mathrm{Im}\ \phi_u$이다.

(2) u가 F상에서 초월적이면 $\phi_u : F[x] \to E$는 단사준동형사상이다. 따라서 $\phi_u(F[x])$는 E의 부분환이다. 그런데 $\phi_u(F[x]) = \mathrm{Im}\ \phi_u$는 체가 되지 못하므로

$\text{Im}\,\phi_u$의 분수체 K를 만들면 K는 $\text{Im}\,\phi_u$를 포함하는 최소의 체이다. (1)과 마찬가지로 $\text{Im}\,\phi_u \subset F(u)$이므로 분수체의 정의에서 $K \subset F(u)$이다. 또

$$F \subset \text{Im}\,\phi_u \subset K,\ \ u \in \text{Im}\,\phi_u \subset K$$

이므로 $F(u) \subset K$이다. 따라서 $K = F(u)$가 된다. □

따름정리 23.10 E, K는 F의 확대체이고, $u \in E$, $v \in K$이다. 만일 u, v의 F상에서의 극소다항식이 같으면 $F(u) \cong F(v)$이다.

증명 $p(x)$를 u, v의 F상에서의 극소다항식이라고 하면

$$F(u) = \text{Im}\,\phi_u \cong F[x]/\langle p(x) \rangle \cong \text{Im}\,\phi_v = F(v)$$

이다. □

【예제 13】 $\mathbb{Q}(\sqrt{3}) \cong \mathbb{Q}(-\sqrt{3})$이다. 그러나 $\mathbb{Q}(\sqrt{3}) \not\cong \mathbb{Q}(\sqrt{2})$이다 (그 이유는 p. 460 예제 28.5 참조).

$u \in E$가 F상에서 대수적이면 $F(u)$의 원소는 $F[x]$의 모든 다항식에 x 대신 u를 대입한 것이므로 모양은 알 수 있으나 원소는 무한히 많다. 그러나 실제로 임의의 $f(x) \in F[x]$에 대해서 u의 극소다항식 $p(x)$로 나누면

$$f(x) = p(x)q(x) + r(x),\ \ \deg r(x) < \deg p(x)$$

로 적을 수 있으므로

$$f(u) = r(u)$$

로 표시된다. 따라서 u의 극소다항식의 차수를 n라고 하면

$$\begin{aligned} F(u) &= \{f(u) \mid f(x) \in F[x]\} \\ &= \{r(u) \mid r(x) \in F[x],\ \deg r(x) < n\} \\ &= \{a_0 + a_1 u + \cdots + a_{n-1} u^{n-1} \mid a_i \in F\} \end{aligned}$$

로 표시할 수 있다. 이 부분에 대해서는 뒤에 벡터공간을 이용해서 좀 더 자세히 공부하도록 하자.

【예제 14】 $\sqrt{3} \in \mathbb{R}$ 은 $\mathbb{Q}$ 상에서 대수적이고 $\sqrt{3}$ 의 $\mathbb{Q}$ 상에서 극소다항식은 x^2-3 이다. 따라서 단순확대체 $\mathbb{Q}(\sqrt{3})$은

$$\mathbb{Q}(\sqrt{3})=\{a+b\sqrt{3} \mid a,\ b\in\mathbb{Q}\}$$

【예제 15】 $\sqrt[3]{2} \in \mathbb{R}$ 에 대해서도 단순확대체 $\mathbb{Q}(\sqrt[3]{2})$는

$$\mathbb{Q}(\sqrt[3]{2})=\{a+b\sqrt[3]{2}+c(\sqrt[3]{2})^2 \mid a,\ b,\ c\in\mathbb{Q}\}$$

이다.

【예제 16】 $i\in\mathbb{C}$ 의 $\mathbb{R}$ 상에서 극소다항식은 x^2+1이다. 따라서

$$\mathbb{R}(i)=\{a+bi \mid a,\ b\in\mathbb{R}\}$$

이다.

【예제 17】 $a(x)=x^2+x+\bar{2}\in\mathbb{Z}_3[x]$는 $a(\bar{0})=\bar{2}$, $a(\bar{1})=\bar{1}$, $a(\bar{2})=\bar{2}$이므로 $\mathbb{Z}_3$상에서 기약이다. 확대체의 기본정리에 의해서 $a(x)$의 근을 포함하는 $\mathbb{Z}_3$의 확대체 E가 존재한다. $u\in E$를 $a(x)$의 근이라고 하면 u는 $\mathbb{Z}_3$상에서 대수적이고 $a(x)$는 u의 $\mathbb{Z}_3$상에서 극소다항식이다. 따라서

$$\mathbb{Z}_3(u)=\{a+bu \mid a,\ b\in\mathbb{Z}_3\}$$

이므로 $\mathbb{Z}_3(u)$는 위수가 9인 체이다. $\mathbb{Z}_3(u)$의 원소의 연산은 연산한 후 2차 이상의 항은 $u^2+u+\bar{2}=\bar{0}$를 대입하면 된다. 예를 들어

$$(\bar{2}+\bar{2}u)+(\bar{1}+\bar{2}u)=\bar{3}+\bar{4}u=u$$
$$(\bar{2}+\bar{2}u)(\bar{1}+\bar{2}u)=\bar{2}+\bar{6}u+\bar{4}u^2=\bar{2}+u^2=-u=\bar{2}u$$

이다.

【예제 18】 $a(x)=x^3+x+\bar{1}\in\mathbb{Z}_2[x]$는 $\mathbb{Z}_2$상에서 기약이다. $\mathbb{Z}_2$의 확대체 E에서 $a(x)$의 근을 u라고 하면

$$\mathbb{Z}_2(u)=\{a+bu+cu^2 \mid a,\ b,\ c\in\mathbb{Z}_2\}$$

이므로 $\mathbb{Z}_2(u)$는 위수가 $2^3=8$인 체이다. $\bar{1}+u^2$의 곱의 역원을 구해보면

$x^3+x+\bar{1}\in\mathbb{Z}_2[x]$는 기약이므로 $\bar{1}+x^2\in\mathbb{Z}_2[x]$와 서로 소이다. 따라서

$$(x^3+x+\bar{1})g(x)+(\bar{1}+x^2)h(x)=\bar{1}$$

인 $g(x),\ h(x)\in\mathbb{Z}_2[x]$가 존재한다. 따라서

$$(u^3+u+\bar{1})g(u)+(\bar{1}+u^2)h(u)=\bar{1}$$

에서 $h(u)$가 $\bar{1}+u^2$의 역원이 된다. 구체적으로 $h(u)=a+bu+cu^2$이라 두고 구해보면

$$\begin{aligned}(\bar{1}+u^2)(a+bu+cu^2)&=a+bu+(c+a)u^2+bu^3+cu^4\\&=a+bu+(c+a)u^2+b(-u-\bar{1})+c(-u^2-u)\\&=(a-b)+(b-b-c)u+(c+a-c)u^2\end{aligned}$$

에서 $a-b=\bar{1},\ -c=\bar{0},\ a=\bar{0}$이므로 u가 $\bar{1}+u^2$의 역원이다.

【예제 19】 $a(x)=x^3-3x-1\in\mathbb{Q}[x]$는 기약이다. $a(x)$의 한 근을 $u\in\mathbb{C}$ 라고 하면 u는 $\mathbb{Q}$상에서 대수적이고 u의 $\mathbb{Q}$상에서의 기약다항식은 $a(x)$이다. $u^4+2u^3+3\in\mathbb{Q}(u)$의 역원을 구해보자.

$$x^4+2x^3+3=(x^3-3x-1)(x+2)+(3x^2+7x+5)$$

이므로

$$u^4+2u^3+3=3u^2+7u+5$$

이다. x^3-3x-1은 기약이므로

$$(x^3-3x-1)g(x)+(3x^2+7x+5)h(x)=1$$

인 $g(x),\ h(x)\in\mathbb{Q}[x]$가 존재한다. 여기서 $h(u)$가 u^4+2u^3+3의 역원이 됨을 알 수 있다. 실제로 $h(u)=\dfrac{7}{111}u^2-\dfrac{26}{111}u+\dfrac{28}{111}$이다. 각자 구해보기 바란다.

위의 여러 예와 정리에서 알 수 있듯이 $u\in E$가 F상에서 대수적이면 $F(u)$는 u의 극소다항식과 F에 의해서 결정됨을 알 수 있다. E는 별 상관이 없다.

연습문제(23)

1. c가 F상에서 대수적이면 $c+1$, kc도 F상에서 대수적임을 보여라(단, $k \in F$).

2. cd가 F상에서 대수적이면 c는 $F(d)$상에서 대수적임을 보여라.

3. E는 F의 확대체, $a \in E$이다. a의 F상에서의 극소다항식의 차수가 1이면 $a \in F$이고 그 역도 성립함을 보여라.

4. $\sqrt{2+\sqrt[3]{3}}$ 의 $\mathbb{Q}$ 상에서의 극소다항식을 구하여라.

5. $u=\sqrt{2}+i$의 극소다항식은
   (1) $\mathbb{R}$ 상에서는 $x^2-2\sqrt{2}x+3$
   (2) $\mathbb{Q}$ 상에서는 x^4-2x^2+9
   (3) $\mathbb{Q}(i)$상에서는 $x^2-2ix-3$
   임을 보여라.

6. $\sqrt{3}+i$의 다음 체상에서의 극소다항식을 구하여라.
   (1) $\mathbb{R}$
   (2) $\mathbb{Q}$
   (3) $\mathbb{Q}(i)$
   (4) $\mathbb{Q}(\sqrt{3})$

7. 다음 다항식이 $\mathbb{Q}$ 상에서 u의 극소다항식이 되도록 u를 정하여라.
   (1) x^2+2x-7
   (2) x^4+2x^2-1
   (3) x^4-10x^2+1

8. E는 F의 확대체, $u \in E$, $a \neq 0 \in F$이다. 다음을 증명하여라.
   (1) $F(u)=F(u+a)$, $F(u)=F(au)$
   (2) $F(u^2) \subset F(u)$, $F(u+v) \subset F(u, v)$
   (3) $u+a$가 $p(x)$의 근이면 u는 $p(x+a)$의 근이고 역도 성립한다.
   (4) au가 $p(x)$의 근이면 u는 $p(ax)$의 근이고 역도 성립한다.
   (5) $p(x)$는 F상에서 기약이고 u가 $p(x+a)$의 근이면 $F[x]/\langle p(x+a)\rangle \cong F(u)$, $F[x]/\langle p(x)\rangle \cong F(a+u)$이다.

9. Char $F \neq 2$, E는 유한체 F의 확대체이고 $a, b \in F$이다. $p(x) = x^2 - a$, $q(x) = x^2 - b$는 F상에서 기약이다.

(1) $H = \{x^2 | x \in F^*\}$이면 $|H| = \frac{1}{2}|F^*|$임을 보여라.

(2) $ab^{-1} = c^2$인 $c \in F$가 존재함을 보여라.

(3) $q(x)$의 근 $\sqrt{b} \in E$는 $p(cx)$의 근이 됨을 보여라.

10. 다음 수는 $\mathbb{Q}$상에서 대수적임을 보이고 이것을 근으로 하는 기약 다항식을 구하여라.

(1) $1 + \sqrt{2}$

(2) $\sqrt{2} + \sqrt{3}$

(3) $\sqrt{\sqrt[3]{2} - 1}$

(4) $1 - i$

(5) $\sqrt{2} + w$ (단, w는 $x^2 + x + 1 = 0$의 근)

11. p는 소수이다. $\mathbb{Z}_p[x]/\langle x^2 + \bar{1} \rangle$가 체가 될 필요충분조건은 $x^2 + \bar{1} \in \mathbb{Z}_p[x]$가 $\mathbb{Z}_p$에서 근을 가지지 않음을 보여라.

12. $\mathbb{Q}[x]/\langle x^3 + 2x + 2 \rangle$는 체가 되는가? 또 $\mathbb{R}[x]/\langle x^3 + 2x + 2 \rangle$는 체가 되는가?

13. 다음과 같은 위수를 가지는 체 F를 만들어라.

(1) 8

(2) 9

(3) 27

(4) 125

14. F는 유한체이다. F의 표수를 p라고 하면 F의 모든 원소는 소체 $\mathbb{Z}_p$상에서 대수적임을 보여라.

15. $5 \in \mathbb{Z}[i] = \{a + bi | a, b \in \mathbb{Z}, i^2 = -1\}$는 가약임을 보여라.

16. (1) $x^2 + \bar{1}$은 $\mathbb{Z}_3[x]$에서 기약임을 보여라.

(2) α를 $\mathbb{Z}_3$의 확대체에서 $x^2 + \bar{1}$의 근이라고 하면 $\mathbb{Z}_3(\alpha)$의 위수는 얼마인가?

(3) $\mathbb{Z}_3(\alpha)$의 원소를 구하고 연산표를 만들어라.

17. (1) $p \neq 2$인 소수이다. $\mathbb{Z}_p$에는 다른 원소의 제곱으로 표시되지 않는 원소가 존재함을 보여라.

(2) 임의의 소수 p에 대해서 위수가 p^2인 체가 존재함을 보여라.

18. E는 F의 확대체이다. $\alpha \in E$는 F상에서 초월적이다. $F(\alpha)-F$의 모든 원소는 F상에서 초월적임을 보여라.

19. (1) $x^3+x^2+\bar{1}$은 $\mathbb{Z}_2$상에서 기약임을 보여라.

(2) α를 $\mathbb{Z}_2$의 확대체에서 $x^3+x^2+\bar{1}$의 근이라고 하면 $x^3+x^2+\bar{1}$은 $\mathbb{Z}_2(\alpha)[x]$에서 3개의 일차식으로 인수분해됨을 보여라.

20. $\mathbb{Q}[\sqrt[3]{2}]=\{a+b\sqrt[3]{2}+c(\sqrt[3]{2})^2 | a,\ b,\ c \in \mathbb{Q}\}$는 $\mathbb{R}$의 부분체임을 보여라.

24 벡터공간
(Vector Spaces)

우리는 선형대수에서 벡터공간의 여러 성질, 예를 들면 기저, 일차결합, 벡터와 스칼라 등을 배웠다. 이러한 성질들은 체에서도 매우 필요하다. 시간관계상 벡터공간 전체를 다시 재탕할 수는 없고 앞으로 우리가 확대체를 공부하는데 필요한 벡터공간의 성질들만 간단히 기술하도록 하겠다.

정리 24.1 F는 체이다. V가 F상에서 **벡터공간**(vector space)이란 $(V, +)$는 아벨군이고 임의의 $a \in F$, $v \in V$에 대해서 $av \in V$이고 다음과 같은 성질을 만족시킬 때를 말한다. 모든 $a, b \in F$와 $v, w \in V$에 대해서

(1) $a(v+w) = av + aw$

(2) $(a+b)v = av + bv$

(3) $a(bv) = (ab)v$

(4) $1v = v$

V가 체 F상에서 벡터공간일 때 V의 원소를 **벡터**(vector), F의 원소를 **스칼라**(scalar)라 부른다. 또 $a \in F$, $v \in V$의 곱 av를 **스칼라곱**이라고 한다.

【예제 1】 $\mathbb{R}^n = \{(a_1, a_2, \cdots, a_n) \mid a_i \in \mathbb{R}\}$이다. $\mathbb{R}^n$에 $+$를 다음과 같이 정의하고

$$(a_1, a_2, \cdots, a_n) + (b_1, b_2, \cdots, b_n) = (a_1 + b_1, a_2 + b_2, \cdots, a_n + b_n)$$

임의의 $a \in \mathbb{R}$에 대해서 스칼라 곱을

$$a(a_1, a_2, \cdots, a_n) = (aa_1, aa_2, \cdots, aa_n)$$

이라고 하면 $\mathbb{R}^n$은 $\mathbb{R}$ 상에서 벡터공간이다.

【예제 2】 $H(\mathbb{R}) = \{f \mid f : \mathbb{R} \to \mathbb{R}\}$이라고 하자. $f, g \in H(\mathbb{R})$에 대해서

$$(f+g)(x) = f(x) + g(x)$$

스칼라 곱

$$(af)(x) = af(x)$$

라고 하면 $H(\mathbb{R})$은 $\mathbb{R}$ 상에서 벡터공간이다.

【예제 3】 다항식환 $F[x]$에서 연산 $+$만 생각하면 $(F[x], +)$는 아벨군이다. 또 $a \in F$, $f(x) \in F[x]$에 대해서 $af(x)$를 다항식의 상수곱으로 생각하면 $F[x]$는 F상에서 벡터공간이다.

마지막으로 제일 중요한 예제이다.

【예제 4】 F는 체이고 E는 F의 확대체이다. $(E, +)$는 가환군이다. $a \in F$, $v \in E$에 대해서 av는 a, v를 모두 E의 원소로 생각해서 E에서의 곱으로 생각하면 E는 F상에서 벡터공간이 된다.

환에서의 증명과 비슷한 방법으로 우리는 다음 사실을 증명할 수 있다.

정리 24.2 V가 F상에서 벡터공간이면 다음이 성립한다.
(1) 임의의 $v \in V$에 대해서 $0v=0$, $(-1)v=-v$이다.
(2) 임의의 스칼라 $a \in F$에 대해서 $a0=0$이다.
(3) $av=0$이면 $a=0$ 또는 $v=0$이다.

정의 24.1 V는 F상에서 벡터공간이다. $a_1, a_2, \cdots, a_n \in F$, $v_1, v_2, \cdots, v_n \in V$일 때 $w=a_1v_1+a_2v_2+\cdots+a_nv_n$인 벡터를 $v_1, v_2, \cdots, v_n$의 **일차결합**(linear combination)이라고 부른다. 또 이때 스칼라 a_i를 v_i의 **계수**(coefficient)$(1 \leq i \leq n)$라고 한다.

【예제 5】 $\mathbb{C}$는 $\mathbb{R}$의 확대체이다. 따라서 복소수 $\mathbb{C}$는 실수 $\mathbb{R}$상에서 벡터공간으로 볼 수 있다. 그런데 임의의 복소수는 실수 $\mathbb{R}$과 $\{1, i\}$로 나타낼 수 있다. 즉 $\mathbb{C}=\{a+bi \mid a, b \in \mathbb{R}\}$이므로 결국 모든 복소수는 $1, i$의 일차결합으로 표시할 수 있다.

위의 예제 5와 같이 벡터공간의 모든 원소를 특별한 몇 개의 벡터의 일차결합으로 표시할 수 있으면 매우 편리하다.

【예제 6】 $\mathbb{Q}$의 확대체 $\mathbb{R}$에서 $r=2\pi+3\sqrt{5}$는 π, $\sqrt{5}$의 일차결합으로 볼 수 있다. 계수는 2, 3이다.

정의 24.2 V는 F상에서 벡터공간이다. $S \subset V$이고 V의 모든 원소가 S의 원소의 일차결합으로 표시될 때 집합 S는 V를 **생성한다**(span) 또는 V는 S에 의해서 생성된다라고 한다.

【예제 7】 복소수 $\mathbb{C}$는 $S=\{1, i\}$에 의해서 생성된다. 마찬가지로 임의의 복소수 $z=a+bi$는

$$z=(a+b)-b(1+i)+b(2i)$$

이므로 $S=\{1, 1+i, 2i\}$도 $\mathbb{C}$를 생성함을 알 수 있다.

【예제 8】 $\mathbb{Q}[x]$는 $\mathbb{Q}$상에서 벡터공간이다.

$$S=\{1, x, x^2, \cdots\}$$

라고 하면 S는 $\mathbb{Q}[x]$를 생성한다.

【예제 9】 $S=\{1, \sqrt{5}\}$는 $\mathbb{Q}$상에서 $\mathbb{R}$을 생성하지 못한다. 왜냐하면 $\sqrt{3}\in\mathbb{R}$은 1과 $\sqrt{5}$의 일차결합으로 표시할 수 없다.

정의 24.3 V는 F상에서 벡터공간이다. $S\subset V$이고 만일

$$a_1v_1+a_2v_2+\cdots+a_nv_n=0,\ a_i\in F,\ v_i\in S$$

이면 모든 $a_i=0$일 때 S를 **일차독립**(linearly independent)이라고 한다. S가 일차독립이 아닐 때 **일차종속**(linearly dependent)이라고 한다.

결국 V의 부분집합 S가 일차독립이라는 말은 S의 원소의 일차결합이 0이면 일차결합의 모든 계수가 0이라는 뜻이다.

【예제 10】 복소수 $\mathbb{C}$에서 $a+bi=0$이면 $a=b=0$이므로 $S=\{1, i\}$는 일차독립이다. 마찬가지로 $a+b\sqrt{5}=0$, $a, b\in\mathbb{Q}$이면 $a=b=0$이기 때문에 $S=\{1, \sqrt{5}\}$는 $\mathbb{Q}$상에서 $\mathbb{R}$의 일차독립인 부분집합이다.

【예제 11】 $S=\{1, 1+i, 2i\}$는 일차종속이다. 그 이유는 $2(1)-2(1+i)+1(2i)=0$이지만 계수는 0이 아니다.

'A면 B이다.'의 부정은 'A이나 B가 아니다.'이므로 일차종속은 일차독립의 부정이므로 결국 S가 일차종속일 필요충분조건은

$$a_1v_1+a_2v_2+\cdots+a_nv_n=0,\ a_i\in F,\ v_i\in S$$

이면서 어떤 a_i는 0이 아니다($a_i\neq 0$ for some i).

【예제 12】 $\mathbb{R}^3$에서

$$a(1,\ 0,\ 0)+b(1,\ 1,\ 0)+c(1,\ 1,\ 1)=(0,\ 0,\ 0)$$

이라면

$$(a+b+c,\ b+c,\ c)=(0,\ 0,\ 0)$$

이다. 따라서 $a=b=c=0$ 이 되어

$$\{(1,\ 0,\ 0),\ (1,\ 1,\ 0),\ (1,\ 1,\ 1)\}$$

은 일차독립이다. 그러나 $\{(1,\ 1,\ 1),\ (1,\ 1,\ 2),\ (0,\ 0,\ 1)\}$은

$$(-1)(1,\ 1,\ 1)+(1)(1,\ 1,\ 2)+(-1)(0,\ 0,\ 1)=(0,\ 0,\ 0)$$

이고 계수는 $-1,\ 1,\ -1$이므로 일차종속이다.

S가 일차종속이면

$$a_1v_1+\cdots+a_nv_n=0,\ (v_i\in S)\text{일 때 } a_i\neq 0$$

인 스칼라 가 존재하므로 양변에 a_i^{-1}를 곱하면

$$v_i=a_i^{-1}a_1v_1+\cdots+a_i^{-1}a_{i-1}v_{i-1}+a_i^{-1}a_{i+1}v_{i+1}+\cdots+a_i^{-1}a_nv_n$$

이 되어 v_i가 S의 나머지 원소들의 일차결합으로 표시된다. 마찬가지로 S가 일차독립이면 S의 어떤 원소도 S의 나머지 원소들의 일차결합으로 표시할 수 없다.

【예제 13】 $\{1,\ 1+i,\ 2i\}$는 $2(1)-2(1+i)+1(2i)=0,\ 1\neq 0$ 이므로 일차종속이고 따라서 $2i=-2(1)+2(1+i)$와 같이 $2i$는 나머지 $1,\ 1+i$의 일차결합으로 표시된다.

【예제 14】 $F[x]$에서 $a_0+a_1x+\cdots+a_nx^n=0$이면 모든 $a_i=0$이므로

$$S=\{1, x, x^2, \cdots\}$$

은 $F[x]$에서 일차독립이다.

다음 정리는 너무나 당연하므로 증명은 생략한다.

정리 24.3 V는 F상에서 벡터공간이다.
(1) $S\subset V$, $0\in S$면 S는 무조건 일차종속이다.
(2) $v\neq 0$이면 $\{v\}$는 무조건 일차독립이다.

정리 24.4 V는 F상에서 벡터공간이다. $S=\{v_1, v_2, \cdots, v_n\}$가 일차종속일 필요충분조건은 S의 어떤 원소 v_i는 $v_1, v_2, \cdots, v_{i-1}$의 일차결합으로 표시된다$(1\leq i\leq n)$.

증명 S가 일차종속이면

$$a_1v_1+a_2v_2+\cdots+a_nv_n=0$$

이면서 0이 아닌 스칼라 a_k $(1\leq k\leq n)$가 존재한다. 0이 아닌 스칼라 중 제일 뒤에 나오는 것을 a_i라고 하면

$$a_1v_1+\cdots+a_iv_i=0,\ a_i\neq 0$$

이므로 v_i는 $v_1, v_2, \cdots, v_{i-1}$의 일차결합으로 표시된다. 역으로 $v_i=a_1v_1+a_2v_2+\cdots+a_{i-1}v_{i-1}$이라고 하면

$$a_1v_1+a_2v_2+\cdots+(-1)v_i+\cdots+0v_n=0$$

이고 v_i의 계수는 -1이므로 S는 일차종속이다. □

다음 정리도 쉽게 증명할 수 있다.

정리 24.5 V는 F상에서 벡터공간이고 $S\subset V$이다.
(1) S가 V를 생성하면 S를 포함하는 임의의 집합도 V를 생성한다.
(2) S가 일차독립이면 S의 임의의 부분집합도 일차독립이다.

정리 24.6 V는 F상에서 벡터공간이다. 만일 $S=\{v_1, v_2, \cdots, v_n\}$가 V를 생성하고 v_i가 $v_1,\cdots,v_{i-1}$의 일차결합이면 $S-\{v_i\}$도 V를 생성한다.

증명

$$v_i = a_1v_1 + a_2v_2 + \cdots + a_{i-1}v_{i-1}$$

로 쓸 수 있다. 임의의 $v\in V$는 $v_1, v_2, \cdots, v_n$의 일차결합

$$v = b_1v_1 + b_2v_2 + \cdots + b_nv_n$$

으로 쓸 수 있으므로

$$v = b_1v_1 + b_2v_2 + \cdots + b_i(a_1v_1 + \cdots + a_{i-1}v_{i-1}) + \cdots + b_nv_n$$

으로 표시된다. 이 식에서 v_i는 없어졌다. □

【예제 15】 복소수 $\mathbb{C}$에서 $\{1, 1+i, 2i\}$는 $\mathbb{C}$를 생성한다. 또 $2i$는 $\{1, 1+i\}$의 일차결합으로 표시되므로 결국 $\{1, 1+i\}$는 $\mathbb{C}$를 생성한다. 실제로 임의의 $z=a+bi\in\mathbb{C}$는 $z=(a-b)1+b(1+i)$로 쓸 수 있다.

정의 24.4 V는 F상에서 벡터공간이다. V의 부분집합 S가 일차독립이고 V를 생성할 때 S를 V의 **기저(basis)**라고 한다.

【예제 16】 $\{1, i\}$는 $\mathbb{C}$의 기저이다. 또 $\{1, 1+i\}$도 역시 $\mathbb{C}$의 기저가 된다. 그러나 $\{1, 1+i, 2i\}$는 $\mathbb{C}$의 기저가 될 수 없다.

【예제 17】 $S=\{1, x, x^2, \cdots\}$는 $F[x]$의 기저이다.

【예제 18】

$$S=\{(1, 0, 0), (0, 1, 0), (0, 0, 1)\}$$

라고 하면 임의의 $(a, b, c)\in\mathbb{R}^3$는

$$(a, b, c)=a(1, 0, 0)+b(0, 1, 0)+c(0, 0, 1)$$

이므로 S는 $\mathbb{R}^3$을 생성한다. 또 만일

$$a_1(1, 0, 0)+a_2(0, 1, 0)+a_3(0, 0, 1)=(0, 0, 0)$$

이면 $a_1=a_2=a_3=0$이므로 S는 일차독립이다. 따라서 S는 $\mathbb{R}^3$의 기저이다.

$$S=\{(1, 2, 3), (1, 0, 2), (3, 2, 1)\}$$

도 역시 $\mathbb{R}^3$의 기저가 됨을 알 수 있다.

위의 예제에서 보는 바와 같이 벡터공간은 수많은 서로 다른 기저를 가질 수 있다. 그러나 모든 기저 사이에는 한 가지 공통점이 있다. 즉 모든 기저에 속하는 원소의 개수는 동일하다는 사실이다. 다음 정리를 살펴보자.

정리 24.7 V는 F상에서 벡터공간이다. $S=\{v_1, v_2, \cdots, v_n\}$은 V를 생성하고 $T=\{u_1, u_2, \cdots, u_m\}$은 일차독립이면 $m\leq n$이다.

증명 u_1은 $v_1, v_2, \cdots, v_n$의 일차결합으로 쓸 수 있으므로 정리 24.4, 24.5에 의해서 집합 $\{u_1, v_1, v_2, \cdots, v_n\}$은 일차종속이다. 따라서 다시 위의 정리 24.4에 의해서 v_i는 $u_1, v_1, \cdots, v_{i-1}$의 일차결합으로 표시할 수 있다$(1\leq i\leq n)$. 또 $\{u_1, v_1, v_2, \cdots, v_n\}$도 역시 V를 생성하므로 앞 정리 24.6에 의해서 집합

$$S_1=\{u_1, v_1, v_2, \cdots, v_n\}-\{v_i\}$$

도 V를 생성한다. 이 집합 S_1에 대해서 다시 u_2를 적용해서 같은 방법을 반복

하면 $\{u_2, u_1, v_1, \cdots, v_n\}-\{v_i\}$는 일차종속이므로 이 집합에서 원소 한 개를 뺀 나머지 집합 S_2가 V를 생성한다. u_2, u_1는 일차독립이므로 빠지는 원소는 S이 원소이다. 따라서

$$S_2=\{u_2, u_1, v_1, \cdots, v_n\}-\{v_i, v_j\}$$

는 V를 생성한다. 집합 S_2를 자세히 보면 S에 u_2, u_1이 들어오고 대신 v_i, v_j가 빠져나갔다. 만일 $m>n$이면 이 작업을 n번 반복하면 결국

$$S_n=\{u_n, \cdots, u_2, u_1\}$$

이 V를 생성한다. 그러면 u_m이 $u_1, u_2, \cdots, u_n$의 일차결합으로 표시되게 되어서 $T=\{u_1, u_2, \cdots, u_m\}$이 일차독립이라는 사실에 모순이다. 따라서 $m\leq n$이다. □

기저는 일차독립이고 또 V를 생성하므로 서로의 역할을 한 번씩 바꾸면 다음 결과를 얻을 수 있다.

따름정리 24.8 F상에서 벡터공간 V의 임의의 두 기저의 원소의 개수는 동일하다.

정의 24.5 V가 F상에서의 벡터공간일 때 V의 임의의 기저에 속하는 원소의 개수를 V의 **차원**(dimension)이라고 한다. V의 차원이 유한이면 V를 **유한차원 벡터공간**(finite dimensional vector space), V의 차원이 무한이면 V를 **무한차원 벡터공간**(infinite dimensional vector space)라 부른다.

벡터공간 V의 차원이 n일 때 보통 $\dim V=n$로 표시한다. 또 V가 무한차원 벡터공간일 때는 $\dim V=\infty$로 적는다.

【예제 19】 $\{1, x, x^2, \cdots\}$은 $F[x]$의 F상에서의 기저이므로 $F[x]$는 무한차원 벡터공간이다. $\{1, i\}$는 $\mathbb{R}$상에서 $\mathbb{C}$의 기저이므로 $\mathbb{C}$의 차원은 2이다.

【예제 20】 예제 18에서 $\mathbb{R}^3$의 차원은 3이다. 일반적으로 $\mathbb{R}^n$의 차원은 n이다. 보

통 $\mathbb{R}^n$을 n-차원 유클리드 벡터공간(n-dimensional Euclidean vector space)이라고 한다. $\mathbb{R}$은 $\mathbb{Q}$상에서 무한차 벡터공간이다. 그 이유는 나중에 살펴보자.

우리는 다음과 같은 기저에 대한 재미있는 정리를 얻을 수 있다.

정리 24.9 V는 F상에서의 유한차 벡터공간, $S=\{v_1, v_2, \cdots, v_n\} \subset V$이다.
(1) S가 V를 생성하면 $B \subset S$인 V의 기저 B가 존재한다.
(2) S가 일차독립이면 $S \subset B$인 V의 기저 B가 존재한다.

증명 (1) 만일 S가 일차독립이면 S가 V의 기저이다. S가 일차종속이면 앞 정리 24.4와 24.6에서 $S_1=S-\{v_i\}$가 역시 V를 생성한다. 이 방법을 계속 반복하여 원소를 차례로 제거해 나가면 언젠가는 일차독립인 S_k가 생겨난다. 물론 집합 S_k는 역시 V를 생성한다(최악의 경우에는 단 한 개의 벡터만 남는 수도 있다).

(2) $T=\{u_1, u_2, \cdots, u_m\}$을 V의 임의의 기저라 하자.

$$S \cup T=\{v_1, v_2, \cdots, v_n, u_1, u_2, \cdots, u_m\}$$

은 V를 생성한다. (1)과 같이 원소를 차례로 제거해 나가면 $B \subset S \cup T$인 V의 기저 B를 구할 수 있다. 그런데 $S \subset B$이다. 왜냐하면 $v_1, v_2, \cdots, v_n$은 일차독립이므로 v_i가 절대로 $v_1, \cdots, v_{i-1}$의 일차결합으로 표시될 수 없으므로 v_i는 제거되지 않는다. □

정리 24.10 V는 n차 벡터공간이다.
(1) $S=\{v_1, \cdots, v_n\}$이 일차독립이면 S는 V의 기저이다.
(2) $T=\{w_1, \cdots, w_n\}$이 V를 생성하면 T는 V의 기저이다.

마지막으로 기저의 성질을 기술한다.

정리 24.11 $B=\{v_1, v_2, \cdots, v_n\}$가 F상에서의 벡터공간 V의 기저이면 V의 임의의 원소는 B의 원소들로 유일한 형태로 표시된다.

증명 $v \in V$라고 하면 v는 B의 원소의 임차결합으로 표시된다. 만일

$$v=a_1v_1+a_2v_2+\cdots+a_nv_n=b_1v_1+b_2v_2+\cdots+b_nv_n, \ a_i, \ b_i \in F$$

라고 하면

$$(a_1-b_1)v_1+(a_2-b_2)v_2+\cdots+(a_n-b_n)v_n=0$$

따라서 $a_i=b_i$이다 $(i=1, 2, \cdots, n)$. □

정의 24.6 V가 F상에서 벡터공간이고 $W \subset V$가 역시 F상에서 벡터공간이 될 때 W를 V의 부분공간(subspace)이라고 한다.

【예제 21】 $\mathbb{R}$은 $\mathbb{Q}$상에서 $\mathbb{C}$의 부분공간이다.

부분공간에 대한 여러 가지 성질은 생략한다. 자세한 내용은 L. Smith ([15])를 참고하기 바란다.

연습문제(24)

1. U, W가 벡터공간 V의 부분공간이면
   (1) $U+W=\{a+b \mid a\in V,\ b\in W\}$는 V의 부분공간임을 보여라.
   (2) $U\cap W$도 V의 부분공간이 됨을 보여라.

2. R^4에서 $\{(1,\ 1,\ 0,\ 0),\ (0,\ 1,\ -1,\ 0),\ (0,\ 0,\ 0,\ 3)\}$은 일차독립임을 보여라.

3. $T: V\to W$는 일차변환이다. $\dim V=\dim(\ker T)+\dim(\operatorname{Im} T)$임을 보여라.

4. $T: V\to W$는 동형사상이다. B가 V의 기저이면 $T(B)$는 W의 기저가 됨을 보여라.

5. $T: V\to V$는 단사인 일차변환이고 V가 유한차 벡터공간이면 T는 전사가 됨을 보여라.

6. $T: V\to V$는 전사인 일차변환이고 V가 유한차 벡터공간이면 T는 단사가 됨을 보여라.

7. V는 차수가 n이다. 임의의 일차독립인 n개의 원소는 V의 기저가 됨을 보여라.

8. V는 유한차 벡터공간이고 W는 V의 부분공간이다. $\dim V=\dim W$이면 $V=W$임을 보여라.

9. $F[x]$는 F상에서 유한차 벡터공간이 아님을 보여라.

10. V는 유한차 벡터공간이다. W가 V의 부분공간이면 $W\cap W_1=0$, $W+W_1=V$가 되는 부분공간 W_1이 존재함을 보여라.

11. V는 $y''+9y=0$을 만족시키는 함수 $y=f(x)$의 집합이다. V는 실수상에서 차원이 2인 벡터공간이 됨을 보여라.

12. $W=\{(a,\ b,\ c)\in\mathbb{R}^3 \mid 2a-3b+c=0\}$은 $\mathbb{R}^3$의 부분공간이 됨을 보여라.

13. $\{(0,\ 0,\ 0,\ 1),\ (0,\ 0,\ 1,\ 1),\ (0,\ 1,\ 1,\ 1),\ (1,\ 1,\ 1,\ 1)\}$은 $\mathbb{R}^4$에서 일차독립임을 보여라.

14. $S=\{(x,\ y,\ z) \mid x,\ y,\ z$는 1, 또는 $2\}$는 $\mathbb{R}^3$을 생성함을 보여라.

15. $\{u,\ v,\ w\}$가 일차독립이면 $\{u+v,\ v+w,\ w+u\}$도 일차독립임을 보여라.

16. $v\neq 0\in V$이면 $\{v\}$는 일차독립임을 보여라.

17. $S=\{v_1,\ v_2,\ \cdots,\ v_n\}$이 V를 생성하고 일차종속이면 $S'\subsetneq S$이고 V를 생성하는 S'가 존재함을 보여라.

18. 모든 유한체의 위수는 p^n(p는 소수)임을 보여라.

19. F는 위수가 q인 체이고 K는 F의 확대체이다.
(1) 임의의 $a\in F$에 대해서 $pa=0$인 소수 p가 존재함을 보여라.
(2) $q=p^n$임을 보여라.
(3) $a\in F$면 $a^q=a$임을 보여라.
(4) $b\in K$가 F상에서 대수적이면 $b^{q^m}=b$인 정수 m이 존재함을 보여라.

25 확대체의 차수
(Degrees of Extension Fields)

앞 단원에서 E가 F의 확대체이면 E는 F상에서 벡터공간이 됨을 알았다. 따라서 우리는 E가 F의 확대체이면 E의 원소를 벡터, F의 원소를 스칼라로 생각할 수 있다. 특히 이 단원에서는 확대체를 벡터공간으로 생각해서 그 성질들을 조사해 보자. 이 단원의 내용들이 앞으로 공부하는데 가장 많이 이용된다.

정의 25.1 E는 F의 확대체이다. E를 스칼라 F상에서의 벡터공간으로 생각해서 E가 유한차원 벡터공간일 때 E를 F의 **유한확대체**(finite extension field)이라고 한다. 이때 E의 차원이 n일 때 E를 F의 n차 **유한확대체**라고 하고 $[E:F]=n$으로 표시한다.

【예제 1】 복소수 $\mathbb{C}$는 $\mathbb{R}$상에서 $\{1, i\}$가 기저이므로 $[\mathbb{C}:\mathbb{R}]=2$이다.

정리 25.1 E는 F의 확대체이다. $[E:F]=1$일 필요충분조건은 $E=F$이다.

증명 $[E:F]=1$이면 한 개의 원소로 된 기저 B가 존재할 것이다. $B=\{s\}$라고 하자.

$s\neq 0$이므로 s^{-1}가 존재한다. $F\neq\varnothing$이므로 F의 원소 $w\neq 0$를 한 개 택하면 $w\in E$이므로 $w=as$, $a\in F$꼴로 쓸 수 있다. 따라서 $s=a^{-1}w\in F$이다. 임의의 $v\in E$에 대해서 $v=ts$, $t\in F$이므로 결국 $v\in F$이다.

역으로 $E=F$이면 E의 임의의 0이 아닌 원소 s를 택하면 $B=\{s\}$가 기저이다. 왜냐하면 임의의 $v\in E$에 대해서 $v=v(s^{-1}s)=(vs^{-1})s$이고 $vs^{-1}\in F$이다.

□

앞에서 E가 F의 확대체이고 $u\in E$가 F상에서 대수적이면 F와 u를 포함하는 가장 작은 체 $F(u)$는

$$F(u)=\{a(u)\mid a(x)\in F[x]\}$$

임을 보였다. $F(u)$는 F의 확대체이므로 F상에서 벡터공간으로 생각할 수 있다. 이때 $F(u)$는 F의 유한확대가 될까? 또 된다면 그때의 차원은 얼마일까? 우리는 다음 정리에서 더 정확하게 기저까지 구할 수 있다.

정리 25.2 E는 F의 확대체, $u\in E$는 F상에서 대수적이다. F상에서 u의 극소다항식의 차수(degree)가 n이면

$$B=\{1,\ u,\ u^2,\ \cdots,\ u^{n-1}\}$$

은 F상에서 $F(u)$의 기저가 된다. 따라서 $[F(u):F]=n$이다.

증명 u의 F상에서의 극소다항식을 $p(x)$라고 하면 $\deg p(x)=n$이다. 우선 B가 $F(u)$를 생성함을 보이자. 정리 23.9에서 $F(u)$는 $F[x]/\langle p(x)\rangle$와 동형이므로

$$F(u)\cong\{f(x)+\langle p(x)\rangle\mid f(x)\in F[x]\}$$

이다. 실제로 임의의 $a(u)\in F(u)$에 대해서 $a(u)=\phi_u(a(x))$, $a(x)\in F[x]$이므로 나눗셈정리에서

$$a(x)=p(x)q(x)+r(x),\ \ r(x)=0 \text{ 또는 } \deg r(x)<n$$

으로 쓸 수 있다. 따라서

$$a(u)=p(u)q(u)+r(u)=r(u)$$

이므로

$$r(x)=a_0+a_1x+\cdots+a_{n-1}x^{n-1}\in F[x]$$

라 두면

$$a(u)=a_0+a_1u+\cdots+a_{n-1}u^{n-1},\ a_i\in F$$

이다. 그러므로 $F(u)$는 $B=\{1, u, u^2, \cdots, u^{n-1}\}$의 일차결합으로 표현되므로 B에 의해서 생성된다. 이번에는 $1, u, u^2, \cdots, u^{n-1}$이 일차독립임을 보이기 위해서

$$b_0+b_1u+b_2u^2+\cdots+b_{n-1}u^{n-1}=0,\ (b_i\in F)$$

라고 하자. $b(x)=b_0+b_1x+b_2x^2+\cdots+b_{n-1}x^{n-1}\in F[x]$라고 하면 u는 $b(x)$의 근이다. $p(x)$는 u의 극소다항식이므로 $p(x)\mid b(x)$이다. 만일 $b(x)\neq 0$이면 $\deg p(x)\leq \deg b(x)$, 즉 $n\leq n-1$이 되어서 모순이다. 따라서 $b(x)=0$, 즉 $b(x)$의 모든 계수 $b_0=b_1=\cdots=b_{n-1}=0$이다. □

결국 $u\in E$가 F상에서 대수적이면 $[F(u):F]$는 u의 F상에서의 극소다항식의 차수이다.

【예제 2】 $\mathbb{R}$은 $\mathbb{Q}$의 확대체이다. $\sqrt{2}\in\mathbb{R}$에서 $\mathbb{Q}(\sqrt{2})$의 $\mathbb{Q}$상에서의 차원을 구해보자. $\sqrt{2}$의 극소다항식은 x^2-2이다. 따라서

$$[\mathbb{Q}(\sqrt{2}):\mathbb{Q}]=2$$

이다. 물론 기저는 $\{1, \sqrt{2}\}$가 된다. 따라서 $\mathbb{Q}(\sqrt{2})$의 모든 원소는 $1, \sqrt{2}$의 일차결합으로 표시되므로

$$\mathbb{Q}(\sqrt{2})=\{a+b\sqrt{2}\mid a, b\in\mathbb{Q}\}$$

이다.

【예제 3】 $\mathbb{C}$는 $\mathbb{R}$의 확대체이다. $i\in\mathbb{C}$에서 i의 극소다항식은 $x^2+1\in\mathbb{R}[x]$이다. 따라서 $\mathbb{R}(i)$의 $\mathbb{R}$상에서의 기저는 $\{1, i\}$이고

$$\mathbb{R}(i)=\{a+bi \mid a,\ b\in\mathbb{R}\}$$

로 쓸 수 있다. 물론 $\mathbb{R}(i)=\mathbb{C}$이므로 $\mathbb{C}$의 $\mathbb{R}$상에서의 차원은 2이다.

【예제 4】 $\mathbb{R}$, $\mathbb{Q}$에서 $u=\sqrt[3]{1+\sqrt{5}}$일 때 $\mathbb{Q}(u)$를 구해보자. 우선 u의 $\mathbb{Q}$상에서의 극소다항식은 $x^3=1+\sqrt{5}$에서 $x^6-2x-4=0$이므로 x^6-2x-4이다. 따라서 $[\mathbb{Q}(u):\mathbb{Q}]=6$이고 $\mathbb{Q}(u)$의 기저는 $\{1,\ u,\ u^2,\ u^3,\ u^4,\ u^5\}$이다.

【예제 5】 $p(x)=x^2+x+\bar{1}\in\mathbb{Z}_2[x]$는 기약이다. $\mathbb{Z}_2$의 확대체 E에서 $p(x)$의 근 u가 존재한다. 체 $\mathbb{Z}_2(u)$를 구해보면

$$[\mathbb{Z}_2(u):\mathbb{Z}_2]=\deg p(x)=2$$

이고 $\mathbb{Z}_2(u)$의 $\mathbb{Z}_2$상에서 기저는 $\{1,\ u\}$이므로

$$\mathbb{Z}_2(u)=\{a+bu \mid a,\ b\in\mathbb{Z}_2\}=\{\bar{0},\ \bar{1},\ u,\ \bar{1}+u\}$$

이다. 이때 $\mathbb{Z}_2(u)$에서 $+$, $\cdot$연산은

$+$	0	1	u	$1+u$
0	0	1	u	$1+u$
1	1	0	$1+u$	u
u	u	$1+u$	0	1
$1+u$	$1+u$	u	1	0

$\cdot$	0	1	u	$1+u$
0	0	0	0	0
1	0	1	u	$1+u$
u	0	u	$1+u$	1
$1+u$	0	$1+u$	1	u

[표 25.1]

이다. u^2이 나오면 $u^2=-u-1=u+1$로, $2u$는 0으로 고치면 된다. $\bar{1}$는 1로 표시했다.

【예제 6】 $\mathbb{R}$은 $\mathbb{Q}$의 확대체이다. $u=\sqrt{3}+\sqrt{5}\in\mathbb{R}$에서 $[\mathbb{Q}(u):\mathbb{Q}]$를 구해보자. u의 $\mathbb{Q}$상에서의 극소다항식을 구해보면 $\sqrt{3}+\sqrt{5}=x$라 두면 $x^2=8+2\sqrt{15}$에서 $x^4-16x^2+4=0$이다. 따라서 극소다항식 x^4-16x^2+4의 차수는 4이므로 $[\mathbb{Q}(u):\mathbb{Q}]=4$이고 기저는

$$\{1,\ \sqrt{3}+\sqrt{5},\ 8+2\sqrt{15},\ (\sqrt{3}+\sqrt{5})^3\}$$

이다.

다음 정리는 간단하고 증명도 쉽지만 확대체이론에서 가장 강력한 무기이다.

정리 25.3 F, E, K는 체이고 $F \subset E \subset K$이다. $[E : F]$가 유한, $[K : E]$가 유한이면 $[K : F]$도 유한이고 $[K : F] = [K : E][E : F]$이다.

증명 $[E : F] = m$, $[K : E] = n$라고 하면 E의 F상에서의 기저 $\{u_1, u_2, \cdots, u_m\}$과 K의 E상에서의 기저 $\{v_1, v_2, \cdots, v_n\}$이 존재한다. 집합

$$B = \{u_i v_j \mid 1 \le i \le m,\ 1 \le j \le n\}$$

이 K의 F상에서의 기저임을 보이자. $w \in K$이라고 하면 w는 $v_1, \cdots, v_n$의 일차결합으로 표시할 수 있다. 따라서

$$w = b_1 v_1 + b_2 v_2 + \cdots + b_n v_n,\ b_j \in E$$

로 쓸 수 있다. 또 $b_j \in E$이므로 b_j는 $u_1, \cdots, u_m$의 일차결합으로 쓸 수 있다.

$$\begin{aligned} b_1 &= a_{11} u_1 + a_{21} u_2 + \cdots + a_{m1} u_m \\ b_2 &= a_{12} u_1 + a_{22} u_2 + \cdots + a_{m2} u_m \\ &\vdots \\ b_n &= a_{1n} u_1 + a_{2n} u_2 + \cdots + a_{mn} u_m \end{aligned}$$

$a_{ij} \in F$이다. 이 식을 위 식에 대입하면 w는 $a_{ij} u_i v_j$, $a_{ij} \in F$의 합으로 표시되므로 B는 F상에서 K를 생성한다. 또 B는 F상에서 일차독립임을 보이기 위해서 $c_{ij} \in F$이고

$$c_{11} u_1 v_1 + c_{12} u_1 v_2 + \cdots + c_{mn} u_m v_n = 0,\ u_i v_j \in B$$

이라고 하자. v_i에 대해서 묶으면 이 식은

$$\begin{aligned} &(c_{11} u_1 + c_{21} u_2 + \cdots + c_{m1} u_m) v_1 \\ &\quad + (c_{12} u_1 + c_{22} u_2 + \cdots + c_{m2} u_m) v_2 \\ &\qquad + \cdots + (c_{1n} u_1 + c_{2n} u_2 + \cdots + c_{mn} u_m) v_n = 0 \end{aligned}$$

와 같이 쓸 수 있다. v_i의 계수는 E의 원소이므로 모든 $j=1, 2, \cdots, n$에 대해서

$$c_{1j}u_1+c_{2j}u_2+\cdots+c_{mj}u_m=0$$

이다. 또 $c_{ij}\in F$이고 $\{u_1, u_2, \cdots, u_m\}$는 F상에서 일차독립이므로 결국 $c_{ij}=0$이 된다. 마지막으로 집합 B의 원소의 개수는 mn개임을 보이자. 우선 $1\le i\le m$, $1\le j\le n$이므로 mn개보다는 작다. 만일 $u_iv_j=u_kv_t$라고 하면 $u_iv_j-u_kv_t=0$이다. 그런데 $u_i, u_k\in E$, $v_j, v_t\in K$이고 $\{v_1, v_2, \cdots, v_n\}$은 E상에서 K의 기저이므로 $u_i=u_k=0$이 되어 모순이다. □

F, E, K가 체이고 $F\subset E\subset K$이면 K는 F의 확대체도 되고 E의 확대체도 된다. 따라서 K는 F를 스칼라로 하는 벡터공간으로 볼 수도 있고 E를 스칼라로 하는 벡터공간으로 볼 수도 있다. 이때의 차원은 물론 틀려지는데 유한차일 때는 위의 정리 25.4와 같이 쉽게 구해진다.

따름정리 25.4 F, E, K는 체이고 $F\subset E\subset K$이다. $[K:F]$가 유한이면 $[E:F]$, $[K:E]$도 유한이고, $[E:F]$는 $[K:F]$의 약수이다.

증명 $[K:F]$가 유한이므로 F상에서 K의 유한기저 $\{v_1, v_2, \cdots, v_n\}$이 존재한다. $E\subset K$, $\{v_1, v_2, \cdots, v_n\}$이 K를 생성하므로 당연히 $\{v_1, v_2, \cdots, v_n\}$은 E를 생성한다. 따라서 정리 24.9(1)에 의해서 $B\subset\{v_1, v_2, \cdots, v_n\}$인 F상에서 벡터공간 E의 기저 B가 존재하므로 $[E:F]$는 유한이다. 또 임의의 $v\in K$에 대해서

$$v=a_1v_1+a_2v_2+\cdots+a_nv_n,\ a_i\in F$$

로 쓸 수 있다. 그런데 $F\subset E$이므로 a_i를 E의 원소로 보면 v는 E상에서 $v_1, v_2, \cdots, v_n$의 일차결합으로 표시되므로 결국 $\{v_1, v_2, \cdots, v_n\}$은 E상에서 K를 생성한다고 볼 수 있다. 따라서 E를 스칼라로 생각한 벡터공간 K의 기저는 유한이다. 결국

$$[K:F]=[K:E][E:F]$$

가 되어 $[E:F]$는 $[K:F]$의 약수이다.

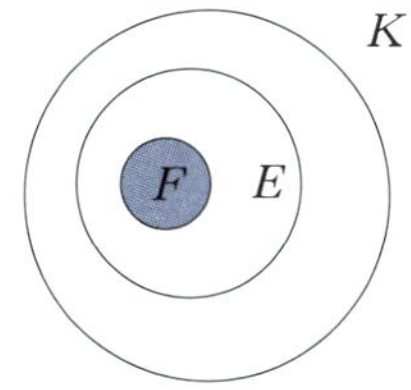

[그림 25.1] □

따름정리 25.5 F_i $(i=1, 2, \cdots, t)$는 체이고 F_{i+1}은 F_i의 유한확대체이면 F_t는 F_1의 유한확대체이고

$$[F_t : F_1]=[F_t : F_{t-1}][F_{t-1} : F_{t-2}]\cdots [F_2 : F_1]$$

이다.

따름정리 25.6 E는 F의 유한확대체이고 $[E : F]$가 소수이면 E와 F 사이에는 E와 F 이외의 체는 없다.

증명 L은 체이고 $F\subset L\subset E$라고 하면 $[E : L][L : F]=[E : F]$이다. 결국 $[L : F]=1$ 또는 $[L : E]=1$이다. 따라서 $L=F$ 또는 $L=E$가 된다. □

정의 25.2 E는 F의 확대체이다. E의 모든 원소가 F상에서 대수적일 때 E를 F의 **대수적 확대체**(algebraic extension field)라고 한다.

【예제 7】 $\mathbb{C}$는 $\mathbb{R}$의 확대체이다. 임의의 $z=a+bi\in\mathbb{C}$에 대해서 $x=a+bi$로 두고 i를 없애면

$$(x-a)^2=-b^2,\quad x^2-2ax+a^2+b^2=0$$

이므로 z는 $x^2-2ax+a^2+b^2\in\mathbb{R}[x]$의 근이다. 따라서 $\mathbb{C}$는 $\mathbb{R}$의 대수적 확대체이다. 그러나 $\pi\in\mathbb{R}$을 근으로 가지는 유리계수다항식은 없으

므로 $\mathbb{R}$은 $\mathbb{Q}$의 대수적 확대체가 아니다.

【예제 8】 $\mathbb{Q}(\sqrt{3})$은 $\mathbb{Q}$의 확대체이다. $\mathbb{Q}(\sqrt{3})$의 임의의 원소는

$$a+b\sqrt{3},\ a,\ b\in\mathbb{Q}$$

꼴이므로 $x=a+b\sqrt{3}$로 두고 계수가 유리수가 되게 하면 $(x-a)^2=3b^2$에서

$$a(x)=x^2-2ax+a^2-3b^2\in\mathbb{Q}[x]$$

이고 $a+b\sqrt{3}$은 $a(x)$의 근이므로 따라서 $\mathbb{Q}(\sqrt{3})$은 $\mathbb{Q}$의 대수적 확대체이다.

다음 정리는 매우 유용한 정리이다.

정리 25.7 E가 F의 유한확대체이면 E는 F의 대수적 확대체이다.

증명 $[E:F]=n$라고 하자. 임의의 $u\in E$에 대해서 집합 $\{1,\ u,\ u^2,\ \cdots,\ u^n\}$을 생각해 보자. 만일 $u^i=u^j$ $(0\leq i<j\leq n)$라면 u는 $x^i-x^j\in F[x]$의 근이므로 u는 대수적이다. 또 $\{1,\ u,\ u^2,\ \cdots,\ u^n\}$이 모두 다르면 이 집합은 일차독립이 될 수 없다. 정리 24.7에서 일차독립이면 $[E:F]\geq n+1$이 되기 때문이다. 따라서 $c_0+c_1u+c_2u^2+\cdots+c_nu^n=0$이고 $c_i\neq 0$인 $c_i\in F$가 존재한다.

$$a(x)=c_0+c_1x+c_2x^2+\cdots+c_nx^n\in F[x]$$

로 두면 $a(u)=0$, $a(x)\neq 0$이 되어 u는 F상에서 대수적이다. □

【예제 9】 $\mathbb{Q}(\sqrt{3}+\sqrt{5})$는 $\mathbb{Q}$의 유한확대체이다. 따라서 $\mathbb{Q}(\sqrt{3}+\sqrt{5})$의 모든 원소는 $\mathbb{Q}$상에서 대수적이다.

따름정리 25.8 E는 F의 확대체, $u\in E$는 F상에서 대수적이다. 임의의 $a\in F(u)$에 대해서 a는 F상에서 대수적이고 $[F(a):F]$는 $[F(u):F]$의 약수이다.

증명 u가 F상에서 대수적이면 $[F(u):F]$는 u의 F상에서의 극소다항식의 차수이므로 $F(u)$는 F의 유한확대체이다. 따라서 $F(u)$의 모든 원소는 F상에서 대수적이다. 또 $a \in F(u)$이므로 $F(a) \subset F(u)$이다. 따라서 $F(u)$는 $F(a)$의 확대체이다. $F \subset F(a) \subset F(u)$이고 $[F(u):F]$는 유한이므로 따름정리 25.5에서 $[F(a):F]$는 $[F(u):F]$의 약수이다. □

$u \in E$가 F상에서 대수적이면 $u \in F(u)$이고 정리 25.3에서 $F(u)$는 F의 유한확대체이다. 또 정리 25.8에서 결국 다음과 같은 따름정리를 얻을 수 있다.

따름정리 25.9 E는 F의 확대체이다. $u \in E$가 F상에서 대수적일 필요충분조건은 $F(u)$가 F의 유한확대이다.

지금까지의 정리와 정의에서 확대체의 원소 u가 대수적일 경우 u의 극소다항식이 매우 중요한 역할을 함을 알 수 있다.

정리 25.10 E는 F의 확대체이고 $c, d \in E$가 F상에서 대수적이면 $c \pm d$, cd, cd^{-1} $(d \neq 0)$도 F상에서 대수적이다.

증명 $F(c)$는 F의 유한확대체이다. 또 d는 F상에서 대수적이므로 d의 F상에서의 극소다항식의 계수를 $F(c)$의 원소로 생각하면 d는 $F(c)$상에서도 대수적이다. $F(c)=L$라 두면 결국 d는 L상에서 대수적이므로 $[L(d):L]$은 유한이다. $F \subset L \subset L(d)$이고 $[L:F]$, $[L(d):L]$은 모두 유한이므로 결국 $[L(d):F]$는 유한이고 따라서 $L(d)$의 모든 원소는 F상에서 대수적이다. 그런데

$$c \in F(c) = L \subset L(d), \quad d \in L(d)$$

이고 $L(d)$는 체이므로 $c \pm d$, cd, $cd^{-1} \in L(d)$이다. 따라서 $c \pm d$, cd, cd^{-1}는 F상에서 대수적이다. □

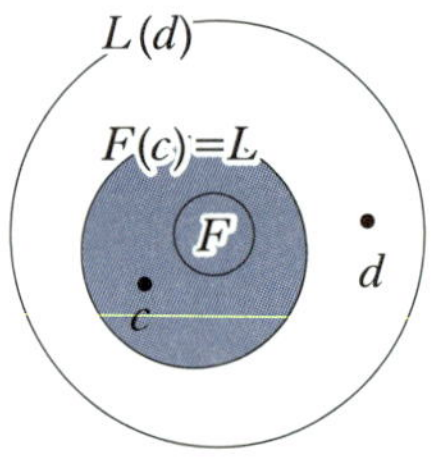

[그림 25.2]

체 E의 부분집합 X가 사칙에 대해서 닫혀있다는 말은 X가 E의 부분체가 됨을 의미한다. $a, b \in X$에 대해서 $a+b, a-b \in X$가 되면 $(X, +)$는 $(E, +)$의 부분군이 된다는 뜻이다. 또 $ab, ab^{-1}(b \neq 0) \in X$가 되면 $X^* = X - \{0\}, E^* = E - \{0\}$일 때 $(X^*, \cdot)$는 $(E^*, \cdot)$의 부분군이 된다는 뜻이다. 따라서 사칙을 할 수 있다는 말은 체가 된다는 뜻이다.

따름정리 25.11 E는 F의 확대체이다.

$$A = \{u \in E \mid u\text{는 } F\text{상에서 대수적}\}$$

이라고 하면 A는 F와 E 사이의 체이다.

증명 A는 사칙에 대해서 닫혀있으므로 E의 부분체가 된다. 또 F는 당연히 F 자신에 대해서 대수적이다. 따라서 $F \subset A \subset E$이다. □

앞 정리 25.10의 증명에서 F의 확대체를 두 개 생각했다. 먼저 $F(c)$의 성질을 구하고 다시 $F(c) = L$이라고 두고 $L(d)$를 만들었다. 실제로 $L(d) = (F(c))(d)$이다. 이와 같이 단순확대체로부터 계속해서 단순확대체로 확대해 나갈 경우가 많으므로 이것을 정의하는 것이 편리하다.

정의 25.3 E는 F의 확대체이고, $c, d \in E$일 때 $(F(c))(d)$를 $F(c, d)$로 나타내고 F에 c, d를 첨가한체(adjoining c, d to F)라 부른다.

정리 25.12 E는 F의 확대체이고, $c, d \in E$이다. $F(c, d) = F(d, c)$이고 이 집합은 $F \cup \{c, d\}$를 포함하는 최소의 체이다.

증명 정의에서

$$F(c, d) = (F(c))(d),\ F(d, c) = (F(d))(c)$$

이다. 먼저 단순확대체 $F(u)$는 F와 u를 포함하는 가장 작은 체임을 상기하기 바란다. $F \subset F(c)$이므로 $F(c) = L$라 하면 $F \subset L \subset L(d)$이고 따라서 $F(d) \subset L(d)$이다. 또 $c \in F(c) = L \subset L(d)$이므로 결국

$$(F(d))(c) \subset L(d)$$

이다. 즉

$$F(d, c) \subset L(d) = (F(c))(d) = F(c, d)$$

이다. 마찬가지로 $F(c, d) \subset F(d, c)$도 보일 수 있다. 따라서 $F(c, d) = F(d, c)$이다. 정의에서

$$F \cup \{c, d\} \subset F(c, d)$$

이다. 만일 $F \cup \{c, d\}$를 포함하는 체 K가 있다면 K는 F와 c를 포함하는 체이므로 $F(c) \subset K$이다. 또 $d \in K$이므로 $(F(c))(d) \subset K$이다. 이 사실로부터 $F(c, d)$는 $F \cup \{c, d\}$를 포함하는 가장 작은 체가 됨을 알 수 있다. □

【예제 10】 $\mathbb{Q}$와 $\mathbb{C}$에서 $\mathbb{Q}(\sqrt{3}, i)$는 $\mathbb{Q} \cup \{\sqrt{3}, i\}$를 포함하는 최소의 체이다. $i \notin \mathbb{R}$이므로 $\mathbb{Q}(\sqrt{3}, i) \not\subset \mathbb{R}$이다.

$F(u) = F$일 필요충분조건은 $u \in F$가 될 때임은 쉽게 알 수 있다.

【예제 11】 $\mathbb{Q}(\sqrt{2}, -\sqrt{2}) = \mathbb{Q}(\sqrt{2})$이다. 그 이유는 $\mathbb{Q}(\sqrt{2}) \subset \mathbb{Q}(\sqrt{2}, -\sqrt{2})$이고 $-\sqrt{2} \in \mathbb{Q}(\sqrt{2})$이므로

$$\mathbb{Q}(\sqrt{2}, -\sqrt{2}) = (\mathbb{Q}(\sqrt{2}))(-\sqrt{2}) \subset \mathbb{Q}(\sqrt{2})$$

이다.

위의 정의 25.3을 좀 더 확장해서 F의 확대체 E에서 $c_1, c_2, \cdots, c_n \in E$를 차례로 첨가하여 $F(c_1), F(c_1, c_2), \cdots, F(c_1, \cdots, c_n)$을 만들 수 있다.

$F(c_1, \cdots, c_n)$은 $F \cup \{c_1, \cdots, c_n\}$를 포함하는 최소의 체가 됨을 알 수 있다. 때로는 $F(c_1, \cdots, c_n)$을 F의 **반복확대체**(iterated extension field)라고도 하는데 그 이유는 c_i를 차례로 반복해서 첨가하여

$$F \subset F(c_1) \subset F(c_1, c_2) \subset F(c_1, c_2, c_3) \subset \cdots \subset F(c_1, c_2, \cdots, c_n)$$

와 같이 체를 확대해 나가기 때문이다. 만일 $c_1, c_2, \cdots, c_n \in E$가 F상에서 대수적이면 $F(c_1, \cdots, c_n)$는 F의 유한확대체이다. 물론 역도 성립한다.

정리 25.13 E는 F의 확대체이고 $c_1, c_2, \cdots c_n \in E$이다. $F(c_1, c_2, \cdots c_n)$이 F의 유한확대가 될 필요충분조건은 $c_1, \cdots c_n$은 F상에서 대수적이다.

증명 유한확대체는 대수적 확대체이므로 한쪽 방향은 자동이다. $c_1, \cdots c_n \in E$가 F상에서 대수적이라고 하자. 우선 c가 F상에서 대수적이고 L이 F의 확대체이면 $a(x) \in F[x]$이면 $a(x) \in L[x]$이므로 c는 L상에서도 대수적이다. 따라서 따름정리 25.9에서 $[L(c) : L]$은 유한이다.

$$F \subset F(c_1) \subset F(c_1, c_2) \subset \cdots \subset F(c_1, c_2, \cdots c_n)$$

이고 c_i는 $L = F(c_1, \cdots, c_{i-1})$상에서 대수적이므로

$$[L(c_i) : L] = [F(c_1, \cdots, c_i) : F(c_1, \cdots, c_{i-1})]$$

은 유한이다. 이식을 차례로 $i = 2, 3, \cdots, n$에 대해서 반복하면

$$[F(c_1, \cdots, c_n) : F] = [F(c_1, \cdots, c_n) : F(c_1, \cdots, c_{n-1})] \cdots [F(c_1, c_2) : F(c_1)][F(c_1) : F]$$

은 유한이다. □

【예제 12】 $\mathbb{C}$는 $\mathbb{Q}$의 확대체이다. $\sqrt{3}, i \in \mathbb{C}$에서

$$\mathbb{Q} \subset \mathbb{Q}(\sqrt{3}) \subset (\mathbb{Q}(\sqrt{3}))(i) = \mathbb{Q}(\sqrt{3}, i)$$

이고

$$[\mathbb{Q}(\sqrt{3}) : \mathbb{Q}] = \deg(x^2-3) = 2,$$
$$[(\mathbb{Q}(\sqrt{3}))(i) : \mathbb{Q}(\sqrt{3})] = \deg(x^2+1) = 2$$

이다. 따라서

$$[\mathbb{Q}(\sqrt{3}, i) : \mathbb{Q}] = [(\mathbb{Q}(\sqrt{3}))(i) : \mathbb{Q}(\sqrt{3})][\mathbb{Q}(\sqrt{3}) : \mathbb{Q}] = 4$$

이다. 실제로 기저는 $\{1, i\}$와 $\{1, \sqrt{3}\}$의 곱 $\{1, \sqrt{3}, i, \sqrt{3}i\}$이다.

유한확대체는 대수적 확대체가 된다. 그러나 대수적 확대체는 유한확대체가 안 될 때도 있다. $\mathbb{R}$에서 대수적인 수들의 집합을 A라고 하면 앞 따름정리 25.11에서 A는 유리수 $\mathbb{Q}$를 포함하는 $\mathbb{R}$의 부분체이다. 따라서 A는 $\mathbb{Q}$의 대수적 확대이나 유한확대는 되지 않는다. 일반적으로 F의 확대체 E가 F의 유한확대가 될 필요충분조건을 구해보자.

정리 25.14 E는 F의 확대체이다. E가 F의 유한확대체가 될 필요충분조건은 $E = F(c_1, c_2, \cdots, c_n)$, c_i는 F상에서 대수적일 경우이다.

증명 앞 정리 25.13에서 $c_1, c_2, \cdots, c_n$이 F상에서 대수적이면 $F(c_1, c_2, \cdots, c_n)$은 F의 유한확대이다. 역으로 $[E : F]$가 유한이라고 하면 E는 F상에서 기저 $\{u_1, u_2, \cdots, u_n\}$을 가진다. $E = F(u_1, u_2, \cdots, u_n)$임을 보이자. E의 임의의 원소 u는

$$u = a_1u_1 + a_2u_2 + \cdots + a_nu_n, \ a_i \in F$$

로 나타낼 수 있다. 그런데 a_iu_i는 $F(u_1, u_2, \cdots, u_n)$의 원소이다. 따라서

$$u \in F(u_1, u_2, \cdots, u_n)$$

이 되어 $E \subset F(u_1, u_2, \cdots, u_n)$이다. $F(u_1, u_2, \cdots, u_n) \subset E$는 당연하다. 따라서

$$E = F(u_1, u_2, \cdots, u_n)$$

이다. 물론 $u_i \in E$이므로 u_i는 F상에서 대수적이다. □

【예제 13】 $\sqrt{5} \notin \mathbb{Q}(\sqrt{3})$을 보이자. 만일 $\sqrt{5} \in \mathbb{Q}(\sqrt{3})$이면 $\sqrt{5} + \sqrt{3} \in \mathbb{Q}(\sqrt{3})$

이다. 따라서 따름정리 25.8에서 $[\mathbb{Q}(\sqrt{5}+\sqrt{3}):\mathbb{Q}]$는 $[\mathbb{Q}(\sqrt{3}):\mathbb{Q}]$의 약수이다. 그런데

$$[\mathbb{Q}(\sqrt{5}+\sqrt{3}):\mathbb{Q}]=4,\ [\mathbb{Q}(\sqrt{3}):\mathbb{Q}]=2$$

이므로 $4|2$가 되어 말이 안된다. 따라서 $\sqrt{5}\notin\mathbb{Q}(\sqrt{3})$이다.

【예제 14】 $\sqrt{3},\ \sqrt{5}\in\mathbb{R}$은 $\mathbb{Q}$상에서 대수적이다. 따라서 $\mathbb{Q}(\sqrt{3},\ \sqrt{5})$는 $\mathbb{Q}$의 유한확대이다. $\mathbb{Q}\subset\mathbb{Q}(\sqrt{3})\subset\mathbb{Q}(\sqrt{3},\ \sqrt{5})$로 생각하면

$$[\mathbb{Q}(\sqrt{3}):\mathbb{Q}]=\deg(x^2-3)=2,$$
$$[\mathbb{Q}(\sqrt{3})(\sqrt{5}):\mathbb{Q}(\sqrt{3})]=\deg(x^2-5)=2$$

이다. 즉 x^2-5는 $\mathbb{Q}(\sqrt{3})$상에서 $\sqrt{5}$의 극소다항식이 된다. 그 이유는 $\sqrt{5}$가 근이 되는 다항식은 우선 $x-\sqrt{5}$를 보면 $\sqrt{5}\notin\mathbb{Q}(\sqrt{3})$이므로 $x-\sqrt{5}\notin\mathbb{Q}(\sqrt{3})$이다. 따라서 2차인 식 $x^2-5\in\mathbb{Q}(\sqrt{3})$이 될 수밖에 없다.

$$[\mathbb{Q}(\sqrt{3},\sqrt{5}):\mathbb{Q}]=[\mathbb{Q}(\sqrt{3},\sqrt{5}):\mathbb{Q}(\sqrt{3})][\mathbb{Q}(\sqrt{3}):\mathbb{Q}]=2\times2=4$$

이고 기저는 $\{1,\ \sqrt{3},\ \sqrt{5},\ \sqrt{15}\}$이다. 따라서 $\mathbb{Q}(\sqrt{3},\sqrt{5})$의 모든 원소는

$$a+b\sqrt{3}+c\sqrt{5}+d\sqrt{15},\ a,\ b,\ c,\ d\in\mathbb{Q}$$

꼴로 쓸 수 있다.

마지막으로 대수적 확대체에 대한 정리를 하고 이 단원을 마치자. 대수적 확대체는 유한확대체가 안되는 경우가 있으므로 체의 성질을 조사하는 데는 가능하면 유한확대체를 구하는 것이 좋다. 그래야 기저도 생각할 수 있고 원소의 모양도 알 수 있다. 그런데 유한확대체를 보이기 위해서는 대수적 원소의 극소다항식을 이용하는 경우가 많다.

정리 25.15 $F,\ E,\ K$는 체이고 $F\subset E\subset K$이다. E가 F의 대수적 확대체이고, K가

E의 대수적 확대체이면 K는 F의 대수적 확대체이다.

증명 $u \in K$라고 하면 u는 E상에서 대수적이다. 따라서 u의 극소다항식

$$a(x) = a_0 + a_1 x + a_2 x^2 + \cdots + a_m x^m, \; a_i \in E, \; a(u) = 0$$

인 식 $a(x) \neq 0$가 존재한다. 편의상

$$F(a_0, a_1, \cdots, a_m) = L$$

이라고 하면 $a_i \in E$이고 E는 F의 대수적 확대체이므로 a_i는 F상에서 대수적이다 $(0 \le i \le m)$. 따라서 정리 25.13에 의해서 L은 F의 유한확대체이다. 또 $a_i \in L$이므로

$$a(x) \in L[x], \; a(u) = 0$$

이므로 u는 L상에서 대수적이다. 따라서 $[L(u) : L]$은 유한이다.

$$[L(u) : F] = [L(u) : L][L : F]$$

에서 결국 $L(u)$는 F의 유한확대이므로 대수적 확대가 되고 따라서 u는 F상에서 대수적이다. $u \in K$는 임의의 원소이므로 결국 K는 F의 대수적 확대체가 된다. □

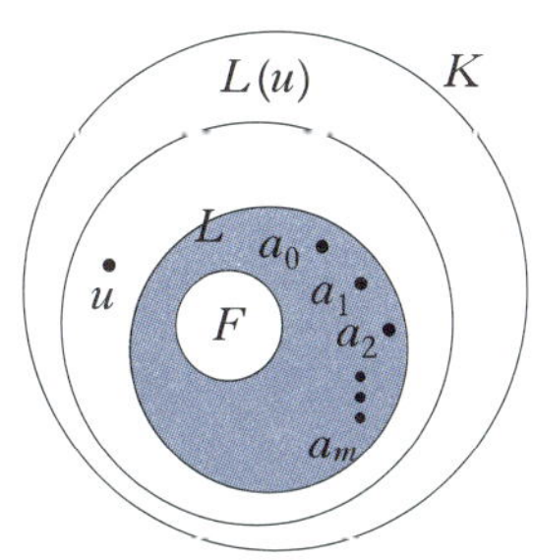

[그림 25.3]

위의 정리 25.13을 이용하면 F상에서 모든 대수적인 원소들의 집합은 체를 이룬다는 사실을 쉽게 증명할 수 있다. 즉 c, d가 F상에서 대수적이면 $F(c, d)$는 F의 유한확대체이므로 대수적 확대체이다. 따라서 $c \pm d, \; cd, \; cd^{-1} \in F(c, d)$이므로 모두 대수적이 된다. 즉 대수적인 수는 사칙에 대해서 닫혀있으므로 체를 이룬다. 그러나 실제로 $\sqrt[3]{2}, \; \sqrt[5]{12}$는

대수적이지만 $\sqrt[3]{2}+\sqrt[5]{12}$, $\sqrt[3]{2}\sqrt[5]{12}$를 근으로 하는 다항식을 구하기는 그리 쉽지 않다. 또

$$A=\{u\in\mathbb{R}\mid u\text{는 대수적 수}\}$$

가 만일 $\mathbb{Q}$의 유한확대체이면 $[A:\mathbb{Q}]=n$이라 둘 수 있다. 그러나 $a(x)=x^{n+1}-3\in\mathbb{Q}[x]$은 Eisenstein의 공식에 의해서 기약이다 ($p=3$으로 택하면 된다). 따라서 $u=\sqrt[n+1]{3}$은 $a(x)$의 근이므로 대수적이고 극소다항식이 $a(x)$이다. 그런데 $u\in A$이므로 $[\mathbb{Q}(u):\mathbb{Q}]$는 $[A:\mathbb{Q}]=n$의 약수가 되어야 되는데

$$[\mathbb{Q}(u):\mathbb{Q}]=\deg a(x)=n+1$$

이므로 모순이다. 따라서 $[A:\mathbb{Q}]$는 유한이 아니다. 또 자동으로 $[\mathbb{R}:\mathbb{Q}]$도 유한이 아니다.

문제 1 $\sqrt{2}\notin\mathbb{Q}(\sqrt{3})$임을 보여라.

풀이 $\sqrt{3}$의 $\mathbb{Q}$상에서의 극소다항식은 x^2-3이므로 $[\mathbb{Q}(\sqrt{3}):\mathbb{Q}]=2$이고 $\mathbb{Q}(\sqrt{3})$의 기저는 $\{1, \sqrt{3}\}$이다. 따라서

$$\mathbb{Q}(\sqrt{3})=\{a+b\sqrt{3}\mid a, b\in\mathbb{Q}\}$$

로 쓸 수 있다. 만일 $\sqrt{2}\in\mathbb{Q}(\sqrt{3})$이면

$$\sqrt{2}=a+b\sqrt{3},\ a,\ b\in\mathbb{Q}$$

꼴이 되는데 양변을 제곱하면 $2=a^2+2\sqrt{3}ab+3b^2$로부터

$$\sqrt{3}=\frac{2-a^2-3b^2}{2ab}$$

가 되어 $\sqrt{3}$이 유리수가 되어 모순이다.

다른 풀이 예제 13에서 했던 방법처럼 할 수도 있다.
만약 $\sqrt{2}\in\mathbb{Q}(\sqrt{3})$이면 $\sqrt{2}+\sqrt{3}\in\mathbb{Q}(\sqrt{3})$이다. 따라서 $[\mathbb{Q}(\sqrt{2}+\sqrt{3}):\mathbb{Q}]$는 $[\mathbb{Q}(\sqrt{3}):\mathbb{Q}]$의 약수이다. 그런데

$$[\mathbb{Q}(\sqrt{2}+\sqrt{3}):\mathbb{Q}]=4,\ [\mathbb{Q}(\sqrt{3}):\mathbb{Q}]=2$$

이므로 모순이다. ■

문제 2 $\mathbb{Q}(\sqrt{2}, \sqrt[3]{2}) = \mathbb{Q}(u)$인 u를 구하라.

풀이 우선 $[\mathbb{Q}(\sqrt{2}, \sqrt[3]{2}) : \mathbb{Q}]$를 구해보자.

$$[\mathbb{Q}(\sqrt{2}) : \mathbb{Q}] = \deg(x^2-2) = 2$$

이다. 만일 $\sqrt[3]{2} \in \mathbb{Q}(\sqrt{2})$이면 $[\mathbb{Q}(\sqrt[3]{2}) : \mathbb{Q}]$는 2의 약수가 되어야 한다. 그런데 $\sqrt[3]{2}$의 $\mathbb{Q}$상에서의 극소다항식은 x^3-2이므로 $[\mathbb{Q}(\sqrt[3]{2}) : \mathbb{Q}] = 3$이다. 따라서 $\sqrt[3]{2} \notin \mathbb{Q}(\sqrt{2})$가 됨을 알 수 있다. $\sqrt[3]{2}$의 $\mathbb{Q}(\sqrt{2})$상에서의 극소다항식을 구해보면 $\sqrt[3]{2} \notin \mathbb{Q}(\sqrt{2})$므로 $x-\sqrt[3]{2}$가 될 수 없다. 따라서 극소다항식은

$$x^3-2 \in \mathbb{Q}(\sqrt{2})$$

이다. 결국

$$[\mathbb{Q}(\sqrt{2}, \sqrt[3]{2}) : \mathbb{Q}] = [\mathbb{Q}(\sqrt{2}, \sqrt[3]{2}) : \mathbb{Q}(\sqrt{2})][\mathbb{Q}(\sqrt{2}) : \mathbb{Q}] = 3 \times 2 = 6$$

이고 기저는 $\{1, \sqrt[3]{2}, \sqrt[3]{4}\}$와 $\{1, \sqrt{2}\}$의 곱 $\{1, \sqrt{2}, \sqrt[3]{2}, \sqrt[3]{4}, \sqrt[6]{32}, \sqrt[6]{128}\}$이다. 한편 $\sqrt[6]{2} = \dfrac{\sqrt{2}}{\sqrt[3]{2}} \in \mathbb{Q}(\sqrt{2}, \sqrt[3]{2})$이므로 $\mathbb{Q}(\sqrt[6]{2}) \subset \mathbb{Q}(\sqrt{2}, \sqrt[3]{2})$이다. 또 $[\mathbb{Q}(\sqrt[6]{2}) : \mathbb{Q}] = 6$이 됨을 쉽게 알 수 있다. 따라서

$$[\mathbb{Q}(\sqrt{2}, \sqrt[3]{2}) : \mathbb{Q}] = [\mathbb{Q}(\sqrt{2}, \sqrt[3]{2}) : \mathbb{Q}(\sqrt[6]{2})][\mathbb{Q}(\sqrt[6]{2}) : \mathbb{Q}]$$

로부터 $[\mathbb{Q}(\sqrt{2}, \sqrt[3]{2}) : \mathbb{Q}(\sqrt[6]{2})] = 1$을 얻을 수 있고 따라서

$$\mathbb{Q}(\sqrt{2}, \sqrt[3]{2}) = \mathbb{Q}(\sqrt[6]{2})$$

이다. ■

연습문제(25)

1. 다음 확대체의 차원과 그 기저를 구하여라.

   (1) $\mathbb{Q}$상에서의 확대체 $\mathbb{Q}(\sqrt[3]{2}, \sqrt{3})$ (2) $\mathbb{Q}$상에서의 확대체 $\mathbb{Q}(\sqrt{2}, \sqrt{3}, \sqrt{5})$

   (3) $\mathbb{Q}$상에서의 확대체 $\mathbb{Q}(\sqrt{2}+\sqrt{3})$ (4) $\mathbb{Q}(\sqrt{3})$상에서의 확대체 $\mathbb{Q}(\sqrt{2}, \sqrt{6})$

2. $\mathbb{Q}(\sqrt{2})$상에서 x^2-3은 기약임을 보여라.

3. $\mathbb{Q}(\sqrt{3}+\sqrt{5})=\mathbb{Q}(\sqrt{3}, \sqrt{5})$임을 보여라.

4. (Artin) $[E:F]$는 유한이다. E가 F의 단순확대체일 필요충분조건은 E와 F사이에는 체가 유한개 밖에 없음을 보여라.

5. $[E:F]$는 유한이고 $p(x) \in F[x]$는 기약이다. $\deg p(x)=m$일 때 $m \nmid [E:F]$면 $p(x)$는 E내에서 근을 가지지 않음을 보여라.

6. $\mathbb{R}$은 실수이다. $\mathbb{R}$의 유한확대체는 $\mathbb{R}$과 $\mathbb{C}$뿐이냐? 맞으면 증명하고 틀리면 보기를 들어라.

7. $\mathbb{Q}(\sqrt{2}, \sqrt[3]{5})$는 $\mathbb{Q}$의 단순확대체가 됨을 보여라.

8. $\sqrt{2}+\sqrt[3]{5}$의 $\mathbb{Q}$상에서의 극소다항식의 차수는 6임을 보여라.

9. $a, b \in \mathbb{Q}$, $\sqrt{a}+\sqrt{b} \neq 0$이면 $\mathbb{Q}(\sqrt{a}+\sqrt{b})=\mathbb{Q}(\sqrt{a}, \sqrt{b})$임을 보여라.

10. $\mathbb{Q}(\sqrt{2}\,i)$의 $\mathbb{Q}$상에서의 기저를 구하라.

11. $a=\sqrt{1+\sqrt[3]{2}}$이다. $\mathbb{Q}(a)$의 $\mathbb{Q}$상에서의 기저를 구하라.

12. $\mathbb{Q}(\sqrt{2}+\sqrt[3]{4})$의 $\mathbb{Q}$상에서의 기저를 구하라.

13. $\sqrt{a}+\sqrt{b}\in\mathbb{Q}$ 이면 $\sqrt{a}\in\mathbb{Q}$, $\sqrt{b}\in\mathbb{Q}$ 임을 보여라.

14. E는 F의 확대체이다. $a\in E$의 F상에서의 극소다항식의 차수는 m, $b\in E$의 F상에서의 극소다항식의 차수는 n이다. 다음을 증명하라.

(1) $[F(a, b): F]\le mn$이다.

만일 $\gcd(m, n)=1$이면

(2) $F(a)\cap F(b)=F$이고

(3) $[F(a, b): F]=mn$이다.

15. $[E:F]$는 유한이고 b는 E상에서 대수적이다. 다음을 증명하라.

(1) $[E(b):E]\le[F(b):F]$

(2) $[E(b):F(b)]\le[E:F]$

(3) $[F(b):F]\mid[E(b):F]$

16. $p(x)$는 F상에서 기약이다. K는 F의 유한확대체이고 $[K:F]$와 $\deg p(x)$가 서로 소이면 $p(x)$는 K상에서도 기약임을 보여라.

17. E는 F의 유한확대이다. E상에서 대수적인 원소는 F상에서도 대수적임을 보여라.

18. $[F(a):F]$가 소수이면 모든 $n\in\mathbb{Z}$에 대해서 $F(a)=F(a^n)$ 또는 $a^n\in F$이다.

19. E는 유한체 F의 확대체이다. $|F|=q$이다. $\alpha\in E$는 F상에서 대수적이고 α의 극소다항식의 차수를 n이라고 하면 $F(\alpha)$의 위수는 q^n임을 보여라.

26 작도

(Constructions)

고대 그리스시대의 사람들은 원과 직선을 가장 기본적인 기하도형으로 생각했고 또 이것을 이용하여 많은 아름다운 건축물과 예술작품을 만들어 내었다. 그 당시 사람들은 도형 자체보다는 그 도형을 만드는 법을 더 중요하게 생각하였다. 그래서 자와 컴퍼스가 모든 도형을 만드는 도구였으며 다른 것은 사용하기를 대단히 꺼려하였다. 여기서 자(ruler)란 물론 눈금이 없는 단지 두 점을 직선으로 연결하는 역할만 한다. 그들은 자와 컴퍼스만으로 선분을 같은 간격으로 나누고 각을 이등분했으며 어떠한 다각형을 주더라도 이와 넓이가 같은 정사각형을 만들었고 또 넓이를 2배, 3배하는 법을 찾아내었다. 우리가 지금 배우는 기하의 대부분의 성질이나 작도법은 그 당시의 것이다. 우리가 알고 있는 유명한 기하학자인 피타고라스, 유클리드, 탈레스, 아르키메데스, 헤론, 에라토스테네스, 아폴리우스 등이 모두 기원전 3세기 이전의 사람들이라는 사실을 생각해 보라. 그래서 우리가 지금 부르는 소위 3대 작도 문제가 대두되었는데 이 문제는 결국 2200년이 지난 후에야 풀 수 없다는 결론을 얻게 되었다. 3대 작도 문제를 정리해보면 다음과 같다.

(1) 주어진 정육면체의 2배의 부피를 갖는 정육면체를 만드는 문제
(2) 임의의 각을 삼등분하는 법
(3) 주어진 원과 동일한 넓이를 갖는 정사각형을 작도하는 법

위의 세 문제는 고대 그리스시대부터 르네상스를 거쳐 200년 전까지도 수많은 수학자를 매혹시켰다. 그러나 어느 누구도 해법을 찾을 수 없었으며 결국 마지막 결론은 확대제를 이용함으로써 이 문제는 불가능한 것으로 증명되었다. 간단히 그 이유를 밝혀보자. 우선 일반적으로 평면에서

$$\text{직선의 식은 } ax+by=c, \text{ 원의 식은 } (x-a)^2+(y-b)^2=c^2$$

꼴로 쓸 수 있다.

이 도형들(직선과 직선, 원과 직선, 원과 원)의 교점을 일단계 교점이라고 부른다. 먼저 자로 수직선을 긋고 그 위에 컴퍼스를 이용하여 단위길이를 만들어 나감으로써 정수를 구성할 수 있다. 또 우리는 자와 컴퍼스를 이용하여 선분을 원하는대로 등분할 수 있고 또 n배 할 수도 있다. 따라서 유리수 $\dfrac{n}{m}$도 작도할 수 있다. 마찬가지로 $\sqrt{2}$와 같은 무리수도 한 변의 길이가 1인 정사각형을 만들면 대각선의 길이가 $\sqrt{2}$가 되므로 작도할 수 있다. 모든 유리수는 작도가 가능하고 체가 되므로 우리는 계수가 유리수인 원과 직선의 식에서부터 시작해서 유한번의 단계를 거쳐 만든 교점의 x좌표를 **작도 가능점**(constructible point)이라고 부른다. 결국 우리가 작도한다는 말은 주어진 점을 이용하여 여기서 원과 직선을 그려서 새로운 교점을 구하고 또 이 점을 이용하여 교점을 계속하여 만들어가는 과정이다.

정리 26.1 F는 $\mathbb{R}$의 부분체이다. 계수가 F의 원소인 직선과 원의 일단계 교점의 x 좌표를 α라고 하면 $[F(\alpha):F]$는 1 또는 2이다.

증명 자와 컴퍼스를 이용한 교점은 3가지 방법으로 얻어진다.

(1) 직선과 직선의 교점, (2) 직선과 원의 교점, (3) 원과 원의 교점

이 그것이다. 차례로 계산해 보자.

(1) $a_1x+b_1y=c_1,\ a_2x+b_2y=c_2,\ a_i,\ b_i,\ c_i\in F$

인 두 직선의 교점의 x좌표는 $\dfrac{b_2c_1-b_1c_2}{b_2a_1-b_1a_2}$이다. 따라서 $\alpha=\dfrac{b_2c_1-b_1c_2}{b_2a_1-b_1a_2}$ 역시 F의 원소이다. 이것은 $F(\alpha)=F$이므로 $[F(\alpha):F]=1$이다.

(2) $a_1x+b_1y=c_1$, $(x-a_2)^2+(y-b_2)^2=c_2$, $a_i, b_i, c_i \in F$

인 직선과 원의 교점은 이 두 식을 연립시켜서 풀면 이차식

$$ax^2+bx+c=0, \ a, b, c \in F$$

꼴로 나타낼 수 있다. α는 이 식의 근이므로 α의 극소다항식의 차수는 2보다 작다. 따라서 $[F(\alpha):F]=1$ 또는 2이다.

(3) $(x-a_1)^2+(y-b_1)^2=c_1$, $(x-a_2)^2+(y-b_2)^2=c_2$, $a_i, b_i, c_i \in F$

인 두 원의 교점은 이 두 식을 연립시켜 풀면 역시

$$ax^2+bx+c=0, \ a, b, c \in F$$

꼴의 식을 얻을 수 있다. 역시 α는 이 식의 근이므로 $[F(\alpha):F]=1$ 또는 2이다. □

정리 26.2 $\alpha \in \mathbb{R}$이 작도가능점이면 $[\mathbb{Q}(\alpha):\mathbb{Q}]=2^m$이다.

증명 유리수는 작도가능이므로 우리는 처음 유리수로부터 시작하여 유한번의 단계를 거쳐 α를 작도했다고 하자. 일단계 교점을 α_1, 이단계 교점을 α_2, …라고 하여 n단계 교점을 $\alpha=\alpha_n$이라고 하면

$$[\mathbb{Q}(\alpha_1):\mathbb{Q}]=1 \text{ 또는 } 2, \ [\mathbb{Q}(\alpha_1, \alpha_2):\mathbb{Q}(\alpha_1)]=1 \text{ 또는 } 2 \ \cdots$$
$$[\mathbb{Q}(\alpha_1, \alpha_2, \cdots, \alpha_i):\mathbb{Q}(\alpha_1, \alpha_2, \cdots, \alpha_{i-1})]=1 \text{ 또는 } 2$$

이다. 따라서

$$\begin{aligned}&[\mathbb{Q}(\alpha_1, \alpha_2, \cdots, \alpha_n):\mathbb{Q}]\\&=[\mathbb{Q}(\alpha_1, \alpha_2, \cdots, \alpha_n):\mathbb{Q}(\alpha_1, \alpha_2, \cdots, \alpha_{n-1})]\cdots[\mathbb{Q}(\alpha_1, \alpha_2):\mathbb{Q}(\alpha_1)][\mathbb{Q}(\alpha_1):\mathbb{Q}]\\&=2^t \quad (t \le n)\end{aligned}$$

이다. 당연히 $\mathbb{Q}(\alpha_1, \alpha_2, \cdots, \alpha_n)$은 $\mathbb{Q}$의 유한확대체이다. $\alpha \in \mathbb{Q}(\alpha_1, \alpha_2, \cdots, \alpha_n)$이므로 앞 정리에서 $[\mathbb{Q}(\alpha):\mathbb{Q}]$는 $[\mathbb{Q}(\alpha_1, \alpha_2, \cdots, \alpha_n):\mathbb{Q}]=2^t$의 약수이므로 $[\mathbb{Q}(\alpha):\mathbb{Q}]=2^m$, $m \in \mathbb{Z}^+$꼴로 쓸 수 있다. □

【예제 1】 정육면체의 크기를 2배로 하는 것은 작도할 수 없다. 그 이유는 그러기 위해서는 원래 정육면체의 한 변의 길이의 $\sqrt[3]{2}$ 배를 작도해야 한다. 그

러나

$$[\mathbb{Q}(\sqrt[3]{2}) : \mathbb{Q}] = \deg(x^3-2) = 3$$

은 2의 거듭제곱이 되지 않으므로 $\sqrt[3]{2}$는 작도할 수 없다.

【예제 2】 60°를 3등분할 수 없다. 왜냐하면 만일 60°를 3등분할 수 있다면 20°를 만들 수 있고 따라서 $c=\cos 20°$도 작도 가능하다(그림 26.1).
여기서 $[\mathbb{Q}(c) : \mathbb{Q}]$를 구하기 위해서 c의 극소다항식을 구해보자. 지금까지의 방법으로는 구할 수 없으므로 삼각함수의 성질

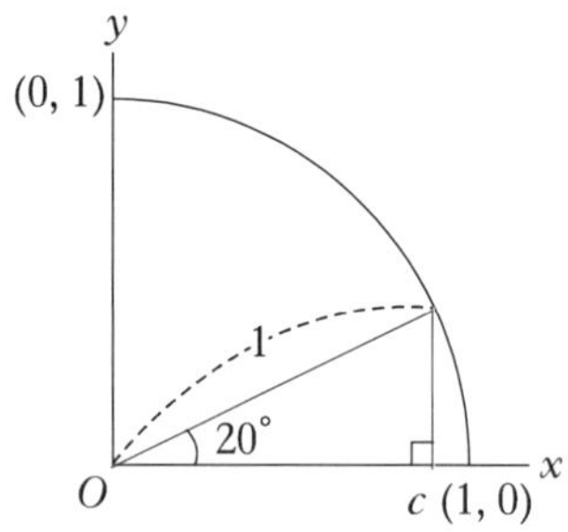

[그림 26.1]

$$\cos 3\theta = 4\cos^3\theta - 3\cos\theta$$

를 이용하면

$$\cos 60° = 4\cos^3 20° - 3\cos 20°$$

이다. 따라서

$$4c^3 - 3c = \frac{1}{2}$$

로부터 c는 $a(x) = x^3 - \frac{3}{4}x - \frac{1}{8} \in \mathbb{Q}[x]$의 근이고 이 식은 기약이 됨을 알 수 있다. 따라서 $[\mathbb{Q}(c) : \mathbb{Q}] = 3$이 되어 모순이다. 따라서 역시 c는 작도 불가능이다.

【예제 3】 원과 면적이 같은 정사각형은 작도할 수 없다. 그 이유는 반지름 1인 원의 면적은 π이므로 결국 $\sqrt{\pi}$를 작도해야 한다. 만일 $\sqrt{\pi}$가 작도 가능이면 π도 작도 가능이고 따라서 $[\mathbb{Q}(\pi) : \mathbb{Q}]$는 2의 거듭제곱이다. $\mathbb{Q}(\pi)$는 $\mathbb{Q}$의 유한확대체이므로 $\mathbb{Q}(\pi)$는 대수적이 되어 결국 π가 $\mathbb{Q}$ 상에서 대수적이 되어 모순이다.

【예제 4】 $\cos\frac{2\pi}{5}$는 기약다항식 $4x^2-2x-1\in\mathbb{Q}[x]$의 근이다. 따라서 $u=\cos\frac{2\pi}{5}$의 극소다항식의 차수는 2이므로 $[\mathbb{Q}(u):\mathbb{Q}]=2$가 되어 u는 작도가능이다. 따라서 정5각형은 작도할 수 있다. 그러나 $u=\cos\frac{2\pi}{7}$의 극소다항식은

$$8x^3+4x^2-4x-1\in\mathbb{Q}[x]$$

가 되어 $[\mathbb{Q}(u):\mathbb{Q}]=3$이 되어 u는 작도 불가능이다. 따라서 정7각형은 작도할 수 없다.

참고 각도기를 사용하여 20°를 쉽게 구할 수 있다. 그러면 각도기의 20°는 정확하게 어떻게 구할 수 있을까. 눈금없는 자와 컴퍼스가 아닌 다른 방법으로는 얼마든지 구할 수 있다.

예를 들면 일반적으로 각을 3등분하는 방법으로 다음과 같은 도구(trisector)가 있다.

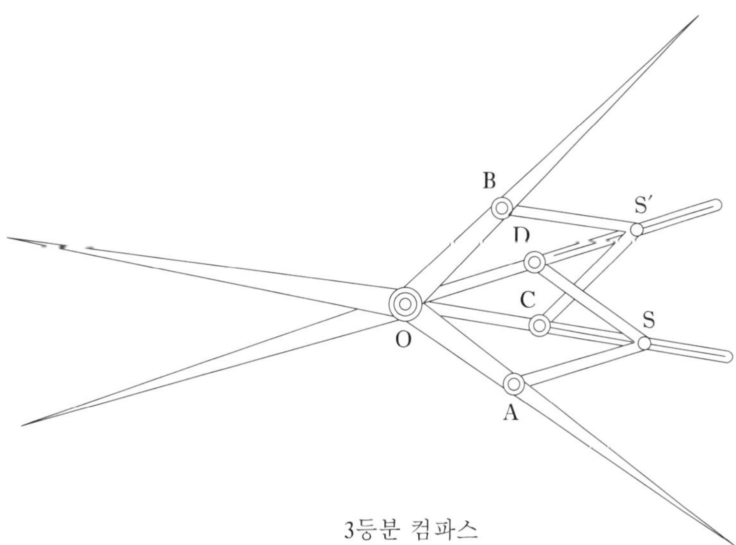

3등분 컴파스

[그림 26.2]

연습문제(26)

1. a가 작도가능이면 $\sqrt{a}$도 작도가능임을 보여라.

2. a, b가 작도가능이면 $\sqrt{ab}$도 작도가능임을 보여라.

3. a, b, c가 작도가능이면 2차식 ax^2+bx+c의 실근도 작도가능임을 보여라.

4. $30°$는 작도 가능임을 보여라.

5. 각 θ가 작도가능일 필요충분조건은 $\sin\theta$, $\cos\theta$가 작도가능임을 보여라.

6. 정 9각형은 작도 불가능임을 보여라.

7. $w=\cos\dfrac{2\pi}{5}+i\sin\dfrac{2\pi}{5}$이다.

   (1) w는 x^5-1의 근임을 보여라.

   (2) w는 $p(x)=x^4+x^3+x^2+x+1$의 근임을 보여라.

   (3) $w^2+w+1+w^{-1}+w^{-2}=0$임을 보여라.

   (4) $\cos\dfrac{2\pi}{5}$는 $4x^2-2x-1$의 근임을 보여라.

   (5) 정 5각형은 작도 가능임을 보여라.

8. $w=\cos\dfrac{2\pi}{7}+i\sin\dfrac{2\pi}{7}$이다.

   (1) w는 x^7-1의 근임을 보여라.

   (2) w는 $x^6+x^5+x^4+x^3+x^2+x+1$의 근임을 보여라.

   (3) $w^3+w^2+w+1+w^{-1}+w^{-2}+w^{-3}=0$임을 보여라.

   (4) $\cos\dfrac{2\pi}{7}$는 $p(x)=8x^3+4x^2-4x-1$의 근임을 보여라.

   (5) $p(x)=8x^3+4x^2-4x-1$은 $\mathbb{Q}$ 상에서 기약임을 보여라.

(6) $\cos\frac{2\pi}{7}$는 작도 불가능임을 보여라.

(7) 정 7각형은 작도 불가능임을 보여라.

9. $\sin\theta$가 작도가능일 필요충분조건은 $\cos\theta$가 작도가능임을 보여라.

10. x^4-3x^2+1의 근은 모두 작도 가능임을 보여라.

11. a는 기약다항식 $p(x)\in\mathbb{Q}[x]$의 근이고, $\deg p(x)\neq 2^n$이면 a는 작도 불가능임을 보여라.

27 다항식의 근과 분해체
(Splitting Field of Polynomials)

확대체는 다항식의 근과 매우 밀접한 관계가 있다. 앞으로 우리는 다항식의 풀이에 대해서 공부하겠는데 사실 다항식을 푸는 것은 계산문제이고 보다 근본적인 것은 이 다항식의 근이 갖고 있는 성질이다. 다항식의 근의 성질은 다항식 자체보다는 오히려 이 다항식의 근을 포함하는 체에 의해서 결정된다. 그래서 우리가 확대체를 말할 때는 항상 그 배후에는 다항식이 도사리고 있다. 다항식의 근을 가지고 확대체를 만들고 또 거꾸로 이 확대체는 다항식의 성질을 그대로 보여준다. 단순히 확대체만 보고서 이 확대체가 포함하는 다항식의 성질을 바로 알 수는 없다. 몇 가지 정리를 알아야 비로소 서서히 안개가 걷히는 것 같이 확대체의 뒤에 숨어있는 다항식이 보이기 시작한다. 이것을 최초로 찾아낸 사람이 갈루아이다.

우선 몇 가지 기본적인 정리를 살펴보자.

정리 27.1 $p(x) \in F[x]$, $\deg p(x) = n \geq 1$이면 $p(x)$는 F의 어떠한 확대체에서도 n개 이상의 근을 가질 수 없다.

증명 이 사실은 너무나 당연하므로 증명할 가치도 없지만 그래도 워낙 다항식의 기본적인 성질이기 때문에 증명하겠다. 만일 F의 어떤 확내체 E가 존재해서 E

내에서 $p(x)$가 n보다 더 많은 근 $\alpha_1, \alpha_2, \cdots, \alpha_m$을 가진다고 가정해 보자. $\alpha_i \in E$, $m > n$이다. 나눗셈정리에서

$$p(x) = (x-\alpha_1)(x-\alpha_2)\cdots(x-\alpha_m)q(x),\ q(x) \in E[x]$$

로 표시할 수 있고 따라서 $n = \deg p(x) \ge m$이 되어 모순이다. □

정리 27.2 $p(x) \in F[x]$, $\deg p(x) = n \ge 1$이면 다음 성질을 만족하는 F의 확대체 E가 존재한다; $p(x)$는 E에서 n개의 근을 가지고 $[E : F] \le n!$이다.

증명 확대체의 기본정리에서 $p(x)$의 근 α_1을 포함하는 F의 확대체 E_1가 반드시 존재한다. $F(\alpha_1) = F_1$이라고 하면 $F_1 \subset E_1$이고 α_1의 극소다항식의 차수는 $\deg p(x) = n$ 이하이므로

$$[F_1 : F] = [F(\alpha_1) : F] \le n$$

이다. $F_1 = F(\alpha_1)$에서 $p(x)$는 나눗셈정리에서

$$p(x) = (x-\alpha_1)q_1(x),\ q_1(x) \in F_1[x]$$

로 인수분해되고 $\deg q_1(x) = n-1$이다. 다시 $q_1(x)$에 대해서 생각하면

$$[F_1(\alpha_2) : F_1] \le n-1$$

이 되고 α_2는 $q_1(x)$의 근이 되는 F_1의 확대체 E_2가 존재한다. 따라서 $F_2 = F_1(\alpha_2) = F_1(\alpha_1, \alpha_2)$에서

$$p(x) = (x-\alpha_1)(x-\alpha_2)q_2(x),\ q_2(x) \in F(\alpha_1, \alpha_2)[x]$$

로 쓸 수 있고 $\deg q_2(x) = n-2$이다. 이와 같은 방법을 반복하면

$$p(x) = c(x-\alpha_1)(x-\alpha_2)\cdots(x-\alpha_n),\ \alpha_i \in E$$
$$[E : F] = [F(\alpha_1, \alpha_2, \cdots, \alpha_n) : F(\alpha_1, \cdots, \alpha_{n-1})]\cdots[F_1(\alpha_2) : F_1][F_1 : F] \le n!$$

이 되는 F의 확대체 E를 만들 수 있다. □

정의 27.1 $p(x) \in F[x]$, $\deg p(x) = n \ge 1$이다. F의 확대체 E에서 $p(x)$가 일차식의 곱으로 인수분해될 때, 즉 $E[x]$에서

$$p(x)=c(x-\alpha_1)(x-\alpha_2)\cdots(x-\alpha_n),\ \ \alpha_i\in E$$

꼴로 표시될 때 $p(x)$는 E에서 분해(split)된다고 한다.

【예제 1】 $x^4-5x^2+6=(x^2-2)(x^2-3)\in\mathbb{Q}[x]$는 $\mathbb{Q}$의 확대체 $\mathbb{Q}(\sqrt{2})$에서는 분해되지 않는다. 그러나 $\mathbb{R}$에서는 분해된다.

정의 27.2 $p(x)\in F[x]$, $\deg p(x)=n\geq 1$이다. F의 확대체 E에서

$$p(x)=c(x-\alpha_1)(x-\alpha_2)\cdots(x-\alpha_n),\ \ \alpha_i\in E$$

꼴로 분해될 때 $F(\alpha_1, \alpha_2, \cdots, \alpha_n)$을 F상에서 $p(x)$의 분해체(splitting field) 또는 근체(root field)라고 한다.

위의 정리 27.2에서 0이 아닌 모든 다항식은 항상 분해체를 가짐을 알 수 있다. 또 정의에서 $p(x)\in F[x]$의 분해체는 $p(x)$의 모든 근을 포함하는 최소의 체가 됨을 알 수 있다.

【예제 2】 $p(x)=x^2+1\in\mathbb{R}[x]$에서 $x^2+1=(x+i)(x-i)$이므로

$$\mathbb{R}(i, -i)=\mathbb{R}(i)=\mathbb{C}$$

는 $\mathbb{R}$상에서 x^2+1의 분해체이다.

【예제 3】 $p(x)=x^2-2\in\mathbb{Q}[x]$라고 하면 $p(x)=(x+\sqrt{2})(x-\sqrt{2})$로 분해되므로

$$\mathbb{Q}(\sqrt{2}, -\sqrt{2})=\mathbb{Q}(\sqrt{2})$$

는 $p(x)$의 분해체이다.

【예제 4】 $p(x)=x^4-x^2-2\in\mathbb{Q}[x]$라고 하면 $p(x)=(x^2-2)(x^2+1)$이므로 $p(x)$의 근은 $\pm\sqrt{2}$, $\pm i$이다. 따라서 $\mathbb{Q}(\sqrt{2}, i)$가 $\mathbb{Q}$상에서 $p(x)$의 분해체이다.

【예제 5】 $p(x)=x^2+1\in\mathbb{Q}[x]$라고 하면 $\mathbb{Q}(i)$가 $\mathbb{Q}$상에서 x^2+1의 분해체이다.

예제 2과 예제 5에서 같은 다항식이라도 계수를 어떤 체의 원소로 보느냐에 따라 분해체도 틀려진다.

【예제 6】 $p(x)=(x^2-2)(x^2-3)\in\mathbb{Q}[x]$라고 하면 $\mathbb{Q}(\sqrt{2},\ \sqrt{3})$은 $\mathbb{Q}$상에서 $p(x)$의 분해체이다.

【예제 7】 $p(x)=x^3-2\in\mathbb{Q}[x]$라고 하면 $p(x)$의 근은 $\sqrt[3]{2},\ \sqrt[3]{2}w,\ \sqrt[3]{2}w^2$이다. 단, $w=\dfrac{-1+\sqrt{3}i}{2}$는 x^3-1의 복소수근이다. 따라서 $p(x)$의 분해체는

$$K=\mathbb{Q}(\sqrt[3]{2},\ \sqrt[3]{2}w,\ \sqrt[3]{2}w^2)$$

인데 이 체는 $\mathbb{Q}(\sqrt[3]{2},\ w)$와 같다. 그 이유는 $w=\dfrac{\sqrt[3]{2}w}{\sqrt[3]{2}}$이므로

$$\mathbb{Q}(\sqrt[3]{2},\ w)\subset\mathbb{Q}(\sqrt[3]{2},\ \sqrt[3]{2}w,\ \sqrt[3]{2}w^2)$$

이다. 또 $\sqrt[3]{2},\ \sqrt[3]{2}w,\ \sqrt[3]{2}w^2\in\mathbb{Q}(\sqrt[3]{2},\ w)$이므로

$$\mathbb{Q}(\sqrt[3]{2},\ \sqrt[3]{2}w,\ \sqrt[3]{2}w^2)\subset\mathbb{Q}(\sqrt[3]{2},\ w)$$

이기 때문이다. 여기서 $p(x)=x^3-2\in\mathbb{Q}[x]$의 분해체 K의 차수를 구해보자. 우선 $[K:\mathbb{Q}]\le 3!=6$이다. 또 $\mathbb{Q}(\sqrt[3]{2})\subset K$이고 $[\mathbb{Q}(\sqrt[3]{2}):\mathbb{Q}]=3$이므로

$$[K:\mathbb{Q}]=[K:\mathbb{Q}(\sqrt[3]{2})][\mathbb{Q}(\sqrt[3]{2}):\mathbb{Q}]$$

에서 $[K:\mathbb{Q}]=3$ 또는 6이다. 그런데 $K\ne\mathbb{Q}(\sqrt[3]{2})$이므로 결국 $[K:\mathbb{Q}]=6$, $[K:\mathbb{Q}(\sqrt[3]{2})]=2$이다.

【예제 8】 $w=\dfrac{-1+\sqrt{3}i}{2}$의 $\mathbb{Q}$에서의 극소다항식은 $x^2+x+1\in\mathbb{Q}[x]$이다. 따라서 $[\mathbb{Q}(w):\mathbb{Q}]=2$이다.

$$a(x)=x^4+x^2+1\in\mathbb{Q}[x]$$

의 분해체를 구해보면

$$a(x)(x^2-1)=(x^2+x+1)(x-1)(x^2-x+1)(x+1)$$
$$=(x^3-1)(x^3+1)=x^6-1$$

이므로 결국 $a(x)$의 근은 x^6-1의 근중 1, -1을 제외한 것이다. 따라서 x^6-1의 원시근을 θ라고 할 때 $\{\theta, \theta^2, \theta^4, \theta^5\}$이 됨을 알 수 있다 $(\theta^3=-1)$. 따라서 $a(x)$의 분해체는 $\mathbb{Q}(\theta)$이다.

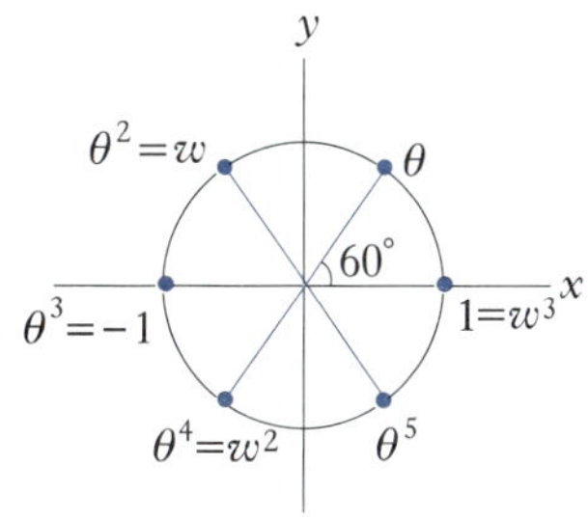

[그림 27.1]

【예제 9】 $x^2+1\in\mathbb{Q}[x]$, $x^2+4\in\mathbb{Q}[x]$의 분해체는 모두 $\mathbb{Q}(i)$이다.

위의 예제 8, 예제 9에서 본 것과 같이 F의 확대체 K가 여러 서로 다른 다항식의 분해체가 될 수 있다.

참고 주어진 다항식 $p(x)\in F[x]$의 분해체는 다양한 모양으로 나타낼 수 있다. 우리는 동형인 체는 같은 체로 간주하므로 $p(x)$의 분해체와 동형인 체도 역시 분해체로 생각한다. 예를 들어 $\mathbb{Q}(\sqrt{2})\cong\mathbb{Q}[x]/\langle x^2-2\rangle$이므로

$$E=\mathbb{Q}[x]/\langle x^2-2\rangle$$

도 $x^2-2\in\mathbb{Q}[x]$의 분해체로 생각한다. 마찬가지로

$$x^2-2=(x+\sqrt{2})(x-\sqrt{2})\in\mathbb{Q}(\sqrt{2})[x]$$

이므로

$$\mathbb{Q}(\sqrt{2})[x]/\langle x^2-3\rangle\cong\mathbb{Q}(\sqrt{3})[x]/\langle x^2-2\rangle\cong\mathbb{Q}(\sqrt{2},\sqrt{3})$$

은 모두 $p(x)=(x^2-2)(x^2-3)\in\mathbb{Q}[x]$의 분해체이다.

연습문제(27)

1. $a(x)=(x^2-3)(x^3-1)\in\mathbb{Q}[x]$의 분해체를 구하라.

2. $\mathbb{Q}(\sqrt{3}, i)$는 $(x^2-2x-2)(x^2+1)\in\mathbb{Q}[x]$의 분해체임을 보여라.

3. x^2-3과 $x^2-2x-2\in\mathbb{Q}[x]$의 분해체는 같음을 보여라.

4. (1) $x^4-2\in\mathbb{Q}[x]$의 분해체를 구하라.
   (2) $x^4-2\in\mathbb{R}[x]$의 분해체를 구하라.

5. (1) $\mathbb{Q}(i, \sqrt{2})$는 $x^4-2x^2+9\in\mathbb{Q}[x]$의 분해체임을 보여라.
   (2) $\mathbb{Q}(i, \sqrt{2})$는 $x^2-2\sqrt{2}x+3\in\mathbb{Q}(\sqrt{2})[x]$의 분해체임을 보여라.

6. 다음 중 $\mathbb{Q}$상에서의 분해체인 것을 골라라.
   (1) $\mathbb{Q}(i)$ (2) $\mathbb{Q}(\sqrt{2})$
   (3) $\mathbb{Q}(\sqrt[3]{2})$ (4) $\mathbb{Q}(2+\sqrt{5})$
   (5) $\mathbb{Q}(i+\sqrt{3})$ (6) $\mathbb{Q}(i, \sqrt{2}, \sqrt{3})$

7. $x^2+\bar{1}\in\mathbb{Z}_3[x]$의 분해체를 구하라.

8. $\mathbb{Z}_3\subset E$이다. 또 $u\in E$는 $a(x)=x^3+\bar{2}x+\bar{1}\in\mathbb{Z}_3[x]$의 근이다.
   (1) $u+\bar{1}, u+\bar{2}\in E$도 $a(x)$의 근이 됨을 보여라.
   (2) $a(x)\in\mathbb{Z}_3[x]$의 분해체를 구하라.

9. $x^3+x^2+\bar{1}\in\mathbb{Z}_2[x]$의 분해체를 구하고 그 위수를 구하라.

10. $x^3+x+\bar{1}\in\mathbb{Z}_2[x]$의 분해체를 구하고 그 위수를 구하라.

11. $x^3+x^2+x+\bar{2}\in\mathbb{Z}_3[x]$의 분해체를 구하고 그 위수를 구하라.

12. $[E:F]=2$이면 E는 F상에서의 분해체가 됨을 보여라.

13. $F\subset K\subset E$이다. E가 F상에서 $a(x)$의 분해체이면 E는 K상에서 $a(x)$의 분해체가 됨을 보여라.

14. $\mathbb{R}$ 상에서의 분해체는 $\mathbb{R}$과 $\mathbb{C}$ 뿐임을 보여라.

15. $p(x)=x^4+ax^2+b\in F[x]$는 기약이다. $F[x]/\langle p(x)\rangle$는 $p(x)$의 분해체가 됨을 보여라.

16. $K=F(a)$는 F상에서 어떤 다항식의 분해체이다. K는 F상에서 a의 극소다항식의 분해체가 됨을 보여라.

17. F의 표수는 0이다. F상에서의 임의의 분해체는 반드시 F상에서 어떤 기약다항식의 분해체가 됨을 보여라.

18. $[K:F]=n$이고 K는 F상에서 어떤 다항식의 분해체이다. K는 차수가 n인 모든 K에서 근을 가지는 기약다항식의 분해체가 됨을 보여라.

19. (1) $\mathbb{Q}(\sqrt{2},\ \sqrt{-3})=\mathbb{Q}(c)$인 c를 구하라.
(2) $\mathbb{Q}(\sqrt{2},\ \sqrt[3]{2})=\mathbb{Q}(c)$인 c를 구하라.

20. a는 x^3-x+1, b는 x^2-2x-1의 근이다. $\mathbb{Q}(a,\ b)=\mathbb{Q}(c)$인 c를 구하라.

21. $\mathbb{Q}(\sqrt{2},\ \sqrt{3},\ \sqrt{-5})=\mathbb{Q}(c)$인 $c\in\mathbb{R}$를 구하라.

22. $\mathbb{Q}(\sqrt{2},\ \sqrt{3})$이 분해체가 되는 $\mathbb{Q}$상에서 기약인 $p(x)$를 구하라(17번 이용).

23. E를 다음 다항식의 $\mathbb{Q}$상에서의 분해체라고 할 때 $[E:\mathbb{Q}]$를 구하라.
(1) x^2+3 (2) x^4-1 (3) $(x^2-x)(x^3-2)$

24. $F \subset K \subset E$, $K = F(u_1, \cdots, u_m)$, 단, u_i는 $f(x) \in F[x]$의 근이다. E가 F상에서 $f(x)$의 분해체일 필요충분조건은 E가 K상에서 $f(x)$의 분해체임을 증명하라.

25. $f(x) = x^3 - 2 \in \mathbb{Q}[x]$의 두 복소수 근을 α, β라고 하면 $x^3 - 2$의 분해체 $\mathbb{Q}(\sqrt[3]{2}, \alpha, \beta) = \mathbb{Q}(\sqrt[3]{2}, \alpha)$임을 보여라.

26. $f(x) \in F[x]$, $\deg f(x) = n$, E는 $f(x)$의 분해체이다. $[E : F]$는 $n!$의 약수임을 보여라.

28 체의 동형사상
(Field Isomorphisms)

동형사상은 군에서 매우 편리하게 이용할 수 있다. 마찬가지로 체에서도 동형사상은 여러 가지로 중요한 역할을 한다. 다음 정리는 앞에 나왔지만(따름정리 23.10) 가장 기본적이므로 다시 적는다.

정리 28.1 L, K는 F의 확대체이고 $\alpha \in L$, $\beta \in K$이다. 만일 α, β의 F상에서의 극소다항식이 같으면

$$F(\alpha) \cong F(\beta)$$

이다.

증명 앞 정리에서 α, β의 F상에서의 극소다항식이 각각 $p(x), q(x) \in F[x]$이면

$$F(\alpha) \cong F[x]/\langle p(x) \rangle, \ F(\beta) \cong F[x]/\langle q(x) \rangle$$

임을 밝혔다. 따라서

$$F(\alpha) \cong F(\beta)$$

가 된다. □

여기서 α, β가 동일한 극소다항식을 갖는다는 것은 α와 β가 동일한 극소다항식의 근이라는 뜻이다. 우리는 이것을 켤레(conjugate)라고 부른다.

정의 28.1 α와 β가 F의 적당한 확대체에 속하는 원소일 때, 만약 $\text{irr}(\alpha, F)=\text{irr}(\beta, F)$라면, 다시 말해 α와 β가 동일한 극소다항식의 근일 때, α와 β는 F상에서 서로 **켤레**((conjugate)라고 부른다.

그러면 정리 28.1은 다음과 같이 설명될 수 있다.

L, K는 F의 확대체이고 $\alpha\in L, \beta\in K$이다. α와 β가 F상에서 서로 켤레원소이면 $F(\alpha)\cong F(\beta)$이다.

더욱이 이 내용의 역 "$F(\alpha)\cong F(\beta)$이면 α와 β는 F상에서 켤레이다"도 성립함을 정리 28.5에서 볼 수 있다.

위의 정리 28.1을 좀더 확장해 보자. F와 E는 체이고 $h: F\to E$는 체의 동형사상이다. 이때

$$\bar{h}: F[x]\to E[x],\ \bar{h}(a_0+a_1x+\cdots+a_nx^n)=h(a_0)+h(a_1)x+\cdots+h(a_n)x^n$$

은 다항식 환에서의 동형사상이 됨을 쉽게 알 수 있다. 또 만일 $a(x)=c$, 즉 $a(x)\in F[x]$가 상수이면

$$\bar{h}(c)=h(c)$$

가 되어 $\bar{h}$는 F에서는 h와 일치한다. 즉 $\bar{h}|_F=h$이다. 따라서 $\bar{h}$는 동형사상 $h: F\to E$를 다항식환 $F[x]$와 $E[x]$로 확대한 것이다. 편의상 크게 혼동이 안되면 $\bar{h}$는 h로 쓴다. 다시 말하면

$$f(x)=a_0+a_1x+\cdots+a_nx^n\in F[x]$$

일 때 $h(f(x))$는 $h(a_0)+h(a_1)x+\cdots+h(a_n)x^n\in E[x]$를 말한다.

h는 환준동형사상이므로 $f(x)\in F[x]$가 기약이면 $h(f(x))\in E[x]$도 기약임을 쉽게 보일 수 있다. 다항식 $f(x)\in F[x]$의 임의의 분해체는 항

상 동형임을 증명해 보자. E, F는 체이고 $h : F \to E$는 동형사상이다. $p(x) \in F[x]$는 기약이고 α는 $p(x)$의 근, β는 $h(p(x)) \in E[x]$의 근이면 $\bar{h} : F(\alpha) \to E(\beta)$는 동형사상이고 모든 $u \in F$에 대해서 $\bar{h}(u) = h(u)$인 함수 $\bar{h}$를 만들 수 있다.

사실 $\bar{h} : F(\alpha) \to E(\beta)$는 어쩌면 너무나 간단하다. 예를 들어 위에서 $a_i x^i \in F[x]$에 대해서

$$\bar{h} : F[x] \to E[x],\ \bar{h}(a_i x^i) = h(a_i) x^i$$

를 생각한 것과 같이 임의의

$$f(\alpha) = c_0 + c_1 \alpha + c_2 \alpha^2 + \cdots + c_n \alpha^n \in F(\alpha)$$

에 대해서

$$\bar{h}(f(\alpha)) = h(c_0) + h(c_1)\beta + h(c_2)\beta^2 + \cdots + h(c_n)\beta^n \in E(\beta)$$

으로 정의하면 $\bar{h}$는 $F(\alpha)$에서 $E(\beta)$로의 함수가 되고 실제로 이 함수는 우리가 구하는 함수이다. 즉 임의의 $f(\alpha) \in F(\alpha)$에 대해서 $\bar{h}(f(\alpha)) \in E(\beta)$, $\bar{h}(\alpha) = \beta$이고 모든 $u \in F$에 대해서 $\bar{h}(u) = h(u)$가 된다. 또 임의의 $f(\alpha), g(\alpha) \in F(\alpha)$에 대해서

$$\bar{h}(f(\alpha) + g(\alpha)) = \bar{h}(f(\alpha)) + \bar{h}(g(\alpha))$$
$$\bar{h}(f(\alpha) g(\alpha)) = \bar{h}(f(\alpha))\, \bar{h}(g(\alpha))$$

가 되어 환준동형사상이고 h가 전단사이므로 $\bar{h}$도 전단사가 된다. 그런데 구체적으로 위의 사실을 하나하나 증명해 보면 생각같이 그렇게 간단하지가 않다. 모든 $f(\alpha) \in F(\alpha)$는 일단 $f(x) \in F[x]$의 대입함수의 상으로 생각해서 $F[x]$에서 계산한 다음 다시 $F(\alpha)$로 보내야 한다. 그래서 오히려 다음과 같이 증명하는 것이 더 쉽다. 다음 정리는 앞으로 가장 많이 이용되고 기본이 되는 정리이다.

정리 28.2 $h : F \to E$는 환동형사상이다. K는 F의 확대체, L은 E의 확대체이다.

$\alpha \in K$는 F상에서 대수적이고 α의 극소다항식은 $p(x) \in F[x]$, 또 $\beta \in L$은 E상에서 대수적이고 극소다항식이 $h(p(x)) \in E[x]$이면 다음 성질을 만족하는 환동형사상 $\overline{h}$가 존재한다.

$$\overline{h} : F(\alpha) \to E(\beta), \quad \overline{h}(\alpha) = \beta, \quad \overline{h}|_F = h$$

증명

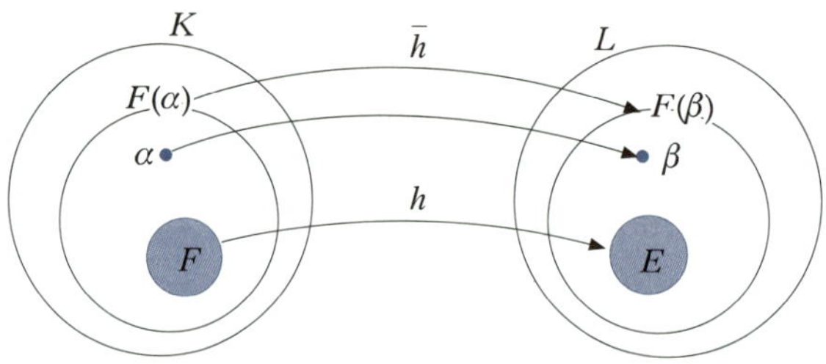

[그림 28.1]

앞에서 동형사상 $h : F[x] \to E[x]$가 존재함을 알 수 있었다. 또 임의의 $g(x) \in E[x]$에 대해서

$$\theta : E[x]/\langle h(p(x)) \rangle \to E(\beta), \; \theta(\overline{g(x)}) = g(\beta)$$

는 동형사상이므로 $E[x]/\langle h(p(x)) \rangle \cong E(\beta)$이다. 또

$$\pi : E[x] \to E[x]/\langle h(p(x)) \rangle, \; \pi[g(x)] = \overline{g(x)}$$

는 전사인 준동형이다.

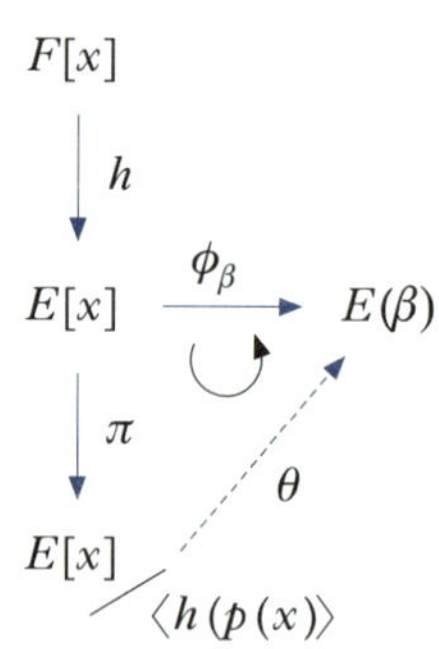

[그림 28.2]

따라서 합성함수

$$\theta \cdot \pi \cdot h : F[x] \xrightarrow{h} E[x] \xrightarrow{\pi} E[x]/\langle h(p(x)) \rangle \xrightarrow{\theta} E(\beta)$$

는 전사이다. 또 이 함수의 핵은 $\langle p(x) \rangle$이다. 그 이유는

$$\text{Ker}(\theta \cdot \pi \cdot h) = \{f(x) \in F[x] \mid (\theta \cdot \pi \cdot h)(f(x)) = 0 \in E(\beta)\}$$

이므로 만일 $f(x) \in \text{Ker}(\theta \cdot \pi \cdot h)$이면 $0 = \theta\pi(h(f(x))) = \theta(h(f(x)) + \langle h(p(x)) \rangle)$에서

$$h(f(x)) + \langle h(p(x)) \rangle \in \text{Ker}\,\theta \subset E[x]/\langle h(p(x)) \rangle$$

이다. 또한 θ는 단사함수이므로 $\text{Ker}\,\theta = 0 = \langle h(p(x)) \rangle$가 되어 결국

$$h(f(x)) + \langle h(p(x)) \rangle = \langle h(p(x)) \rangle$$

이다. 따라서

$$h(f(x)) = h(p(x)) \cdot k(x) \quad (k(x) \in E[x])$$

로 둘 수 있다. h는 전사함수이므로 $k(x) = h(r(x))$인 $r(x) \in F[x]$가 존재한다. h는 환준동형사상이므로

$$h(f(x)) = h(p(x))h(r(x)) = h(p(x)\,r(x))$$

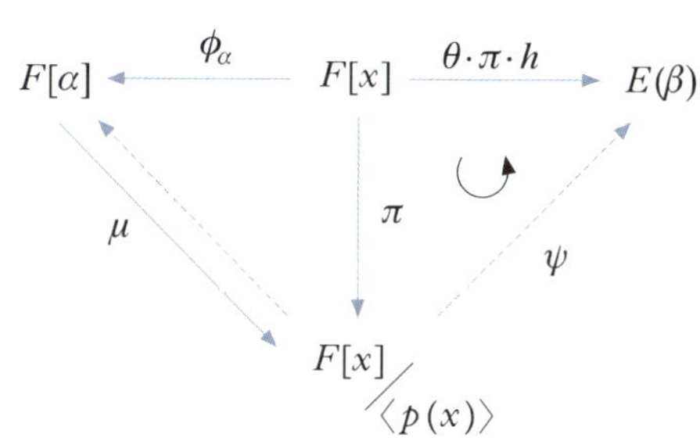

[그림 28.3]

이다. 또 h는 단사함수이므로 $f(x) = p(x)\,r(x) \in \langle p(x) \rangle$이다. 동형사상의 기본정리에 의해서 $F[x]/\langle p(x) \rangle \cong E(\beta)$가 된다. 실제로 이때의 함수 $\psi : F[x]/\langle p(x) \rangle \to E(\beta)$는 임의의

$$\overline{a(x)} = a(x) + \langle p(x) \rangle, \; a(x) \in F[x]$$

에 대해서

$$\psi(\overline{a(x)}) = (\theta \cdot \pi \cdot h)(a(x)) = \theta \cdot \pi(h(a(x))) = \phi_\beta(h(a(x)))$$

이다. 또 $h(x) = x$이므로

$$\psi(\bar{x})=(\theta\cdot\pi\cdot h)(x)=(\theta\cdot\pi)(h(x))=(\theta\cdot\pi)(x)=\theta(\bar{x})=\phi_\beta(x)=\beta$$

이고 $u\in F$면

$$\psi(\bar{u})=(\theta\cdot\pi)(h(u))=\theta(\overline{h(u)})=\phi_\beta(h(u))=h(u)$$

이다. 앞 정리의 $F(\alpha)\cong F[x]/\langle p(x)\rangle$인 동형사상을 $\mu: F(\alpha)\to F[x]/\langle p(x)\rangle$라고 하면 $\mu\cdot\phi_\alpha=\pi$이다. μ와 ψ의 합성

$$\bar{h}=\psi\circ\mu : F(\alpha)\xrightarrow{\mu}F[x]/\langle p(x)\rangle\xrightarrow{\psi}E(\beta)$$

는 동형사상이고

$$\bar{h}(\alpha)=[\psi\circ\mu](\alpha)=\psi\cdot\mu[\phi_\alpha(x)]=\psi\cdot\pi(x)=\psi(\bar{x})=\beta$$

이다. $u\in F$면 $\phi_\alpha(u)=u$이므로

$$\bar{h}(u)=(\psi\cdot\mu)(u)=(\psi\cdot\mu)[\theta_\alpha(u)]=\psi(\pi(u))=\psi(\bar{u})=h(u)$$

이므로 당연히 $\bar{h}|_F=h$가 된다. □

$\bar{h}$는 복잡하게 만들었는데 실제로 함수값을 적어보면 임의의

$$f(x)=c_0+c_1x+c_2x^2+\cdots+c_nx^n\in F[x]$$

에 대해서

$$\begin{aligned}\bar{h}(f(\alpha))&=\bar{h}(c_0+c_1\alpha+c_2\alpha^2+\cdots+c_n\alpha^n)\\&=(\psi\cdot\mu)(f(\alpha))=(\psi\cdot\mu)(\phi_\alpha(f(x)))\\&=(\psi\cdot\pi)f(x)=\psi(\overline{f(x)})=\phi_\beta(h(f(x)))\\&=h(c_0)+h(c_1)\beta+h(c_2)\beta^2+\cdots+h(c_n)\beta^n\end{aligned}$$

이다. 이 정리에서 $E=F$, h를 항등함수라 두면 α,β는 켤레가 되어 같은 극소다항식 $p(x)\in F[x]$를 가진다. 따라서 $\bar{h}: F(\alpha)\to F(\beta)$는 모든 $u\in F$에 대해서 $\bar{h}(u)=u$, $\bar{h}(\alpha)=\beta$가 되는 동형사상이 된다. 즉 $\alpha,\beta\in K$가 같은 극소다항식 $p(x)\in F[x]$의 근이면 $h|_F=1_F$, $h(\alpha)=\beta$인 동형사상 $h: F(\alpha)\to F(\beta)$가 존재한다.

【예제 1】 $f(x)=x^3+x+1 \in \mathbb{Z}_2[x]$, $g(x)=x^3+x^2+1 \in \mathbb{Z}_2[x]$는 모두 $\mathbb{Z}_2$상에서 기약이다.

$$E=\mathbb{Z}_2[x]/\langle f(x)\rangle,\ K=\mathbb{Z}_2[x]/\langle g(x)\rangle$$

는 모두 $\mathbb{Z}_2$를 포함하는 체이다. 또 $\alpha \in E$, $f(\alpha)=0$, $\beta \in K$, $g(\beta)=0$이 되는 α, β가 존재한다.

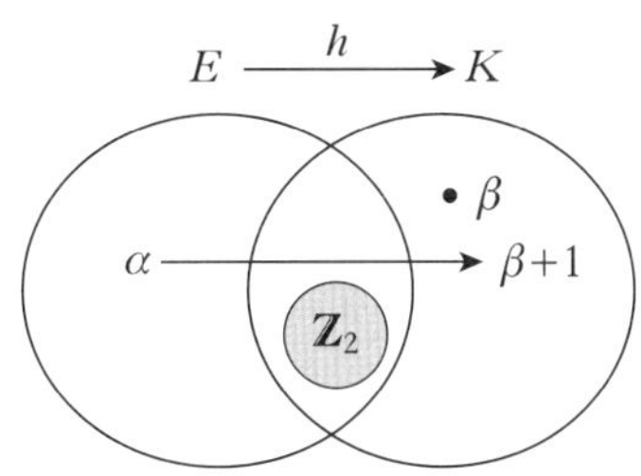

[그림 28.4]

$$E \cong \mathbb{Z}_2(\alpha)=\{a+b\alpha+c\alpha^2 \mid a,\ b,\ c \in \mathbb{Z}_2,\ \alpha^3+\alpha+1=0\}$$
$$K \cong \mathbb{Z}_2(\beta)=\{a+b\beta+c\beta^2 \mid a,\ b,\ c \in \mathbb{Z}_2,\ \beta^3+\beta^2+1=0\}$$

이므로 두 체 $\mathbb{Z}_2(\alpha)$, $\mathbb{Z}_2(\beta)$의 위수는 모두 8이다. 유한체의 성질에서 $E^*=E-\{0\}$라 하면 $(E^*, \cdot)$는 위수 7인 군이 되므로 라그랑즈의 정리에 의해서 E^*의 임의의 원소는 $x^7=1$, 즉 $x^7-1 \in \mathbb{Z}_2[x]$를 만족한다. 따라서 E는 $x^8-x \in \mathbb{Z}_2[x]$의 분해체가 된다. 마찬가지로 K도 역시 $x^8-x \in \mathbb{Z}_2[x]$의 분해체가 된다. 한편

$$f(\beta+1)=(\beta+1)^3+(\beta+1)+1=\beta^3+\beta^2+1=0$$

이 되므로 α와 $\beta+1$은 같은 극소다항식 $f(x)$를 가진다. 따라서

$$h : E \to K,\ h(\alpha)=\beta+1$$

은 $\mathbb{Z}_2$를 고정시키는 동형사상이 된다. h를 구체적으로 적으면

$$h(a+b\alpha+c\alpha^2)=a+b(\beta+1)+c(\beta+1)^2$$

이다.

또 위의 예제 1의 체 K에서 $\beta^3 = \beta^2 + 1$, $\beta^7 = 1$을 이용하면 K^*는 β에 의해서 생성되는 순환군이다(β는 원시근이 된다). 원소 하나하나를 적어보면

$$1+\beta = \beta^5,\ 1+\beta^2 = \beta^3,\ \beta+\beta^2 = \beta^6,\ 1+\beta+\beta^2 = \beta^4$$

이다. 실제로 $K^* \cong \mathbb{Z}_2^*(\beta)$에 속하는 7개의 모든 원소는 β에 의해 표시됨을 다음의 표로 알 수 있다.

$$K \cong \mathbb{Z}_2(\beta) = \{a + b\beta + c\beta^2 \mid a,\ b,\ c \in \mathbb{Z}_2\}$$

$K^* = K - \{0\}$이므로 a, b, c가 동시에 0인 경우를 제외하면

$(a,\ b,\ c)$	(1, 0, 0)	(0, 1, 0)	(0, 0, 1)	(1, 1, 0)	(1, 0, 1)	(0, 1, 1)	(1, 1, 1)
$a+b\beta+c\beta^2$	1	β	β^2	$1+\beta$	$1+\beta^2$	$\beta+\beta^2$	$1+\beta+\beta^2$
β^i	β^7	β	β^2	β^5	β^3	β^6	β^4

이 된다. 일반적으로 모든 유한체 F에서 F^*는 항상 곱에 대해서 순환군이 된다(부록 37장 유한체 참조). 예를 들면

$$\mathbb{Z}_5^* = \langle \bar{2} \rangle,\ \mathbb{Z}_7^* = \langle \bar{3} \rangle,\ \mathbb{Z}_{11}^* = \langle \bar{2} \rangle\ \ \mathbb{Z}_{41}^* = \langle \bar{6} \rangle,\ \mathbb{Z}_{23}^* = \langle \bar{5} \rangle,\ \cdots$$

이다.

K는 F의 확대체, L은 E의 확대체이고 K와 L은 동형이다. 임의의 동형사상 $h : F \to E$에 대해서 $\bar{h}|_F = h$가 되는 동형사상 $\bar{h} : K \to L$가 존재할까? 일반적으로 이러한 동형사상은 존재하지 않는다. 그러나 크로네커(Kronecker, Leopold, 1823~1891)는 F의 확대체 K가 특별한 경우에는 항상 h의 확장 $\bar{h}$를 찾을 수 있음을 발견하였다. 다음 정리 28.3이 바로 그러한 경우이다. 우선 안되는 예를 한 개 들어본다.

【예제 2】 $F = \mathbb{Q}(\sqrt{2})$, $E = \mathbb{Q}(-\sqrt{2})$라고 하면 실제로는 $F = E$이다. $K = L = \mathbb{Q}(\sqrt[4]{2})$라고 하면 $K \cong L$이고 K는 E, F의 확대체이다.

$$h : \mathbb{Q}(\sqrt{2}) \to \mathbb{Q}(-\sqrt{2}),\ h(a + b\sqrt{2}) = a - b\sqrt{2}$$

는 당연히 동형사상이다. 그러면 과연

$$\bar{h} : \mathbb{Q}(\sqrt[4]{2}) \to \mathbb{Q}(\sqrt[4]{2}),\ \bar{h}|_{\mathbb{Q}(\sqrt{2})} = h$$

인 동형사상 $\bar{h}$가 존재할까? 절대로 없다. 그 이유는 그러한 $\mathbb{Q}(\sqrt[4]{2})$에서의 동형사상 $\bar{h}$가 존재한다고 하자. $\bar{h}(\sqrt[4]{2}) = a$라고 하면

$$\bar{h}(\sqrt[4]{2}\ \sqrt[4]{2}) = \bar{h}(\sqrt[4]{2})\bar{h}(\sqrt[4]{2}) = a^2$$

이다. 그런데 $\sqrt[4]{2}\ \sqrt[4]{2} = \sqrt{2}$이므로 $\bar{h}(\sqrt{2}) = h(\sqrt{2}) = -\sqrt{2}$이다. 따라서 $a^2 = -\sqrt{2}$가 되는데 $\mathbb{Q}(\sqrt[4]{2})$ 속에는 이 식을 만족시키는 a가 존재하지 않는다.

정리 28.3 $h : F \to E$는 동형사상이고 K는 F상에서 어떤 다항식 $f(x) \in F[x]$의 분해체, L은 E상에서 $h(f(x)) \in E[x]$의 분해체이면 $\bar{h}|_F = h$인 동형사상 $\bar{h} : K \to L$가 존재한다.

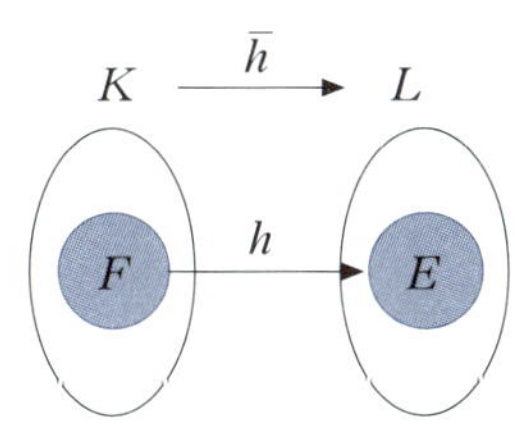

[그림 28.5]

증명 $K = F(\alpha_1, \alpha_2, \cdots, \alpha_n)$, α_i는 $f(x)$의 근, $L = E(\beta_1, \beta_2, \cdots, \beta_m)$, β_j는 $h(f(x))$의 근이라고 두자. $K[x]$에서 $f(x)$는

$$f(x) = c(x-\alpha_1)(x-\alpha_2)\cdots(x-\alpha_n),\ c \in K$$

으로 분해된다. 또 $L[x]$에서 $h(f(x))$는

$$h(f(x)) = d(x-\beta_1)(x-\beta_2)\cdots(x-\beta_m),\ d \in L$$

으로 분해된다. $f(x)$와 $h(f(x))$는 차수가 같으므로 $n = m$이 됨을 알 수 있다.

$p(x) \in F[x]$를 $f(x)$의 한 기약인 인수라고 하면 $h(p(x)) \in E[x]$는 역시 기약이다. 또 $p(x)$의 모든 근은 $f(x)$의 근이므로 K는 $p(x)$의 모든 근을 포함한다. 마

찬가지로 L도 $h(p(x))$의 모든 근을 포함한다. 편의상 α_1을 $p(x)$의 근, β_1을 $h(p(x))$의 근이라고 하면 앞 정리 28.2에 의해서 $\bar{h}(\alpha_1)=\beta_1$, $\bar{h}|_F=h$인 동형사상 $\bar{h}: F(\alpha_1) \to E(\beta_1)$이 존재한다. $F(\alpha_1)=F_1$, $E(\beta_1)=E_1$라 두자.

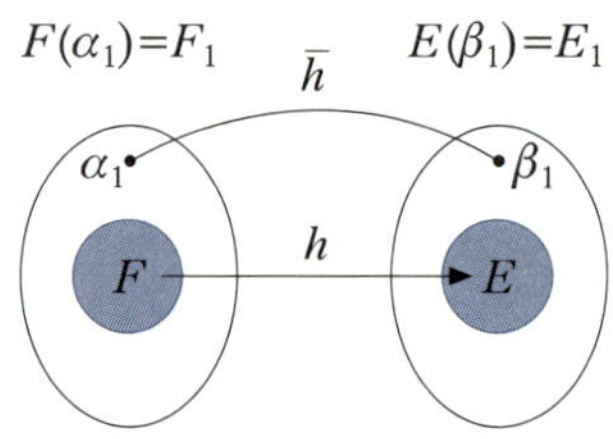

[그림 28.6]

$F_1[x]=F(\alpha_1)[x]$에서 나눗셈하면

$$f(x)=(x-\alpha_1)f_1(x),\ f_1(x)\in F(\alpha_1)[x]$$

로 쓸 수 있고 따라서 $E_1[x]$에서 다시 F을 F_1로 E을 E_1로 h를 $\bar{h}$로 생각하면

$$\begin{aligned}\bar{h}(f(x)) &= (x-\bar{h}(\alpha_1))\bar{h}(f_1(x)) \\ &= (x-\beta_1)\bar{h}(f_1(x))\end{aligned}$$

이다. 물론 여기서 $f_1(x)\in F_1[x]$는 $K[x]$에서 $c(x-\alpha_2)\cdots(x-\alpha_n)$로 분해된다. 또 K는 F_1상에서 $f_1(x)$의 분해체, L은 E_1상에서 $\bar{h}(f_1(x))$의 분해체가 됨도 당연하다. 동형사상 $\bar{h}: F_1 \to E_1$과 $f_1(x)\in F_1[x]$에 대해서 또 다시 위의 방법을 반복하면

$$F(\alpha_1,\ \alpha_2)=F_1(\alpha_2)\cong E_1(\beta_2)=E(\beta_1,\ \beta_2)$$

가 되고 결국 귀납적으로

$$F(\alpha_1,\ \alpha_2,\ \cdots,\ \alpha_n)\cong E(\beta_1,\ \beta_2,\ \cdots,\ \beta_m)$$

이 된다. □

위의 정리 28.3에서 특히 $F=E$, h가 항등함수면 $f(x)\in F[x]$의 두 분해체는 동형이 된다. 즉, K와 L이 $f(x)\in F[x]$의 분해체이면 모든 $u\in F$에 대해서 $\bar{h}(u)=u$인 동형사상 $\bar{h}: K\to L$가 존재한다. 그러면 이 역은 성립할까? 즉 K는 $f(x)\in F[x]$의 분해체이고 모든 $u\in F$에 대해서 $h(u)=u$인 동형사상 $h: K\to L$이 존재하면 L도 $f(x)$의 분해체가 되

어줄까? 이때는 L이 $f(x)$의 분해체정도가 아니라 아예 $K=L$이 된다.

따름정리 28.4 K는 F상에서의 어떤 다항식 $f(x)$의 분해체이다. $\alpha, \beta \in K$가 기약다항식 $p(x) \in F[x]$의 근이면 임의의 $u \in F$에 대해서 $\bar{h}(u)=u$이고 $\bar{h}(\alpha)=\beta$인 K에서의 동형사상 $\bar{h}$가 존재한다.

증명 앞 정리 28.2에서 모든 $u \in F$에 대해서 $h(u)=u$인 동형사상 $h: F(\alpha) \to F(\beta)$, $h(\alpha)=\beta$가 존재한다. 위의 정리 28.3에서

$$F=F(\alpha),\ E=F(\beta),\ K=L$$

로 생각하면 $h: F(\alpha) \to F(\beta)$는 동형사상이고

$$f(x) \in F[x] \subset F(\alpha)[x],\ f(x) \in F[x] \subset F(\beta)[x]$$

로 볼 수 있다. 또 $f(x)$의 모든 근을 $c_1, c_2, \cdots, c_m$이라고 하면

$$K=F(c_1, c_2, \cdots, c_m)=F(\alpha)(c_1, c_2, \cdots, c_m)=F(\beta)(c_1, c_2, \cdots, c_m)$$

이므로 K는 $F(\alpha)$, $F(\beta)$상에서 $f(x)$의 분해체로 봐도 된다. 사실 $f(x) \in F[x]$이므로 $h(f(x))=f(x)$이다. 위의 정리 28.3을 다시 적으면 $\bar{h}: K \to K$, 모든 $t \in F(\alpha)$에 대해서 $\bar{h}(t)=h(t)$인 동형사상 $\bar{h}$가 존재한다. 따라서 모든 $u \in F$에 대해서

$$\bar{h}(u)=h(u)=u,\ \bar{h}(\alpha)=h(\alpha)=\beta$$

이다.

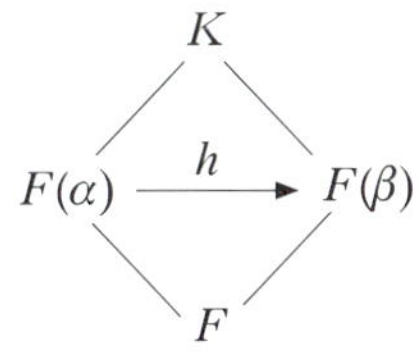

[그림 28.7]

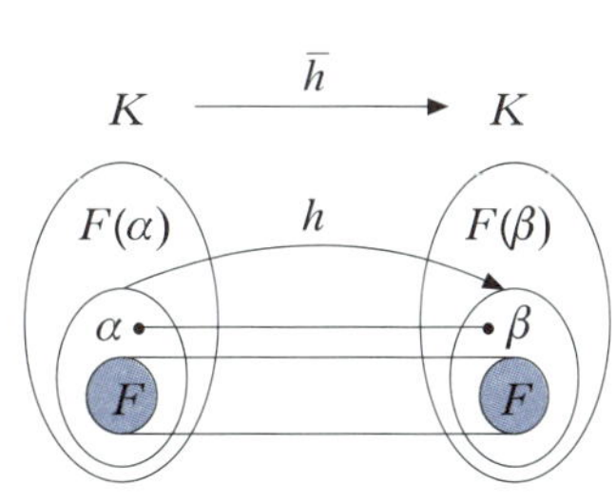

[그림 28.8] □

모든 체는 $\mathbb{Q}$ 또는 $\mathbb{Z}_p$(p는 소수)를 포함한다. 여기서 체 E가 유리수 $\mathbb{Q}$를 포함한다고 하자. $f: E \to K$가 동형사상이면 $f(0)=0$, $f(1)=1$이

다. 따라서 임의의 정수 $n \in \mathbb{Z}$에 대해서

$$f(n) = f(1 + \cdots + 1) = 1 + \cdots + 1 = n$$

이다. 또 임의의 $\frac{m}{n} \in \mathbb{Q}$에 대해서

$$f\left(\frac{m}{n}\right) = f(m \cdot n^{-1}) = f(m)f(n)^{-1} = mn^{-1} = \frac{m}{n}$$

이 되어 결국 모든 $u \in \mathbb{Q}$에 대해서 $f(u) = u$가 됨을 알 수 있다. 물론 $\mathbb{Z}_p$를 포함하면 $\mathbb{Z}_p$의 원소도 동형사상 f의 함수값은 $f(\bar{i}) = \bar{i}$가 된다. 이런 경우는 비단 $\mathbb{Q}$나 $\mathbb{Z}_p$뿐만 아니라 일반적인 확대체에서도 자주 나타난다.

【예제 3】 π와 e는 모두 $\mathbb{Q}$상에서 초월적이다. 따라서 $\mathbb{Q}(\pi)$와 $\mathbb{Q}(e)$는 모두 $\mathbb{Q}$의 초월적 확대체이다. 정리 23.9에 의해서 초월적 확대체는 분수체(quotient field)와 동형이므로 $\mathbb{Q}(\pi)$와 $\mathbb{Q}(e)$는 모두 분수식 $\left\{\frac{f(x)}{g(x)} \middle| f(x), g(x) \in \mathbb{Q}[x],\ g(x) \neq 0\right\}$과 동형이다. 따라서 $f : \mathbb{Q}(\pi) \to \mathbb{Q}(e)$인 어떤 동형사상이 존재할 것이다. 이 함수 f가 뭔지는 모르지만 모든 $u \in \mathbb{Q}$에 대해서는 $f(u) = u$가 될 것은 분명하다. 현재까지도 $\pi \in \mathbb{Q}(e)$인지 또는 $e \in \mathbb{Q}(\pi)$인지, 심지어 $\pi + e$가 무리수인지, 유리수인지도 모른다. 일반적으로 E는 F의 확대체이고 $\alpha, \beta \in E$가 F상에서 초월적이면 $F(\alpha) \cong F(\beta)$이다. 따라서 $\mathbb{Q}(\pi^2) \subset \mathbb{Q}(\pi)$, $\mathbb{Q}(\pi^2) \neq \mathbb{Q}(\pi)$이지만 $\mathbb{Q}(\pi) \cong \mathbb{Q}(\pi^2)$가 된다.

정의 28.1 K, L는 F의 확대체이다. $h : K \to L$는 동형사상이고 모든 $u \in F$에 대해서 $h(u) = u$일 때 h는 F를 **고정**(fix)시킨다 또는 **부동**시킨다고 한다. 또 거꾸로 $h(a) = a$인 $a \in K$를 h에 대한 고정원소(fixed element by h)라고 한다.

만일 h가 F를 고정시키면 당연히 F의 모든 원소는 h에 대해서 고정된다. 물론 F 이외의 원소도 h에 대해서 고정될 수 있다.

【예제 4】 $$h : \mathbb{Q}(\sqrt{2}) \to \mathbb{Q}(-\sqrt{2}),\ h(a+b\sqrt{2}) = a-b\sqrt{2}$$

라고 하면 h는 $\mathbb{Q}$를 고정시킨다. 또 h에 대해서 고정되는 원소의 집합은 $\mathbb{Q}$뿐이다.

다음 정리는 고정시키는 함수의 중요한 성질 중 하나이다. 또 다항식의 근을 구하는데도 널리 이용된다.

정리 28.5 K, L는 F의 확대체이고 $h : K \to L$는 F를 고정시키는 준동형사상이다. $\alpha \in K$가 $f(x) \in F[x]$의 근이면 $h(\alpha) \in L$도 역시 $f(x)$의 근이다.

증명 $$f(x) = a_0 + a_1 x + \cdots + a_n x^n \in F[x]$$

라고 하면 $f(\alpha) = a_0 + a_1\alpha + \cdots + a_n\alpha^n = 0$이다. 따라서 h는 준동형사상이므로

$$\begin{aligned} f(h(\alpha)) &= a_0 + a_1 h(\alpha) + \cdots + a_n h(\alpha)^n \\ &= h(a_0 + a_1\alpha + \cdots + a_n\alpha^n) \\ &= h(0) \\ &= 0 \end{aligned}$$

가 되어 $h(\alpha)$도 $f(x)$의 근이다. □

【예제 5】 $h : \mathbb{Q}(\sqrt[3]{2}) \to \mathbb{Q}(\sqrt[3]{2})$를 동형사상이라고 하면 임의의 $u \in \mathbb{Q}$에 대해서 $h(u) = u$이다. $\sqrt[3]{2}$는 $f(x) = x^3 - 2 \in \mathbb{Q}[x]$의 근이므로 $h(\sqrt[3]{2})$도 역시 x^3-2의 근이라야 한다. 그런데 x^3-2의 근은 $\sqrt[3]{2}$ 외에는 모두 허근이므로 결국 $\mathbb{Q}(\sqrt[3]{2})$ 속에 들어가는 근은 $\sqrt[3]{2}$뿐이다. 따라서 $h(\sqrt[3]{2}) = \sqrt[3]{2}$이다. 결국 $\mathbb{Q}(\sqrt[3]{2})$의 임의의 원소

$$a + b\sqrt[3]{2} + c(\sqrt[3]{2})^2,\ a, b, c \in \mathbb{Q}$$

에 대해서

$$\begin{aligned} h(a+b\sqrt[3]{2}+c(\sqrt[3]{2})^2) &= h(a) + h(b)h(\sqrt[3]{2}) + h(c)h((\sqrt[3]{2})^2) \\ &= a + b\sqrt[3]{2} + c(\sqrt[3]{2})^2 \end{aligned}$$

이 되어 h는 항등함수가 된다. 즉 $\mathbb{Q}(\sqrt[3]{2})$에서 $\mathbb{Q}(\sqrt[3]{2})$로의 동형사상은 항등함수뿐이다.

위의 정리 28.5는 간단하지만 매우 중요하므로 잘 기억하여야 한다. 간단히 이야기해서 $\alpha \in K$가 $f(x) \in F[x]$의 근이면 F를 고정시키는 준동형사상 h의 상 $h(\alpha)$도 $f(x)$의 근이 된다는 말이다. 그러나 역으로 K가 F의 확대체이고 $\alpha, \beta \in K$가 $a(x) \in F[x]$의 두 근이라고 해도 $h(\alpha)=\beta$가 되는 F를 고정시키는 K의 동형사상 h가 반드시 존재하는 것은 아니다. 예를 들어 $x^2-4 \in \mathbb{Q}[x]$의 근은 ± 2이다. 그러나 $\mathbb{Q}$의 확대체 K에서 K로의 동형사상 h는 $\mathbb{Q}$를 고정시키므로 $h(2)=2$가 되어 $h(2)=-2$인 K에서 K로의 동형사상은 존재하지 않는다.

정리 28.6 K, L는 F의 확대체이다. $h: K \to L$는 F를 고정시키는 동형사상이고 K가 F상의 어떤 다항식의 분해체이면 $K=L$이다.

증명 K가 어떤 다항식 $f(x) \in F[x]$의 분해체라고 하면 $K=F(\alpha_1, \alpha_2, \cdots, \alpha_n)$으로 적을 수 있다. 이때 $\alpha_1, \alpha_2, \cdots, \alpha_n$은 $f(x)$의 근이다. 앞 정리 28.5에서 $h(\alpha_1), h(\alpha_2), \cdots, h(\alpha_n)$도 모두 $f(x)$의 근이 되므로 결국

$$\{h(\alpha_1),\ h(\alpha_2),\ \cdots,\ h(\alpha_n)\}=\{\alpha_1,\ \alpha_2,\ \cdots,\ \alpha_n\}$$

이 된다. $h(\alpha_1)=\alpha_i$라고 하면 $F(\alpha_1)$의 임의의 원소 b는

$$b=a_0+a_1\alpha_1+a_2\alpha_1^2+\cdots+a_l\alpha_1^l,\ \ a_k \in F \quad (0 \le k \le l)$$

이므로

$$\begin{aligned} h(b) &= h(a_0+a_1\alpha_1+\cdots+a_l\alpha_1^l) \\ &= a_0+a_1h(\alpha_1)+\cdots+a_lh(\alpha_1)^l \\ &= a_0+a_1\alpha_i+\cdots+a_l\alpha_i^l \in F(\alpha_1,\ \alpha_2,\ \cdots,\ \alpha_n)=K \end{aligned}$$

이다. 즉 $h(F(\alpha_1)) \subset K$이다. 또 $h(\alpha_2)=\alpha_j$라고 하면 $(F(\alpha_1))(\alpha_2)$의 임의의 원소 c는

$$c=b_0+b_1\alpha_2+\cdots+b_m\alpha_2^m,\ \ b_k \in F(\alpha_1) \quad (0 \le k \le m)$$

이므로 역시

$$h(c)=h(b_0)+h(b_1)\alpha_j+\cdots+h(b_m)\alpha_j^m$$

인데

$$h(b_i)\in K,\ \alpha_j\in F(\alpha_1,\ \alpha_2,\ \cdots,\ \alpha_n)=K$$

이므로 결국 $h(c)\in K$이다. 따라서 $h(F(\alpha_1,\ \alpha_2))\subset K$이고 이와 같이 계속하면

$$h(K)\subset K$$

가 됨을 알 수 있다. 한편 h는 전사이므로 $h(K)=L$이므로 $L\subset K$이다. 또 $F\subset L$, $\{\alpha_1,\ \alpha_2,\ \cdots,\ \alpha_n\}=\{h(\alpha_1),\ h(\alpha_2),\ \cdots,\ h(\alpha_n)\}\subset L$이므로

$$K=F(\alpha_1,\ \alpha_2,\ \cdots,\ \alpha_n)\subset L$$

이다. 따라서

$$K=L$$

가 된다. □

위의 정리에서 보는 것과 같이 F의 확대체가 어떤 다항식의 분해체가 되면 이외에도 매우 재미있는 많은 성질들을 가진다.

정의 28.2 F의 확대체 K가 F상에서의 어떤 다항식의 분해체가 될 때 K를 F의 **정규확대체**(normal extension field of F)라고 부른다.

물론 책에 따라서 정규확대체를 다르게 정의하는 수도 있다. 그러나 결국은 모두 같은 개념이다. 정의에서 정규확대체는 당연히 유한 확대체이다.

【예제 6】 $\mathbb{Q}(\sqrt{2})$는 $x^2-2\in\mathbb{Q}[x]$의 분해체가 되므로 $\mathbb{Q}(\sqrt{2})$는 $\mathbb{Q}$의 정규확대체이다. 마찬가지로 $\mathbb{Q}(i)$도 $\mathbb{Q}$의 정규확대체이다.

【예제 7】 $\mathbb{Q}(\sqrt[3]{2})$는 $\mathbb{Q}$의 정규확대체가 될 수 없다. 왜냐하면 $\sqrt[3]{2}$를 근으로 가지는 $\mathbb{Q}$상에서의 극소다항식은 $x^3-2\in\mathbb{Q}[x]$인데 나머지 두 근은 허수가 되어 $\mathbb{Q}(\sqrt[3]{2})$의 원소가 아니다.

정규확대체와 분해체는 정의만 봐서는 같은 것 같이 보인다. 사실은 거의 같은 뜻인데 분해체는 구체적으로 어떤 다항식이 있을 때 비로소 이 다항식의 분해체가 생긴다. 다항식이 없으면 분해체란 말을 할 수 없다. 분해체는 반드시 어떤 다항식 $f(x)$의 분해체이다. 그러나 정규확대체는 구체적으로 다항식은 모르지만 좌우간 어떤(some) 다항식의 분해체가 되면 된다.

정리 28.7 L과 M은 F의 유한확대체이다. $F\subset L\subset K$, K는 L의 확대체이고 F의 정규확대체이다. $h: L\to M$가 F를 고정시키는 동형사상이면

$$\bar{h}: K\to K,\ \bar{h}|_L = h$$

인 동형사상이 존재한다.

증명

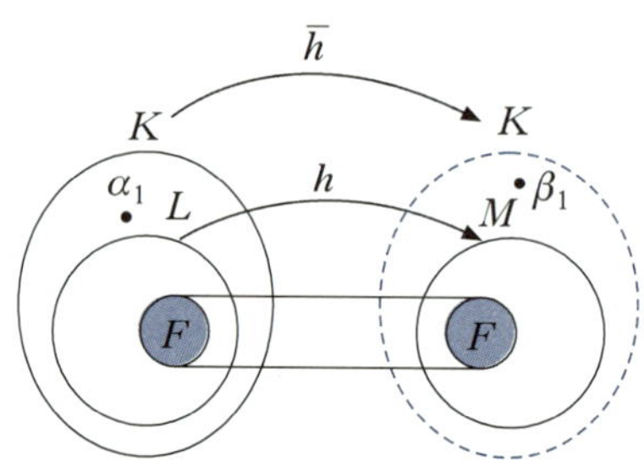

[그림 28.9]

K는 F의 정규확대체이므로 K를 어떤 다항식 $f(x)\in F[x]$의 분해체로써

$$K=F(\alpha_1, \alpha_2, \cdots, \alpha_n)$$

으로 둘 수 있다. 물론 여기서 $\alpha_1, \alpha_2, \cdots, \alpha_n$은 $f(x)$의 근이다. α_1은 F상에서 대수적이므로 L상에서도 대수적이다. α_1의 L상에서의 극소다항식을 $p(x)\in L[x]$라고 하고 $h(p(x))\in M[x]$의 한 근을 β_1이라고 하면 앞 정리 28.2에서

$$h_1 : L(\alpha_1) \to M(\beta_1),\ \ h_1|_L = h,\ h_1(\alpha_1) = \beta_1$$

인 동형사상이 존재한다. 이 식을 반복하면

$$\bar{h} : L(\alpha_1,\ \alpha_2,\ \cdots,\ \alpha_n) \to M(\beta_1,\ \beta_2,\ \cdots,\ \beta_n)$$

으로의 동형사상을 만들 수 있다. 그런데

$$L(\alpha_1,\ \alpha_2,\ \cdots,\ \alpha_n) \supset F(\alpha_1,\ \alpha_2,\ \cdots,\ \alpha_n) = K$$

이고 또 $L \subset K$, $\alpha_1, \alpha_2, \cdots, \alpha_n \in K$이므로 $L(\alpha_1, \alpha_2, \cdots, \alpha_n) \subset K$이다. 따라서 $L(\alpha_1, \alpha_2, \cdots, \alpha_n) = K$가 되므로

$$\bar{h} : K \to M(\beta_1,\ \beta_2,\ \cdots,\ \beta_n),\ \ \bar{h}|_L = h$$

인 동형사상이 존재한다. 따라서 정리 28.6에 의해서 $M(\beta_1, \beta_2, \cdots, \beta_n) = K$가 된다. □

정리 28.8 F의 유한확대체 K가 F의 정규확대체일 필요충분조건은 임의의 기약인 다항식 $p(x) \in F[x]$의 한 개의 근이 K에 속하면 $p(x)$의 모든 근은 K에 들어간다.

증명 $\alpha \in K$, $p(\alpha) = 0$라고 하고 β를 $\beta \neq \alpha$인 $p(x)$의 임의의 근이라고 하자. 앞 정리 28.2에 의해서 $h(\alpha) = \beta$인 $F(\alpha)$에서 $F(\beta)$로의 F를 고정시키는 동형사상 h가 존재한다. 또 앞 정리 28.7에서 $F(\alpha) = L$, $F(\beta) = M$으로 두면 $\bar{h} : K \to K$, $\bar{h}|_{F(\alpha)} = h$인 동형사상이 존재한다. 따라서 $\beta \in K$가 된다. 보다 구체적으로 적으면 좀 복잡하지만 다음과 같다. K를 $f(x) \in F[x]$의 분해체라고 하면

$$K = F(\alpha_1,\ \alpha_2,\ \cdots,\ \alpha_n),\ \ \alpha_1,\ \cdots,\ \alpha_n\text{은 } f(x)\text{의 근}$$

으로 쓸 수 있다.

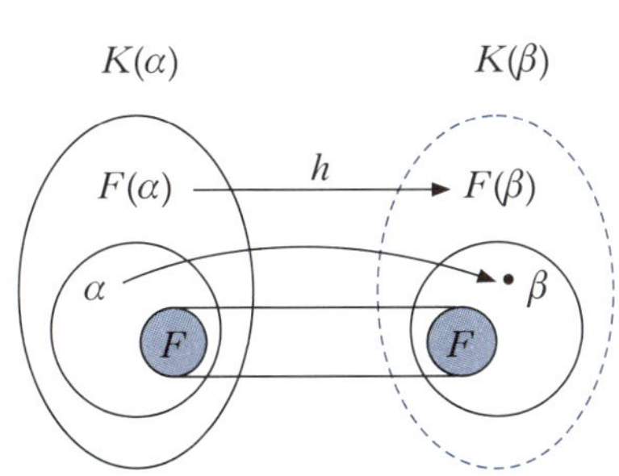

[그림 28.10]

$$K(\beta)=F(\alpha_1,\ \alpha_2,\ \cdots,\ \alpha_n,\ \beta)=F(\beta)(\alpha_1,\ \cdots,\ \alpha_n),\ f(x)\in F(\beta)[x]$$

이므로 $K(\beta)$는 $F(\beta)$상에서의 $f(x)$의 분해체로 생각할 수 있다. 또

$$F(\alpha)(\alpha_1,\ \cdots,\ \alpha_n)=F(\alpha,\ \alpha_1,\ \alpha_2,\ \cdots,\ \alpha_n)=K(\alpha),\ f(x)\in F(\alpha)[x]$$

로 생각하면 $K(\alpha)$는 $F(\alpha)$상에서의 $f(x)$의 분해체로 생각할 수 있다. 또 정리 28.2의 동형사상 $h: F(\alpha)\to F(\beta)$에 대해서 $h(f(x))=f(x)$이다. 따라서 앞 정리 28.3에서 F, E를 각각 $F(\alpha)$, $F(\beta)$로 두면

$$\bar{h}: K(\alpha)\to K(\beta),\ \bar{h}|_{F(\alpha)}=h$$

인 동형사상 $\bar{h}$가 존재한다. 그런데 $\alpha\in K$이므로 $K(\alpha)=K$이다. 따라서 앞 정리 28.6에서 $K=K(\beta)$가 되어 $\beta\in K$가 된다. □

역으로 F의 유한확대체 K가 $F[x]$의 임의의 기약다항식의 한 근을 포함하면 모든 근을 포함한다고 하자. K의 기저를 $\{\alpha_1,\ \alpha_2,\ \cdots,\ \alpha_n\}$이라고 하면

$$K=F(\alpha_1,\ \alpha_2,\ \cdots,\ \alpha_n)$$

으로 적을 수 있다. 각 α_i는 F상에서 대수적이므로 α_i의 극소다항식을 $p_i(x)\in F[x]$라고 하면 가정에서 $f(x)=p_1(x)p_2(x)\cdots p_n(x)\in F[x]$의 모든 근은 K에 들어간다. 따라서 $f(x)$의 분해체를 L이라고 하면 $L\subset K$이다. 한편 $\{\alpha_1,\ \alpha_2,\ \cdots,\ \alpha_n\}\subset L$이므로 $K\subset L$이고 따라서 $K=L$이 되어 K는 $f(x)$의 분해체가 된다. □

위의 정리의 또 다른 증명법은 30장 정리 30.1의 증명을 응용하여 쉽게 할 수 도 있다. 책에 따라서는 위의 정리 28.8의 결과를 정규확대체로 정의하는 수도 있다. 즉 F의 유한확대체 K가 $F[x]$의 임의의 기약다항식의 한 근을 포함하면 모든 근을 포함할 때 K를 F의 정규확대체라 정의한다.

정규확대체는 뒤에 나오는 갈루아 정리에 자주 등장한다. 아래 정리로 정리 28.6의 역도 성립함을 알 수 있다.

정리 28.9 K는 F의 유한확대체이다. 임의의 F를 고정시키는 동형사상 $h: K\to L$에 대해서 $h(K)\subset K$이면 K는 F의 정규확대체이다.

증명 K가 F의 정규확대체임을 보이려면, K가 적당한 다항식 $f(x) \in F[x]$의 분해체임을 보이면 된다. K는 F의 유한확대체이므로 $K = F(\alpha_1, \alpha_2, \cdots, \alpha_n)$으로 둘 수 있다. 각 α_i의 F상에서의 극소다항식을 $p_i(x) \in F[x]$라고 하면 K는

$$f(x) = p_1(x)p_2(x)\cdots p_n(x) \in F[x]$$

의 분해체가 된다. 그 이유를 살펴보면 $f(x) \in F[x]$의 임의의 근을 β라고 하면 β는 어떤 기약다항식 $p_i(x) \in F[x]$의 근이다. 편의상 $p_i(x) = p_1(x)$, $\beta = \beta_1$이라고 하면 정리 28.2에 의해서 $p_1(x)$의 분해체 안에서

$$h_1 : F(\alpha_1) \to F(\beta_1), \; h_1(\alpha_1) = \beta_1$$

인 동형사상이 존재한다.

$$F_1 = F(\alpha_1), \; E_1 = F(\beta_1)$$

라 두자. α_2는 F상에서 대수적이므로 $F_1 = F(\alpha_1)$상에서도 대수적이다. α_2의 F_1상에서의 극소다항식을 $q_2(x) \in F_1[x]$라고 하고 $q_2(x)$의 임의의 다른 근을 β_2라고 하면 $q_2(x)$의 분해체 안에서 다시

$$h_2 : F_1(\alpha_2) \to E_1(\beta_2), \; h_2(\alpha_2) = \beta_2, \; h_2|_{F_1} = h_1$$

인 동형사상이 존재한다. 이 과정을 반복하면 결국

$$\bar{h} : F(\alpha_1, \alpha_2, \cdots, \alpha_n) \to F(\beta_1, \beta_2, \cdots, \beta_n), \; \bar{h}(\alpha_i) = \beta_i$$

인 동형사상을 얻을 수 있다. 물론 $\bar{h}$는 F를 고정시킨다. 가정에서 $\beta = \beta_1 = \bar{h}(\alpha_1) \in \bar{h}(K) \subset K$이므로 $\beta \in K$이다. 즉 K는 $f(x)$의 모든 근을 포함한다. 이 말은 $K = F(\alpha_1, \alpha_2, \cdots, \alpha_n)$은 $f(x)$의 분해체라는 뜻이다. □

위의 결과들을 종합하면 우리는 다음과 같은 정규확대체가 될 동치조건을 구할 수 있다. 물론 이외에도 정규확대체가 될 동치조건이 몇 가지 더 있다. 나머지는 다음 장에서 좀 더 자세히 공부하자.

정리 28.10 F의 유한확대체 K에서 다음은 동치이다.

(1) K는 F의 정규확대체이다.

(2) $h : K \to L$가 F를 고정시키는 동형사상이면 $K = L$이다.

(3) 임의의 기약다항식 $p(x) \in F[x]$가 한 근이 K에 속하면 모든 근이 K에 속한다.

증명 (1) ⇒ (2) 정리 28.6

(2) ⇒ (1) $h(K)=L=K$이므로 위의 정리 28.9에서 K는 F의 정규확대체이다.

(1) ⇔ (3) 앞 정리 28.8에서 증명되었다. □

체의 동형사상에 대한 몇 가지 성질을 아래에 적어 놓겠다. h가 유리수 $\mathbb{Q}$를 포함하는 체 E의 자기동형사상이면 다음이 성립한다.

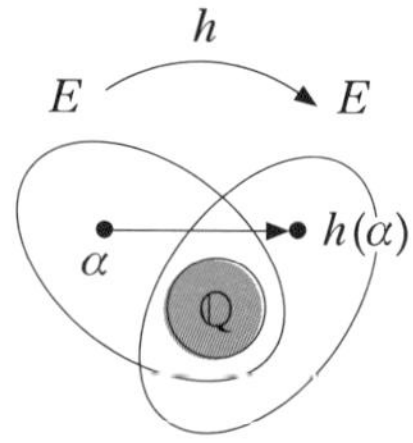

[그림 28.11]

(1) h는 $\mathbb{Q}$를 고정시킨다.

(2) $f(x) \in \mathbb{Q}[x]$, $\alpha \in E$가 $f(x)$의 근이면 $h(\alpha)$도 $f(x)$의 근이다. 즉 $f(\alpha)=0$이면 $f(h(\alpha))=0$이다.

(3) $p(x) \in \mathbb{Q}[x]$는 기약이고 $\alpha_1, \alpha_2, \cdots, \alpha_n \in E$가 $p(x)$의 근이면

$$\{h(\alpha_1), h(\alpha_2), \cdots, h(\alpha_n)\}=\{\alpha_1, \alpha_2, \cdots, \alpha_n\}$$

이다.

(4) (3)에 의해서 E가 어떤 다항식 $f(x)$의 모든 근을 포함하면 E의 각 자기동형사상에 대해서 $f(x)$의 근의 적당한 치환이 대응된다. 즉 $f(x)$의 근 $\alpha_1, \alpha_2, \cdots, \alpha_n$에 대해서 $h(\alpha_1), h(\alpha_2), \cdots, h(\alpha_n)$을 $\alpha_1, \alpha_2, \cdots, \alpha_n$의 치환으로 생각할 수 있다. 그러나 아래 예제 10에서 보는 바와 같이 역으로 모든 치환에 E의 자기동형사상이 대응되지는 않는다.

【예제 8】 $E=\mathbb{Q}(\sqrt{3}, i)$, $f(x)=x^3-1 \in \mathbb{Q}[x]$라고 하면 $f(x)$의 근은 $1, w, w^2$이

고 E에 포함된다. 여기서 $w=\dfrac{-1+\sqrt{3}i}{2}$이다. h는 E의 자기동형사상으로 $h(1)=w$, $h(w)=w^2$, $h(w^2)=1$이 될 수는 없다. 그 이유는 $1\in\mathbb{Q}$이므로 $h(1)$은 반드시 1이 되어야 하기 때문이다. 따라서 E의 자기동형사상은 두 개 뿐이다. 실제로 자기동형사상은 항등함수와 $\theta(i)=-i$인 함수 두 개이다.

$\alpha\in K$가 F상에서 대수적이고 α의 극소다항식을 $p(x)\in F[x]$라고 하면 임의의 F를 고정시키는 K의 동형사상 h에 대해서 $h(\alpha)$는 역시 $p(x)$의 근이다. 역으로 K에 있는 $p(x)$의 다른 근을 β라고 하면 $h(\alpha)=\beta$가 되는 F를 고정시키는 K의 동형사상 h가 항상 존재할까? 이것은 그렇지 못하다.

【예제 9】 $\sqrt{2}\in\mathbb{R}$은 $\mathbb{Q}$상에서 대수적이고 $\sqrt{2}$의 극소다항식은 $x^2-2\in\mathbb{Q}[x]$이다. 그러나 $\mathbb{Q}$를 고정시키는 $\mathbb{R}$의 동형사상은 항등함수뿐이므로(연습문제) $h(\sqrt{2})=-\sqrt{2}$인 동형사상 h는 존재하지 않는다.

기약다항식 $p(x)\in F[x]$의 근이 $u_1, u_2, \cdots, u_n$일 때 $p(x)$의 분해체 $K=F(u_1, u_2, \cdots, u_n)$에서의 동형사상을 생각하면 임의의 $u_1, u_2, \cdots, u_n$의 치환 π에 대해서 $\pi(u_1)=v_1$, $\pi(u_2)=v_2$, $\cdots$, $\pi(u_n)=v_n$,이라고 할 때 정리 28.2에 의해서 동형사상 $h_1 : F(u_1)\to F(v_1)$, $h_1|_F$는 항등함수, $h_1(u_1)=v_1$인 h_1이 존재한다. 다시 h_1에 대해서 정리 28.3에 의해서

$$h_2:(F(u_1))(u_2)\to(F(v_1))(v_2),\ h_2|_{F(u_1)}=h_1,\ h_2(u_2)=v_2$$

인 동형사상 h_2가 존재, … 이와 같이 생각해서 결국 $h:K\to K$는 동형사상이고, $h(u_i)=\pi(u_i)$인 K에서의 동형사상을 만들 수 있을 것으로 생각하면 절대 안된다. 아래 예제를 살펴보기 바란다. 아래의 예는 (4)의 역이 성립하지 않음을 보여준다.

【예제 10】 $p(x)=x^4+x^3+x^2+x+1\in\mathbb{Q}[x]$는 기약다항식이다. $p(x)$의 근을 u_1, u_2, u_3, u_4라고 하고 $p(x)$의 분해체 $K=\mathbb{Q}(u_1, u_2, u_3, u_4)$에서의 동형사상을 생각해 보자. 우선 $p(x)(x-1)=x^5-1$이므로 $u_i^5=1$ $(1\le i\le 4)$이다. x^5-1

의 1이 아닌 근을 α, 즉 $\alpha^5=1$, $\alpha\neq1$이라고 하면 $|\alpha|=5$이므로 근은

$$u_1=\alpha,\ u_2=\alpha^2,\ u_3=\alpha^3,\ u_4=\alpha^4$$

로 둘 수 있다. 만일 $h(\alpha)=\alpha^2$, 즉 $h(u_1)=u_2$인 동형사상 $h:\mathbb{Q}(u_1)\to\mathbb{Q}(u_2)$이 정해지면 h의 확대동형사상 $h_1:K\to K$가 절대 $h_1(u_3)=u_4$가 될 수 없다. 그 이유는

$$h_1(u_3)=h_1(\alpha^3)=(h_1(\alpha))^3=(h(u_{1)})^3=u_2^3=\alpha^6=\alpha\neq u_4$$

이다. 마찬가지로 $h(\alpha)=\alpha^2$, $h(\alpha^2)=\alpha^3$인 $\mathbb{Q}$를 고정시키는 동형사상 h는 존재하지 않는다.

다음으로 근의 중근에 대한 성질을 조사해 보자.

정의 28.2 D는 정역이고 $f(x)\in D[x]$이다. $f(x)$가 D의 확대체 E에서

$$f(x)=(x-c)^m q(x),\ x-c,\ q(x)\in E[x],\ \gcd(x-c,\ g(x))=1$$

꼴로 분해될 때 c를 $f(x)$의 m-중근(m-multiple root)이라고 한다. 특히, $m=1$일 때 c를 단순근(simple root), $m\geq2$일 때 c를 중근(multiple root)이라고 부른다.

정의에서 알 수 있는 바와 같이 c가 $f(x)$의 m-중근이라는 말은 결국 $f(x)$의 분해체에서

$$(x-c)^m\mid f(x),\ (x-c)^{m+1}\nmid f(x)$$

됨을 뜻한다.

정의 28.3 D는 정역이다. $f(x)=a_0+a_1x+a_2x^2+\cdots+a_nx^n\in D[x]$일 때

$$f'(x)=a_1+2a_2x+\cdots+na_nx^{n-1}$$

를 $f(x)$의 형식적 도함수(formal derivative)라고 부른다.

주의 위의 정리 28.3에서 $f'(x)$의 $x^i\,(0\le i\le n)$의 계수 ia_i는 a_i를 D에서 i번 합한 것을 의미한다.

【예제 11】 $f(x)=\bar{3}x^4+\bar{2}x^3-\bar{2}x+\bar{1}\in\mathbb{Z}_5[x]$이면 $f'(x)=\bar{2}x^3+x^2-\bar{2}$이다.

위의 도함수의 정의는 극한을 사용하지 않고 단순히 다항식만을 가지고 도함수를 정의한 것인데 보통의 미분의 성질을 모두 만족시킨다. 이러한 다항식의 도함수에 관한 정의는 극한의 개념이 필요없다. 그러나 일반적인 해석학에서 실수상에서의 함수의 도함수와는 틀리는 성질들이 있다. 예를 들어 F의 표수가 p이면 F상에서의 다항식 x^p의 도함수는 0이다. 즉, 보통의 해석학에서 미분이 0이면 상수라는 사실과 틀린다. 그 이유는 표수 때문이다. 물론 표수가 0인 체(실수, 복소수 포함)에서는 이런 일이 결코 일어나지 않는다(연습문제 24). 다음 정리는 보통의 미분의 성질과 동일하다.

정리 28.10 D는 정역, $f(x),\ g(x)\in D[x],\ c\in D$라고 하면 다음이 성립한다.

(1) $(cf(x))'=cf'(x)$

(2) $(f(x)+g(x))'=f'(x)+g'(x)$

(3) $(f(x)g(x))'=f'(x)g(x)+f(x)g'(x)$

(4) $(g(x)^n)'=n(g(x))^{n-1}g'(x)$

증명 (1), (2), (4)는 연습문제로 하고 (3)만 증명해 보자.

$f(x)=x^i,\ g(x)=x^j$면

$$(f(x)g(x))'=(x^ix^j)'=(x^{i+j})'=(i+j)x^{i+j-1}$$

이다. 한편

$$f'(x)g(x)=ix^{i-1}x^j=ix^{i+j-1},\ f(x)g'(x)=jx^ix^{j-1}=jx^{i+j-1}$$

이므로 결국,

$$f'(x)g(x)+f(x)g'(x)=(i+j)x^{i+j-1}=(f(x)g(x))'$$

이다. 일반적으로

$$f(x)=a_0+a_1x+\cdots+a_nx^n,\ g(x)=b_0+b_1x+\cdots+b_mx^m$$

라 하면 $f_i=a_ix^i$와 $g_j=b_jx^j$의 곱을 계산하면 (1)에 의해서 $(f_ig_j)'=f_i'g_j+f_ig_j'$이고

$$f(x)=f_1+\cdots+f_n,\ g(x)=g_1+\cdots+g_m$$

이므로 (2)를 이용하면 도함수는 합에 대해서 동형사상이 되므로

$$\begin{aligned}(f(x)g(x))'&=\left(\sum_{i,\,j=1}^{n,\,m}f_ig_j\right)'=\sum_{i,\,j=1}^{n,\,m}(f_ig_j)'=\sum_{i,\,j=1}^{n,\,m}(f_i'g_j+f_ig_j')\\&=\sum_{i,\,j=1}^{n,\,m}f_i'g_j+\sum_{i,\,j=1}^{n,\,m}f_ig_j'=f'(x)g(x)+f(x)g'(x)\end{aligned}$$

가 된다. □

정리 28.11 E는 F의 확대체, $f(x)\in F[x]$, $u\in E$이다. u가 $f(x)$의 중근이 될 필요충분조건은 $f(u)=0$, $f'(u)=0$이다.

증명 (⇒)

$$f(x)=(x-u)^2g(x),\ g(x)\neq 0\in E[x]$$

라고 하자. 도함수의 성질로부터

$$f'(x)=2(x-u)g(x)+(x-u)^2g'(x)$$

이다. 따라서 $f(u)=f'(u)=0$이 된다.

(⇐) 역으로, $f(u)=0$이므로 $x-u|f(x)$이다. 따라서 $f(x)=(x-u)g(x)$로 둘 수 있다. $f'(x)=g(x)+(x-u)g'(x)$이므로 $f'(u)=g(u)=0$이고, $x-u|g(x)$이다. 따라서 $g(x)=(x-u)h(x)$로 두면

$$f(x)=(x-u)(x-u)h(x),\ h(x)\in E[x]$$

꼴이므로 u는 $f(x)$의 중근이 된다. □

위의 정리 28.11을 다시 말하면 다항식 $f(x)\in F[x]$가 u를 중근으로 가질 필요충분조건은 $f(x)$의 분해체에서 $f(x)$와 $f'(x)$의 공통인수 $x-u$가 존재한다는 것이다. 따라서 만일 다항식 $f(x)\in F[x]$가 도함수 $f'(x)$와

서로소이면 $f(x)$는 절대로 중근을 가질 수 없다는 사실도 알 수 있다.

따름정리 28.12 $f(x) \in F[x]$는 기약이고 E는 $f(x)$의 모든 근을 포함한다.
(1) $f'(x) \neq 0$일 필요충분조건은 $f(x)$가 E에서 중근을 가지지 않는 것이다.
(2) F의 표수가 0이면 $f(x)$는 중근이 없다.

증명 (1) ($\Leftarrow$) $u \in E$를 $f(x)$의 임의의 근이라고 하면

$$f(x) = (x-u)g(x),\ g(x) \in E[x],\ g(u) \neq 0$$

이므로 $f'(x) = g(x) + (x-u)g'(x)$이다. 만일 $f'(x) = 0$이면 $g(u) = 0$가 되어 모순이다. 따라서 $f'(x) \neq 0$이다.

($\Rightarrow$) $f'(x) \neq 0$이면 $\deg f'(x) < \deg f(x)$이므로 $f(x)$와 $f'(x)$는 $F[x]$에서 서로소이다. 따름정리 22.3에 의해서 $f(x)g(x) + f'(x)h(x) = 1$인 $g(x),\ h(x) \in F[x] \subset E[x]$가 존재한다. 따라서 만일 중근 $u \in E$가 존재한다면 $0 = f(u)g(u) + f'(u)h(u) = 1$이 되어 모순이다. 따라서 중근이 없다.

(2) $f'(x) \neq 0$이면 $f(x)$와 $f'(x)$는 서로소이므로 당연히 중근이 없다. 또 만일 $f'(x) = 0$이면 표수가 0이므로 $f(x)$는 0이 아닌 상수가 되어 역시 중근이 없다. □

따름정리 28.13 F는 체이고 $f(x) \in F[x]$이다. $\deg f(x) = 2$ 또는 3이면 $f(x)$가 F 상에서 가약이 될 필요충분조건은 F 내에 $f(x)$의 근이 존재해야 한다.

증명 ($\Leftarrow$) 만일 $u \in F$가 $f(x)$의 근이라면

$$f(x) = (x-u)g(x),\ g(x) \in F[x]$$

꼴로 쓸 수 있다. 또 $g(x)$의 차수는 1차 이상이므로 $f(x)$는 F상에서 가약이다.

($\Rightarrow$) $f(x)$가 F상에서 가약이라면 $f(x) = h(x)g(x)$, $h(x)$, $g(x)$는 단원이 아닌 $F[x]$의 원소다. 그런데 $f(x)$의 차수는 2 또는 3이므로 $h(x)$, $g(x)$ 중 한 개는 차수가 1차이다. $h(x)$의 차수가 1이라고 하면, $f(x) = (ax+b)g(x)$, $a \neq 0$꼴로 쓸 수 있고, 따라서 $x = -a^{-1}b \in F$는 $f(x)$의 근이 된다. $g(x)$의 차수가 1일 때도 마찬가지로 할 수 있다. □

【예제 12】 $f(x)=x^3+\bar{2}x+\bar{1}\in\mathbb{Z}_3[x]$라고 하면, $f(\bar{0})=f(\bar{1})=f(\bar{2})=\bar{1}$이므로 $f(x)$는 $\mathbb{Z}_3$상에서 기약이다. 그러나 $f(x)=x^3-x^2+\bar{2}x-\bar{2}\in\mathbb{Z}_3[x]$는 $f(\bar{1})=\bar{0}$이므로 따름정리 23.13에 의해서 가약이고 실제로

$$f(x)=(x-\bar{1})(x^2+\bar{2})=(x-\bar{1})(x-\bar{1})(x+\bar{1})$$

의 꼴로 표시된다.

디음 정리도 때로는 편리하게 이용된다.

정리 28.14 F는 E의 확대체이다. $f(x),\ g(x)\in F[x]$가 E에서 공통인수를 가지면 F에서도 공통인수를 가진다.

증명 만일 $f(x),\ g(x)$가 F상에서 서로소이면 $f(x)a(x)+g(x)b(x)=1$이 되는 $a(x)$, $b(x)\in F[x]$가 존재한다. $a(x),\ b(x)$를 $E[x]$의 원소로 생각하면 결국 $f(x),\ g(x)$가 E에서 서로소가 되어 모순이다. □

$f(x)\in F[x]$가 $f(x)$의 분해체에서 중근을 가지지 않을 때 $f(x)$를 **분리가능한다항식**(separable polynomial)이라고 부른다. 물론 여기서 중근이라는 말은

$$f(x)=(x-\alpha)^m g(x),\quad m\geq 2$$

꼴로 분해될 때를 말한다. 따라서 $\deg f(x)=n$일 때 $f(x)$가 분해체에서 n개의 서로 다른 근을 가지면 $f(x)$는 분리가능이다. 정의에서 $f(x)\in F[x]$가 분리가능일 필요충분조건은 $f(x)$의 모든 기약인 인수가 단순근을 가질 경우임을 알 수 있다.

【예제 13】 $g(x)=x^2+1\in\mathbb{Q}[x]$의 근은 $\pm i$이므로 $g(x)$는 분리가능이다. 그러나 $f(x)=x^4-x^3-x+1=(x-1)^2(x^2+x+1)$이므로 1은 2-중근이다. 따라서 $f(x)$는 분리가능이 아니다. 실제로 $f(x)$는 세 개의 서로 다른 근 $1,\ w,\ w^2$을 가진다.

정의 28.4 E는 F의 확대체이다. $\alpha \in E$가 분리가능한 다항식 $f(x) \in F[x]$의 근일 때 α는 F상에서 분리가능(separable)이라고 한다. 또 E의 모든 원소가 분리가능일 때 E를 F의 **분리가능한 확대체**(separable extension field) 또는 **분리확대체**라고 부른다.

분리가능한 확대체는 당연히 대수적이다. 그러나 반드시 유한확대체는 아니다.

정리 28.15 $f(x) \in F[x]$에서 $f(x)$와 $f'(x)$가 서로소이면 $f(x)$는 분리가능이다.

증명 만일 $f(x)$가 분리가능이 아니면 $f(x)$의 분해체 K에서

$$f(x) = (x-\alpha)^2 g(x), \quad g(x) \in K[x]$$

꼴로 인수분해할 수 있다. 따라서 $f(x)$를 미분하면 $K[x]$에서

$$f'(x) = (x-\alpha)^2 g'(x) + 2(x-\alpha)g(x)$$

가 되어 $x-\alpha$는 $K[x]$에서 $f(x)$와 $f'(x)$의 공약수이다. 따라서 정리 28.14에 의해서 모순이 되므로 $f(x)$는 분리가능이다. □

보통 다항식을 인수분해하면 중근도 가지며 단순근도 가진다. 그러나 만일 $f(x)$가 기약이면 근의 중근성은 한 가지로 통일되어 버린다. 즉 기약다항식은 절대로 2중근과 3중근 또는 단순근과 2중근을 동시에 가질 수 없다. 이 사실을 증명해 보자. 다음은 매우 재미있는 사실이다.

정리 28.16 $f(x) \in F[x]$는 기약다항식이다. E를 $f(x)$의 분해체라고 할 때 만일 $\alpha \in E$가 $f(x)$의 m-중근이면 $f(x)$의 모든 근은 m-중근이다.

증명

$$f(x) = (x-\alpha)^m g(x), \quad g(\alpha) \neq 0, \quad g(x) \in E[x]$$

라고 하자. $\beta \in E$를 $f(x)$의 임의의 다른 근이라고 하면

$$h : F(\alpha) \to F(\beta),\ h(\alpha) = \beta,\ h|_F = 1_F$$

인 동형사상 h가 존재한다. 정리 28.3에서

$$F = F(\alpha),\ E = F(\beta),\ L = K = E$$

로 두면 분해체의 동형성의 증명에서 본 바와 같이

$$\bar{h} : E \to E,\ \bar{h}(\alpha) = \beta,\ \bar{h}|_F = 1_F$$

인 동형사상이 존재한다. 또

$$\bar{h}(x - \alpha) = x - \bar{h}(\alpha) = x - \beta$$

이다. $f(x) \in F[x]$이므로 $f(x) = \bar{h}(f(x))$이다. 따라서

$$f(x) = (x - \alpha)^m g(x) = \bar{h}((x - \alpha)^m g(x)) = (x - \beta)^m \bar{h}(g(x))$$

이므로 β는 m-중근 이상이다. 즉 β 중근은 α 중근 이상이다. α, β를 바꾸어 생각하면 α 중근은 또 β 중근보다 크거나 같으므로 결국 β도 m-중근이 될 수 밖에 없다. □

F의 표수가 0이거나 F가 유한체일 때는 F상에서의 모든 기약다항식은 중근을 가지지 않는다. . 그러나 차수가 소수인 무한체에서는 상황이 달라진다. 이때는 중근을 가지는 기약다항식이 존재한다. 다음 예제를 살펴보자.

【예제 14】 $E = \mathbb{Z}_p(\alpha)$, $\beta = \alpha^p$이라고 하자. p는 소수, $F = \mathbb{Z}_p(\beta)$라고 하면 $\mathbb{Z}_p \subset F \subset E$가 됨을 알 수 있다. α는 $f(x) = x^p - \beta \in F[x]$의 근이고

$$E = E(\beta) = \mathbb{Z}_p(\alpha, \beta) = F(\alpha)$$

이므로 E는 F의 대수적 확대체이다. 한편

$$f(x) = x^p - \beta = x^p - \alpha^p = (x - \alpha)^p \in E[x]$$

이므로 $f(x)$는 E상에서 p-중근 α를 가진다. 여기서 만일 $\alpha \notin F$면 $f(x)$는 F상에서 기약이다. 또 E, F는 모두 표수가 p인 무한체이다. 이유는

연습문제 4 참조.

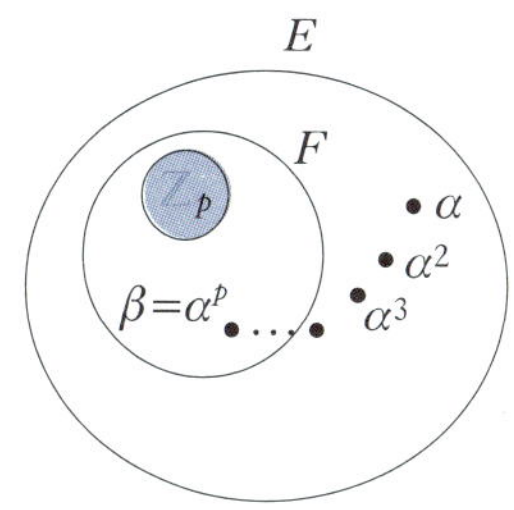

[그림 28.12]

$f(x)$의 서로 다른 근의 개수는 $f(x)$의 분해체의 성질을 조사하는 데 매우 유용하게 이용된다. $n \neq 0 \in \mathbb{Z}$, $a \in F$일 때 체 $\mathbb{Q}$, $\mathbb{R}$, $\mathbb{C}$에서는 0이 아닌 어떠한 원소도 $na=0$이 되지는 않는다. 그러나 유한체 $\mathbb{Z}_3$이나 $\mathbb{Z}_5$에서는 그렇지 않다. $\mathbb{Z}_5$에서 $5\,\bar{3}=\bar{0}$이다. 그 이유는 체의 표수가 0이냐 아니냐에 따라서 결정된다. 표수가 0이면 $na=0$일 필요충분조건은 $a=0$이다.

정리 28.17 F는 표수가 0인 체이다. $p(x) \in F[x]$가 기약이면 $p(x)$는 분리가능이다. 따라서 F의 모든 대수적 확대체는 F의 분리가능한 확대체이다.

증명

$$p(x) = a_0 + a_1 x + \cdots + a_n x^n \in F[x],\ a_n \neq 0,\ n \geq 1$$

라고 하면 $na_n \neq 0$이므로 $p'(x) = a_1 + \cdots + na_n x^{n-1} \neq 0$이다. $p(x)$는 기약이므로 $p(x)$와 $p'(x)$는 서로소이다. 따라서 정리 28.11에 의해서 $p(x)$는 분리가능이다. 또 임의의 F의 대수적 확대체 E의 원소 u에 대해서 u의 극소다항식은 기약이고 따라서 분리가능이므로 당연히 E는 분리가능이다. □

위의 정리는 그러나 F의 표수가 0이 아니면 성립하지 않는다.

다음 정리는 좀 어렵지만 매우 재미있다. 모든 분리가능한 유한확대체는 단순확대체가 된다는 것인데 예를 들어 $\sqrt[3]{2}+\sqrt{5}i$의 극소다항식을 이 방법에 의하면 $\sqrt[3]{2}$의 극소다항식 x^3-2와 $\sqrt{5}i$의 극소다항식

x^2+5를 이용하여 쉽게 구할 수 있다.

정리 28.18 a, b가 F상에서 분리가능이면 $F(a, b)=F(c)$인 원소 c가 존재한다.

증명 a의 F에서의 극소다항식을 $f(x)$, b의 F상에서의 극소다항식을 $g(x)$라고 하고 $f(x)g(x)$의 분해체를 K라고 하면 $a, b \in K$이다. $f(x)$의 근을 $a, a_1, a_2, \cdots, a_m$, $g(x)$의 근을 $b, b_1, b_2, \cdots, b_n$이라고 하자. $|F|$가 유한일 경우와 무한일 경우로 나누어 생각하는데 유한일 경우는 나중에 유한체에서 다루기로 하고 여기서는 F가 무한체일 경우만 생각한다. 집합

$$\left\{ \frac{a_i - a}{b - b_j} \,\middle|\, 1 \le i \le m,\ 1 \le j \le n \right\}$$

은 유한집합이므로 $t \neq \dfrac{a_i - a}{b - b_j}$인 $t \in F$를 한 개 잡는다. $c = a + tb$라고 하면 $c \in F(a, b)$이므로 $F(c) \subset F(a, b)$이다. $F(a, b) \subset F(c)$가 됨을 보이자.

$$h(x) = f(c - tx)$$

라고 하면 $c, t \in F(c)$이므로 $h(x) \in F(c)[x]$이다.

$$h(b) = f(c - tb) = f(a) = 0$$

이므로 b는 $h(x)$의 근이다. 그러나 $b_1, b_2, \cdots, b_n$은 $h(x)$의 근이 될 수 없다. 그 이유는 만일 b_j $(1 \le j \le n)$가 $h(x)$의 근이라면

$$h(b_j) = f(c - tb_j) = 0$$

이므로 $c - tb_j = a_i$ $(1 \le i \le m)$으로 둘 수 있다. 따라서 $c = a + tb$이므로

$$a + tb - tb_j = a_i$$

로부터 $t = \dfrac{a_i - a}{b - b_j}$가 되어 모순이다. b의 $F(c)$상에서의 극소다항식을 $r(x)$라고 하면 $g(x) \in F(c)[x]$이므로 $r(x)$는 $g(x)$를 나눈다. 따라서 $r(x)$의 근은 $\{b, b_1, \cdots, b_n\}$의 부분집합이다. 또 $h(b) = 0$, $h(x) \in F(c)[x]$이므로 역시 $r(x)$는 $h(x)$를 나눈다. 즉 $r(x)$는 $g(x)$와 $h(x)$의 공통인수이다. 따라서 $r(x)$의 근은 역시 $h(x)$의 근이 되므로 결국 $r(x)$의 근은 b 밖에 없음을 알 수 있다. 결국 $r(x) = (x-b)^l \in F(c)[x]$라 두면 $g(x)$는 분리가능이고 $r(x) \mid g(x)$이므로 $l = 1$이다. 따라서 $b \in F(c)$이고 $a = c - tb \in F(c)$이므로

$$F(a,\ b) \subset F(c)$$

를 얻는다. □

【예제 15】 $\mathbb{Q}(\sqrt{3},\ \sqrt{2})$에서 $a=\sqrt{2}$, $a_1=-\sqrt{2}$, $b=\sqrt{3}$, $b_1=-\sqrt{3}$으로 생각해서 $\dfrac{-\sqrt{2}-\sqrt{2}}{\sqrt{3}-(-\sqrt{3})}=\dfrac{-\sqrt{2}}{\sqrt{3}}\neq 1$이므로 $c=\sqrt{2}+\sqrt{3}$으로 두면

$$\mathbb{Q}(\sqrt{3},\ \sqrt{2})=\mathbb{Q}(\sqrt{2}+\sqrt{3})$$

이 된다.

위의 정리 28.18에서 a, b를 반복하여 사용하면 다음과 같은 따름정리를 얻을 수 있다.

따름정리 28.19 $a_1, a_2, \cdots, a_n$가 F상에서 분리가능이면

$$F(a_1,\ a_2,\ \cdots,\ a_n)=F(c)$$

인 원소 c가 존재한다.

【예제 16】 $\mathbb{Q}(\sqrt{2},\ \sqrt{3},\ \sqrt{5})$에서 $\mathbb{Q}(\sqrt{2},\ \sqrt{3})=\mathbb{Q}(\sqrt{2}+\sqrt{3})$이다. 따라서

$$\mathbb{Q}(\sqrt{2},\ \sqrt{3},\ \sqrt{5})=\mathbb{Q}(\sqrt{2}+\sqrt{3},\ \sqrt{5})$$

이므로 다시 여기서 $\sqrt{2}+\sqrt{3}$의 극소다항식 $x^4-10x^2+1\in\mathbb{Q}[x]$의 네 근은 $a=\sqrt{2}+\sqrt{3}$, $a_1=-\sqrt{2}-\sqrt{3}$, $a_2=-\sqrt{2}+\sqrt{3}$, $a_3=\sqrt{2}-\sqrt{3}$이다. 다시 $b=\sqrt{5}$, $b_1=-\sqrt{5}$로 생각해서 $t=1$로 잡으면

$$c=\sqrt{2}+\sqrt{3}+\sqrt{5}$$

가 되어 $\mathbb{Q}(\sqrt{2},\ \sqrt{3},\ \sqrt{5})=\mathbb{Q}(\sqrt{2}+\sqrt{3}+\sqrt{5})$이다.

따름정리 28.20 분리가능한 유한확대체는 단순확대체이다.

다음 사실은 뒤에 많이 쓰이므로 강조하는 의미에서 적어둔다. K가 F의 정규확대체이면

(1) 임의의 F를 고정시키는 동형사상, $h: K \to L$에 대해서 $L=K$가 된다(정리 28.6).

(2) α, β가 기약다항식 $p(x) \in F[x]$의 근이면 $h(\alpha)=\beta$이고 F를 고정시키는 동형사상 $h: K \to K$가 존재한다(따름정리 28.4).

(3) 표수가 0인 체(특히 $\mathbb{Q}$)의 유한확대체는 분리가능이다(정리 28.17).

(4) 유리수상에서의 유한확대체 $\mathbb{Q}(a_1, a_2, \cdots, a_n)$은 항상 단순확대 $\mathbb{Q}(c)$ 꼴이다(따름정리 28.20).

크로네커(Leopold Kronecker, 1823~1891)

그는 유복한 유태인을 양친으로 1823년 지금은 폴란드 땅인 프러시아의 리그니츠에서 태어났다. 1841년 베를린대학에 들어가기 전 김나지움 예비학교에서 평생의 친구가 된 쿰머를 만났는데 후일 베를린대학의 교수가 되어 독일의 가장 독창적인 수학자가 된 그는 당시 그 학교의 선생이었다. 예비학교에서 그리스 고전과 철학, 수학, 음악 등을 폭넓게 공부했는데 그는 예술에도 재능이 풍부하여 그의 베를린 저택은 멘델스존을 포함한 다양한 예술가들의 모임장소이기도 했다.

1845년 22세로 박사학위를 받은 그는 은행업을 하던 부유한 백부가 죽고 유산을 물려받게 되어 그 후 8년간 사업가로 크게 성공하였다. 그동안 이 젊은 사업가는 죽은 백부의 딸 파니와 결혼하여 여섯 명의 자녀를 두었는데 둘은 양친이 살아 있을 동안 죽었다. 1853년 방정식의 대수적 해법에 관한 논문을 발표했는데 그 당시만 해도 갈루아의 방정식이론을 크로네커만큼 완전히 이해한 사람은 없었다. 그는 매우 부유했으므로 1860년부터 베를린 학사원회원의 자격으로 무보수로 베를린 대학에서 강의를 하였다. 그러다가 1883년 쿰머가 베를린대학에서 은퇴했을 때 비로소 그의 뒤를 이어 베를린대학의 교수가 되었다. 그는 학술적으로 현대해석학의 아버지로 불리는 바이어슈트라스와 내내 논쟁을 벌였는데 이 두 사람은 매우 대조적이었다. 그가 주로 연구한 대수학이나 수론은 기하학이나 해석학처럼 물리학이나 자연과학에 크게 응용되는 것도 아니고 어렵기 때문에 바이어슈트라스의 강의는 학생들이 많았으나 그의 강의는 겨우 몇 명의 열렬한 추종자들로만 이루어졌다. 그러나 그는 이런 것에 조금도 구애받지 않고 오히려 엘리트만을 모아 강의한다고 자랑하곤 했다. 바이어슈트라스는 거구이고 느

린데 반해 크로네커는 단단한 골격에 키도 150cm밖에 되지 않는 단신이고 매우 강인한 체질이었다. 이처럼 부조화를 이루는 두 사람 사이의 논쟁을 당시의 만화는 다음과 같이 묘사하였다. 커다란 구조견인 세인트버나드 개를 작고 악발이인 치와와 개가 미친 듯이 쫓아가며 따지고 짖는 바람에 그만 큰 개가 체념하고 뒷걸음치는 모양으로 그려놓았다. 그러나 학문적인 이견에도 불구하고 두 사람은 사이좋은 친구였고 대단히 훌륭한 신사였다. 그는 모든 수학은 자연수만으로 기술되어야 한다고 믿었으며 $\sqrt{2}$ 와 같은 수는 아무 의미가 없다고 하였다. 그는 또 "자연수는 신이 만든 수이며 나머지 수는 인간이 만들었다"라고 하며 해석학이나 기하학 등 모든 수학은 유한한 산술로 바뀌어져야 한다고 주장하여 바이어슈트라스와 대치되는 입장을 굽히지 않았다. 그는 정수론만 정통수학으로 취급하였다. 이러한 입장에서 칸토르의 집합을 받아들이지 않은 것은 당연하다 하겠다. 그의 제타함수의 극한공식이나 타원함수론은 그의 탁월한 수학적 재능을 잘 나타내 주는 업적이다.

연습문제(28)

1. $[E:F]$는 유한, E는 F의 분리가능확대체이면
   (1) E와 F 사이의 중간체는 유한개 밖에 없음을 보여라.
   (2) E는 F의 단순확대체임을 보여라.

2. $E=F(a, b)$, a, b는 F상에서 대수적이고, a는 F상에서 분리가능이면 E는 F의 단순확대체임을 보여라.

3. $f(x)\in F[x]$는 차수 m인 기약다항식이다. F의 표수가 m의 약수가 아니면 $f(x)$는 분리가능임을 보여라.

4. F의 표수는 $p(\neq 0)$이고 E는 F의 확대체이다.
   (1) $a\notin F^p=\{\alpha^p|\alpha\in F\}$이면 $x^{p^n}-a\in F[x]$는 모든 n에 대해서 기약임을 보여라.
   (2) $K=\{b\in E|b^{p^n}\in F, n\in \mathbb{Z}\}$는 F와 E의 중간체임을 보여라.
   (3) $f:E\to E$가 F-동형사상이면 임의의 $b\in K$에 대해서 $f(b)=b$임을 보여라.
   (4) $E-F$의 모든 원소가 분리불가능이면 임의의 $a\in E$에 대해서 $a^{p^n}\in F$인 정수 n이 존재함을 보여라.

5. F의 표수는 $p(\neq 0)$, $[E:F]$는 유한이다. 다음을 증명하라.
   (1) $[E:F]$가 p의 배수가 아니면 E는 F상에 분리가능이다.
   (2) 임의의 $a\in F$에 대해서 $b^p=a$인 $b\in F$가 존재하면 E는 F의 분리확대이다.

6. F가 유한체이면 F의 임의의 유한확대체는 F의 분리확대체임을 보여라.

7. $F\subset K\subset E$이다. 다음을 증명하라.
   (1) $a\in E$, a가 F상에서 분리가능이면 a는 K상에서 분리가능이다.
   (2) E가 F의 분리가능확대체이면 E는 K의 분리가능확대체, K는 F의 분리가능확대체이다.

8. F는 체, $\phi : F \to F$는 준동형사상이다. $\phi = 0$ 또는 ϕ는 단사임을 보여라. 또 $\phi \neq 0$ 이면 $\phi(1) = 1$가 됨을 보여라.

9. $[E : F] = 2$이면 E는 F상에서의 어떤 분리가능 다항식의 분해체가 됨을 보여라.

10. F의 표수가 0이면 $f'(x) = 0$인 $f(x) \in F[x]$는 상수임을 보여라.

11. F는 표수가 $p(\neq 0)$이다. $f'(x) = 0$이면 $f(x) \in F[x]$는 $f(x) = \sum g(x^p)$꼴임을 보여라.

12. $f(x) \in F[x]$는 기약다항식이다. $f'(x) \neq 0$면 $f(x)$와 $f'(x)$는 서로소임을 보여라.

13. $f(x) \in F[x]$이다. $f(x)$와 $f'(x)$가 서로소이면 $f(x)$는 중근을 가지지 않음을 보여라.

29 갈루아군
(Galois Groups)

F상에서 어떤 다항식 $p(x) \in F[x]$가 있을 때 $p(x)$의 근을 포함하는 F의 확대체 E를 가지고 우리는 군을 만들 수 있는데 이 군은 방정식 $p(x)=0$의 해를 구할 수 있는가 하는 문제와 직결되어 있다. 이 사실을 처음으로 발견하고 기본적인 아이디어를 제공한 사람이 갈루아이다. 갈루아의 이 놀라운 업적은 방정식의 해법문제를 넘어서 그후 수학의 발전에 많은 영향을 미쳤다. 그래서 군의 이름도 갈루아군이라고 붙였다.

16세기에 카르다노가 3차와 4차 방정식의 대수적 해를 구하는 공식을 발견한 후 근 300년 동안이나 수학자를 괴롭힌 5차 방정식의 풀이도 Ruffini와 Abel에 의해서 해결되었다. 즉 그들은 모든 5차방정식을 풀 수 있는 근의 공식은 없다는 놀라운 사실을 증명하였다. 그 직후 갈루아는 방정식의 근의 공식에 관한 일반원리를 치환군을 이용하여 찾아내었다. 어떠한 경우에 방정식의 해를 구할 수 있는지도 갈루아군으로 알 수 있다. 실제로 갈루아군은 치환군의 일종이다. 갈루아군의 부분군과 분해체의 부분체와의 관계를 조사함으로써 체의 동형사상에 대한 많은 성질들을 얻을 수 있다. 다음 두 정의는 다 잘 알고 있겠지만 앞으로 자주 나오므로 간단히 적어놓는다.

정의 29.1 K, L은 체이다. 함수 $\theta : K \to L$이 모든 $a, b \in K$에 대해서

$$\theta(a+b)=\theta(a)+\theta(b),\ \ \theta(ab)=\theta(a)\theta(b)$$

를 만족시킬 때 θ를 준동형사상이라고 하고 특히 전단사인 준동형사상을 동형사상이라고 한다. 또 $K=L$, 즉 정의역과 공역이 같을 때 동형사상 θ를 K의 **자기동형사상** 또는 간단히 **자동사상**(automorphism of K)이라고 부른다.

정의 29.2 K는 F의 확대체이다. F를 고정시키는 K에서 K로의 동형사상의 집합을 **F를 고정시키는 K의 자동사상군**(group of automorphisms of K leaving F fixed)이라고 부르고 $G(K, F)$로 표시한다. 즉

$$G(K, F)=\{\theta : K \to K \mid \text{모든 } u \in F\text{에 대해서 } \theta(u)=u\text{인 } K\text{의 동형사상}\}$$

이다.

앞으로 $G(K, F)$는 간단히 F상에서 K의 군(group of K over F)이라고 부른다. 책에 따라서는 F상에서 K의 군을

$$G(K/F),\ \mathrm{Gal}(K/F),\ G(K : F),\ \mathrm{Aut}_F K,\ \mathrm{Gal}(K, F)$$

등 다양하게 표시한다. 우선 $G(K, F)$가 군이 됨을 보이자.

정리 29.1 체 K가 F의 확대체이면 $G(K, F)$는 함수의 합성에 의해서 군이 된다.

증명 $f, h \in G(K, F)$라고 하면 $f \circ h$도 역시 K에서 K로의 동형사상이다. 또 임의의 $u \in F$에 대해서

$$(f \circ h)(u)=f(h(u))=f(u)=u$$

이므로 $f \circ h \in G(K, F)$이다. K에서 K로의 항등함수 1_K는 당연히 $G(K, F)$의 원

소이므로 항등원도 존재한다. 마지막으로 h^{-1}도 K에서 K군의 동형사상이다. 또 모든 $u\in F$에 대해서 $h(u)=u$이므로

$$u=h^{-1}(h(u))=h^{-1}(u)$$

가 되어 $h^{-1}\in G(K, F)$이므로 결국 $(G(K, F), \cdot)$는 군이다. □

우리는 앞에서 다음과 같은 사실을 증명하였다. 우선 K가 F의 정규 확대체이면 F를 고정시키는 정의역 K에서의 동형사상은 항상 자동사상이 된다. 또 α, β가 기약다항식 $p(x)\in F[x]$의 근이면 $h(\alpha)=\beta$이고 F를 고정시키는 $F(\alpha)$에서 $F(\beta)$로의 동형사상 h가 존재한다. 또 이 함수 h는 $p(x)$의 분해체 K의 자동사상 $\overline{h}$로 확대시킬 수 있다. 따라서 $\overline{h}(\alpha)=\beta$인 $\overline{h}\in G(K, F)$가 존재한다. 물론 역으로 $h\in G(K, F)$이고 $a\in K$가 극소다항식 $p(x)\in F[x]$의 근이면 $h(a)$도 역시 $p(x)$의 근이다.

【예제 1】 $\mathbb{Q}(\sqrt{2})$는 기약다항식 $f(x)=x^2-2\in\mathbb{Q}[x]$의 분해체이다. θ를 $G(\mathbb{Q}(\sqrt{2}), \mathbb{Q})$의 임의의 원소라고 하면 $\mathbb{Q}(\sqrt{2})$의 원소는 $a+b\sqrt{2}$, $a, b\in\mathbb{Q}$ 꼴이므로

$$\theta(a+b\sqrt{2})=\theta(a)+\theta(b)\theta(\sqrt{2})=a+b\theta(\sqrt{2})$$

이다. 그런데 $\sqrt{2}$는 기약다항식 x^2-2의 근이므로 앞 정리에서 $\theta(\sqrt{2})$도 x^2-2의 근이다. 따라서 $\theta(\sqrt{2})$는 $\sqrt{2}$ 또는 $-\sqrt{2}$뿐이므로 결국 $G(\mathbb{Q}(\sqrt{2}), \mathbb{Q})$의 원소는 2개 뿐이다. 따라서 $G(\mathbb{Q}(\sqrt{2}), \mathbb{Q})\cong\mathbb{Z}_2$가 된다.

【예제 2】 복소수 $\mathbb{C}$는 $\mathbb{C}=\mathbb{R}(i)$이므로 $\mathbb{R}$을 고정시키는 $\mathbb{C}$에서 $\mathbb{C}$로의 동형사상 θ는 $\theta(a+bi)=a+b\theta(i)$인데 i는 $x^2+1\in\mathbb{R}[x]$의 근이므로 $\theta(i)$가 취할 수 있는 값은 i와 $-i$ 두 개 뿐이므로 역시 $G(\mathbb{C}, \mathbb{R})$의 원소도 2개이다. 즉 $G(\mathbb{C}, \mathbb{R})$의 원소는 항등함수와 켤레복소수로 보내는 $h(a+bi)=a-bi$ 두 개이다. 위의 예제 1과 마찬가지로 $G(\mathbb{C}, \mathbb{R})\cong\mathbb{Z}_2$이다.

좀 더 어려운 예를 들어보자.

【예제 3】 $\mathbb{Q}(\sqrt{2}, \sqrt{3})$은 $p(x)=(x^2-2)(x^2-3)\in\mathbb{Q}[x]$의 분해체이다. $G(\mathbb{Q}(\sqrt{2}, \sqrt{3}), \mathbb{Q})$의 원소를 구해보면 우선 $\mathbb{Q}(\sqrt{2}, \sqrt{3})$의 원소는 $\alpha=a+b\sqrt{2}+c\sqrt{3}+d\sqrt{6}$ 꼴이다. 따라서 $\theta\in G(\mathbb{Q}(\sqrt{2}, \sqrt{3}), \mathbb{Q})$라고 하면

$$\begin{aligned}\theta(\alpha)&=\theta(a+b\sqrt{2}+c\sqrt{3}+d\sqrt{6})\\&=a+b\theta(\sqrt{2})+c\theta(\sqrt{3})+d\theta(\sqrt{2})\theta(\sqrt{3})\end{aligned}$$

이므로 $\theta(\sqrt{2})$와 $\theta(\sqrt{3})$의 값만 정해지면 $\theta(\alpha)$의 값은 결정되므로 $\theta(\sqrt{2})$와 $\theta(\sqrt{3})$의 값을 구해 보자. 그런데 $\sqrt{2}$는 x^2-2의 근이므로 $\theta(\sqrt{2})$도 x^2-2의 근이라야 한다. 따라서 $\theta(\sqrt{2})$가 가질 수 있는 값은 $\sqrt{2}$와 $-\sqrt{2}$이다. 마찬가지로 $\theta(\sqrt{3})$이 가질 수 있는 값은 $\sqrt{3}$과 $-\sqrt{3}$뿐이다. 결국 이 값을 조합하면 $\theta(\alpha)$는 4개의 값을 가질 수 있다. 즉

$$\begin{aligned}&\theta_1(\alpha)=\alpha\\&\theta_2(\alpha)=a-b\sqrt{2}+c\sqrt{3}-d\sqrt{6}\\&\theta_3(\alpha)=a+b\sqrt{2}-c\sqrt{3}-d\sqrt{6}\\&\theta_4(\alpha)=a-b\sqrt{2}-c\sqrt{3}+d\sqrt{6}\end{aligned}$$

뿐이므로 결국 $G(\mathbb{Q}(\sqrt{2}, \sqrt{3}), \mathbb{Q})$의 원소는 4개이다. 우리는 금방 $G(\mathbb{Q}(\sqrt{2}, \sqrt{3}), \mathbb{Q})\cong\mathbb{Z}_2\times\mathbb{Z}_2$가 됨을 알 수 있다.

위의 예제 1, 2에서 본 바와 같이 $G(K, F)$는 다항식의 근에 의해서 정해지는 경우가 많다. 일반적인 경우로 다음 정리를 얻을 수 있다.

정리 29.2 $K=F(\alpha_1, \alpha_2, \cdots, \alpha_n)$, $\alpha_1, \cdots, \alpha_n$은 F상에서 대수적이다. $h\in G(K, F)$라고 하면 h는 $h(\alpha_1), h(\alpha_2), \cdots, h(\alpha_n)$의 값으로 정해진다.

증명 $\alpha_1 \in K$는 F상에서 대수적이므로 $F_1 = F(\alpha_1)$의 임의의 원소는

$$a_0 + a_1\alpha_1 + \cdots + a_n\alpha_1^n,\ a_i \in F$$

꼴이고 $h(a_0 + a_1\alpha_1 + \cdots + a_n\alpha_1^n)$의 값은 $h(\alpha_1)$의 값으로 결정된다. 다시 $\alpha_2 \in K$는 $F_1 = F(\alpha_1)$상에서 대수적이므로 $F_2 = F_1(\alpha_2) = F(\alpha_1, \alpha_2)$의 원소는

$$b_0 + b_1\alpha_2 + \cdots + b_m\alpha_2^m,\ b_i \in F_1$$

꼴이므로 $h(b_0 + b_1\alpha_2 + \cdots + b_m\alpha_2^m)$의 값은 $h(b_i)$와 $h(\alpha_2)$의 값으로 정해진다. 그런데 $b_i \in F_1$이므로 $h(b_i)$는 $h(\alpha_1)$으로 정해지므로 결국 F_2의 원소의 함수값은 $h(\alpha_1)$과 $h(\alpha_2)$의 값으로 결정됨을 알 수 있다. 이와 같이 반복하면 h의 값은 $h(\alpha_1), h(\alpha_2), \cdots, h(\alpha_n)$의 값으로 정해진다. □

정리 29.3 K가 F의 정규확대체이면 $G(K, F)$는 대칭군 S_n의 부분군과 동형이다.

증명 K를 어떤 다항식 $f(x) \in F[x]$의 분해체라고 하고 $f(x)$의 서로 다른 근을 $\alpha_1, \alpha_2, \cdots, \alpha_n$이라고 하면 $K = F(\alpha_1, \alpha_2, \cdots, \alpha_n)$으로 쓸 수 있다. 임의의 $h \in G(K, F)$에 대해서 $h(\alpha_1), h(\alpha_2), \cdots, h(\alpha_n)$도 역시 $f(x)$의 근이고 또 h는 단사이므로 결국

$$\{h(\alpha_1), h(\alpha_2), \cdots, h(\alpha_n)\} = \{\alpha_1, \alpha_2, \cdots, \alpha_n\}$$

이다. 편의상 α_i를 간단히 i를 적기로 하면

$$\{h(1), h(2), \cdots, h(n)\} = \{1, 2, \cdots, n\}$$

이다. θ를

$$\theta : G(K, F) \to S_n,\ \theta(h) = \begin{pmatrix} 1 & 2 & \cdots & n \\ h(1) & h(2) & \cdots & h(n) \end{pmatrix},$$

즉 $(\theta(h))(i) = h(i)$라고 하면 θ는 함수가 잘 정의된다. 또 θ가 단사인 준동형사상이 됨은 금방 알 수 있다. 사실 임의의 $h, f \in G(K, F)$, 임의의 $1 \le i \le n$에 대해서

$$(\theta(h \circ f))(i) = (h \circ f)(i) = h(f(i)) = (\theta(h))(f(i)) = (\theta(h))(\theta(f)(i)) = (\theta(h) \circ \theta(f))(i)$$

이므로 θ는 준동형사상이다. 따라서 $G(K, F)$는 S_n에 매입되므로 S_n의 부분군과 동형이 된다. □

앞 정리 29.1에서 우리는 체 F의 확대체 K의 군을 정의했는데 같은 방법으로 다항식의 군을 정의할 수도 있다.

정의 29.3 K를 다항식 $a(x) \in F[x]$의 분해체라고 할 때 군 $G(K, F)$를 다항식 $a(x)$의 **갈루아군**(Galois group of $a(x)$)이라고 부른다.

정리 29.3에 의해서 다항식의 갈루아군은 항상 대칭군의 부분군과 동형이다.

【예제 4】 $a(x) = (x^2-2)(x^2-3) \in \mathbb{Q}[x]$라고 하면 $a(x)$의 분해체는 $\mathbb{Q}(\sqrt{2}, \sqrt{3})$이다. 따라서 $a(x)$의 갈루아군은 앞 예제 3에서 본 바와 같이 $\mathbb{Z}_2 \times \mathbb{Z}_2$와 동형이다.

【예제 5】 $a(x) = x^2+1 \in \mathbb{R}[x]$이면 $a(x)$의 분해체는 $\mathbb{R}(i) = \mathbb{C}$ 이다. 따라서 $a(x)$의 갈루아군은 $\mathbb{Z}_2$와 동형이다.

【예제 6】 $a(x) = x^3-2 \in \mathbb{Q}[x]$이면 $a(x)$의 근은 $\{\sqrt[3]{2}, \sqrt[3]{2}\,w, \sqrt[3]{2}\,w^2\}$, 단, $w = \dfrac{-1+\sqrt{3}i}{2}$이다. 앞 27장 예제 7에서 $a(x)$의 분해체는 $\mathbb{Q}(\sqrt[3]{2}, w)$이고 $[\mathbb{Q}(\sqrt[3]{2}, w) : \mathbb{Q}] = 6$이다. 또 앞 정리 29.3에서 $G(\mathbb{Q}(\sqrt[3]{2}, w), \mathbb{Q})$는 S_3의 부분군과 동형이다. 실제로 $a(x)$의 갈루아군을 구해보면 원소가 6개가 됨을 쉽게 알 수 있다. 따라서 S_3과 동형이 된다.

정의 29.4 K는 F의 확대체이다. F와 K 사이의 체 E를 F와 K의 **중간체**(intermediate field)라고 한다. 즉 $F \subset E \subset K$인 체 E가 F와 K의 중간체이다.

K가 F의 확대체이고 $u \in K$이면 $F(u)$는 F와 K의 중간체이다. 또 $[K:F]$가 소수이면 K와 F의 중간체는 K, F 뿐임을 알 수 있다. 정의에서 E가 F와 K의 중간체이고 $a(x) \in F[x]$면 $a(x) \in E[x]$로 볼 수 있다. 따라서 K가 $a(x) \in F[x]$의 분해체이면 K는 임의의 중간체 E상에서의 다항식의 분해체도 된다. 또 E가 F와 K의 중간체이면 E를 고정시키는 함수는 당연히 F를 고정시키므로 $G(K, E) \subset G(K, F)$이다. 따라서 $G(K, E)$는 $G(K, F)$의 부분군이 된다.

【예제 7】 $\sqrt{2}+\sqrt{3}$의 $\mathbb{Q}$ 상에서의 극소다항식은 x^4-10x^2+1이다. $\mathbb{Q}(\sqrt{3})$상에서 $\sqrt{2}+\sqrt{3}$의 극소다항식을 $p(x)$라고 하면 $x^4-10x^2+1 \in \mathbb{Q}(\sqrt{3})[x]$이므로 정의에 의해서 $p(x) \mid x^4-10x^2+1$이다. 실제로 $p(x)$를 구해 보면 $p(x)=x^2-2\sqrt{3}x+1$이 된다. 또 $G(\mathbb{Q}(\sqrt{2}+\sqrt{3}), \mathbb{Q}(\sqrt{3}))$은 $G(\mathbb{Q}(\sqrt{2}+\sqrt{3}), \mathbb{Q})$의 부분군이다. $\deg p(x)=2$이므로 $G(\mathbb{Q}(\sqrt{2}+\sqrt{3}), \mathbb{Q}(\sqrt{3}))$은 S_2의 부분군과 동형이 됨을 알 수 있다. $G(\mathbb{Q}(\sqrt{2}+\sqrt{3}), \mathbb{Q})$는 S_4의 부분군과 동형이다.

【예제 8】 $\mathbb{Q}(\sqrt{2})$는 $\mathbb{Q}$와 $\mathbb{Q}(\sqrt{2}, \sqrt{3})$의 중간체이다. 앞 예제 3에서 $G(\mathbb{Q}(\sqrt{2}, \sqrt{3}), \mathbb{Q})$의 원소는 $\theta_1, \theta_2, \theta_3, \theta_4$임을 알고 있다. 여기서 $G(\mathbb{Q}(\sqrt{2}, \sqrt{3}), \mathbb{Q}(\sqrt{2}))$를 구해보면 θ_i 중 $\sqrt{2}$를 고정시켜야 하므로 θ_1과 θ_3이 해당한다. 따라서

$$G(\mathbb{Q}(\sqrt{2}, \sqrt{3}), \mathbb{Q}(\sqrt{2}))=\{\theta_1, \theta_3\}$$

이다.

그러면 체 F와 F의 확대체 K에서 중간체가 얼마나 있는지 조사해 보자. θ가 체 K의 자동사상일 때 $\{a \in K \mid \theta(a)=a\}$는 θ에 의해서 고정되는 원소들의 집합이다.

정리 29.4 θ가 체 K의 자동사상이면 집합 $K_\theta=\{a \in K \mid \theta(a)=a\}$는 체가 된다.

증명 임의의 $a, b \in K_\theta$에 대해서

$$\theta(a+b)=\theta(a)+\theta(b)=a+b,\ \theta(ab)=\theta(a)\theta(b)=ab$$

이므로 K_θ는 합과 곱에 대해서 닫혀있다. 또 $\theta(0)=0$, $\theta(1)=1$이므로 항등원도 포함한다.

$$\theta(-a)=-\theta(a)=-a,\ \theta(a^{-1})=\theta(a)^{-1}=a^{-1}\quad (a\neq 0)$$

이므로

$$-a\in K_\theta,\ a^{-1}\in K_\theta$$

이다. 따라서 K_θ는 K의 부분체가 됨을 알 수 있다. □

위의 정리에 의해서 K_θ는 체가 되므로 집합

$$K_\theta=\{a\in K \mid \theta(a)=a\}$$

을 θ에 의한 K의 **고정체**(fixed field of K under θ) 또는 간단히 θ의 **고정체**(fixed field of θ)라고 부른다.

F의 확대체 K에서 H가 $G(K, F)$의 부분집합일 때 H의 모든 원소에 의해서 고정되는 원소들의 집합을 K_H, 즉

$$K_H=\{a\in K \mid \text{모든 } \theta\in H\text{에 대해서 } \theta(a)=a\}$$

이라고 하면 정리 29.4와 마찬가지로 해서 K_H도 체가 됨을 쉽게 증명할 수 있다. 실제로

$$K_H=\cap\{K_\theta \mid \theta\in H\}$$

가 된다.

정의 29.5 K는 F의 확대체, H는 $G(K, F)$의 부분집합이다. H의 모든 원소에 대해서 고정되는 원소들의 집합 K_H를 H에 의한 K의 **고정체**(fixed field of K under H) 또는 간단히 H의 **고정체**라고 부른다.

【예제 9】 $\theta \in G(\mathbb{C}, \mathbb{R})$, $\theta(a+bi)=a-bi$라고 하면 임의의 $r \in \mathbb{R}$에 대해서

$$\theta(r)=\theta(r+0i)=r$$

이므로 θ는 실수 $\mathbb{R}$을 고정시킨다. 그러나 z가 실수가 아니면

$$z=a+bi,\ b\neq 0$$

꼴이므로 $\theta(z)\neq z$이므로 θ의 고정체는 $\mathbb{R}$이다. $\theta \in G(\mathbb{C}, \mathbb{R})$가 항등함수이면 당연히 θ의 고정체는 $\mathbb{C}$이다.

【예제 10】 $H=\{e, \theta\} \subset G(\mathbb{Q}(\sqrt{2}, \sqrt{3}), \mathbb{Q})$, e는 항등함수, θ는

$$\theta(a+b\sqrt{2}+c\sqrt{3}+d\sqrt{6})=a-b\sqrt{2}+c\sqrt{3}-d\sqrt{6}$$

인 $\mathbb{Q}(\sqrt{2}, \sqrt{3})$의 자동사상이다. $\theta^2=e$이므로 H는 군이 됨을 알 수 있다. $\theta(\sqrt{3})=\sqrt{3}$이므로 $\theta(a+b\sqrt{3})=a+b\sqrt{3}$이다. 따라서 $\mathbb{Q}(\sqrt{3})$은 H에 의해서 고정된다. 즉 $\mathbb{Q}(\sqrt{3}) \subset \mathbb{Q}(\sqrt{2}, \sqrt{3})_H$이다. 또 e의 고정체는 $\mathbb{Q}(\sqrt{2}, \sqrt{3})$이다. 또 임의의

$$x=a+b\sqrt{2}+c\sqrt{3}+d\sqrt{6} \in \mathbb{Q}(\sqrt{2}, \sqrt{3})$$

에 대해서 $\theta(x)=x$라고 하면 $b=d=0$이므로

$$x=a+c\sqrt{3} \in \mathbb{Q}(\sqrt{3})$$

가 된다. 따라서 θ의 고정체는 $\mathbb{Q}(\sqrt{3})$에 포함되므로 $\mathbb{Q}(\sqrt{2}, \sqrt{3})_H$는 $\mathbb{Q}(\sqrt{3})$의 부분집합이다. 따라서

$$\mathbb{Q}(\sqrt{2}, \sqrt{3})_H=\mathbb{Q}(\sqrt{3})$$

이다.

【예제 11】 $G(\mathbb{Q}(\sqrt[3]{2}), \mathbb{Q})$에서 임의의 $h \in G(\mathbb{Q}(\sqrt[3]{2}), \mathbb{Q})$에 대해서 $h(\sqrt[3]{2})$는 x^3-2의 근이 되어야 하는데 실근은 $\sqrt[3]{2}$ 뿐이므로 결국 $h(\sqrt[3]{2})=\sqrt[3]{2}$이다. 따라서 $G(\mathbb{Q}(\sqrt[3]{2}), \mathbb{Q})$는 항등원 뿐이므로 $G(\mathbb{Q}(\sqrt[3]{2}), \mathbb{Q})$의 고정체는 $\mathbb{Q}(\sqrt[3]{2})$이다.

따름정리 29.5 K는 F의 확대체이다. H가 $G(K, F)$의 부분집합이면 H의 고정체

$$K_H = \{a \in K \mid \text{모든 } \theta \in H\text{에 대해서 } \theta(a) = a\}$$

는 K와 F의 중간체이다.

증명 $H \subset G(K, F)$이므로 임의의 $\theta \in H$에 대해서 $\theta \in G(K, F)$이다. 따라서 모든 $a \in F$에 대해서 $\theta(a) = a$가 성립하므로 $F \subset K_H$이다. 따라서 K_H는 K와 F의 중간체이다. □

H가 $G(K, F)$의 부분군일 경우와 그냥 부분집합일 경우는 H의 고정체 K_H의 성질에 다소 차이가 있다(자세한 내용은 30장 정리 30.1 참조). 위의 따름정리 29.5에 의해서 $G(K, E)$의 한 부분군에 대해서 중간체가 대응되고 또 F와 K의 임의의 중간체 E에 대해서 $G(K, F)$의 부분군 $G(K, E)$를 대응시킬 수 있다. 따라서 적당한 가설을 하면 F와 K 사이의 모든 중간체와 $G(K, F)$의 부분군 사이에 일대일 대응을 할 수 있다. 이것이 갈루아의 기본정리이다. 우선 쉬운 것부터 해보자.

정리 29.6 K가 F의 정규이고 분리가능한확대체이면

$$|G(K, F)| = [K : F]$$

이다.

증명 $[K : F] = n$이라고 하자. K는 F의 정규확대체이므로 $K = F(\alpha_1, \alpha_2, \cdots, \alpha_m)$꼴이고 또 분리가능이므로 $K = F(\alpha)$꼴로 표시된다. $p(x) \in F[x]$를 α의 극소다항식이라고 하면

$$\deg p(x) = [F(\alpha) : F] = n$$

이다. 임의의 $\theta \in G(F(\alpha), F)$는 $\theta(\alpha)$의 값에 의해서 결정되고 또 $\theta(\alpha)$는 역시 $p(x)$의 근이다. $p(x)$는 n개의 서로 다른 근을 가지므로 결국

$$|G(K, F)| = n = [K : F]$$

이다. □

위의 정리는 비교적 간단한데 이것을 일반적인 중간체에 대해서도 적용한 것이 다음에 배울 갈루아정리이다.

갈루아(Galois, 1811~1832)

갈루아는 수학자로써 뿐만 아니라 보통 사람으로서도 너무나 꼬인 생애를 살다 간 사람이다. 그는 1811년 파리 근교의 작은 마을의 촌장 아들로 태어났다. 유년기까지는 그는 매우 행복했다. 어머니는 유명한 법률가 집안 출신으로 매우 진취적이고 탐구심이 강한 굳센 성격의 여성이었다. 그는 15세 때부터 비상한 수학적 재능을 발휘하였다. 당시 프랑스의 지도적인 수학자는 코시였다. 그러나 수학사적으로 코시는 두 가지 커다란 실수를 하였다. 하나는 아벨에 대한 무시와 갈루아에 대한 실수이다. 갈루아는 17세 때 자신의 지금까지의 중요한 발견들을 논문으로 만들어 코시에게 보냈다. 코시는 이 논문을 발표해 주겠다고 약속했는데 그만 잊어버렸다. 더욱이 하인의 실수로 논문마저 분실하고 말았다. 이것이 갈루아의 불운의 시작이었다. 18세 때 그는 당시 프랑스의 유명한 공업학교인 에꼴 플리테크니크에 두 번 응시했으나 그의 천재성을 전혀 알지 못한 어리석은 시험관 때문에 불합격되었다. 일설에는 시험관이 그가 보기에 하도 어리석은 질문을 하여 시험관의 얼굴에 칠판 지우개를 던지고 문을 박차고 나왔다는 이야기도 전해진다. 더욱이 그의 아버지는 성직자로부터 박해를 받고 있다고 생각하고는 자살을 하였고 어린 갈루아는 더욱 충격을 받았다. 결국 1829년 그는 사립학교인 에꼴 노르말에 들어가 교사가 될 준비를 하였다.

1830년, 그는 세 가지 논문을 썼다. 그는 큰 상을 받을 목적으로 이것을 학사원에 제출하였다. 오늘날 전문가들은 갈루아의 논문이 최우수상을 탈 충분한 가치가 있다는 점에 의견이 일치하고 있다. 그러나 학사원의 간사는 이 논문을 검토하기 위하여 집으로 가지고 갔으나 그만 보기도 전에 죽고 말았다. 그후 이 논문은 흔적도 없이 사라져 버렸다. 코시의 실수에 이은 똑같은 실수가 한 사람에게 이렇게 일어나는 것은 우연이라기보다는 어쩌면 갈루아의 운명이 아닐까 생각되어진다.

1830년 7월 혁명이 터지자 그는 교장과 학급 친구들을 비난하는 편지를 학교 신문에 게재했고 이 일로 인해 퇴학당했다. 이후 그는 고등대수학, 정수 및 타원함수에 관한 강의를 하는 학원을 차렸으나 학생이 한 명도 오지 않았다. 할 수 없이 그는 학원을 포기하고 국민군 포병대에 입대하였다. 이 와중에서도 그는 수학을 아주 포기하지는 않았다. 그는 현재 '갈루아이론'으로 불리워지는 방정식의 일반적 해법에 관한 논문을 학사원에 보냈다. 그 당시 심사위원인 쁘와송은 이 논문을 이해하기 어려운 것으로 그냥 보고서를 썼다. 1831년 갈루아가 속한 포병대의 해산명령이 내려지자 이 젊은 병사들은 술자리를 마련하였고 여기서 사소한 오해로 그는 체포되어 감옥에 투옥되었다. 감옥에서 외출 때 그는 어떤 매우 천하고 형편없는 여성과 연애를 하게 되었는데 이 연애사건에서 그는 여자에 대해서도 매우 혐오감을 느끼게 되었다. 1832년 5월 29일 그는 석방되었고 이틀 후 이른 아침 공원에서 연적과 피스톨 결투를 하다가 총에 맞아 21세로 죽었다. 그의 남겨진 논문은 그의 죽기 이틀 전에 친구에게 보낸 편지에 수록한 것과 학사원에 맡겨진 수통의 유고뿐이다. 그는 죽음을 예감했는지 이 편지에 수세기간 수학자를 괴롭혀왔던 문제의 해법을 설명해 놓았다. 한 인간이 바보스러운 행동과 불운에 희생된 예를 갈루아의 덧없는 생애가 잘 말해주고 있다.

연습문제(29)

1. 다음 다항식의 갈루아 군을 구하여라.

(1) $x^4-5\in\mathbb{Q}[x]$	(2) $x^4-5\in\mathbb{Q}(\sqrt{5})[x]$
(3) $x^4-5\in\mathbb{Q}(\sqrt{5}i)[x]$	(4) $x^3-10\in\mathbb{Q}(\sqrt{2})[x]$
(5) $x^3-2\in\mathbb{Q}[x]$	(6) $x^6+4x^4-x^2-4\in\mathbb{Q}[x]$
(7) $(x^2-2)(x^3-5)\in\mathbb{Q}[x]$	(8) $x^4-5x^2+6\in\mathbb{Q}[x]$
(9) $x^4+4x^2+2\in\mathbb{Q}[x]$	(10) $x^3+3x^2-x-1\in\mathbb{Q}[x]$
(11) $x^3-3x+1\in\mathbb{Q}[x]$	(12) $x^4-5\in\mathbb{Q}(i)[x]$
(13) $x^5-4x^4+2x+2\in\mathbb{Q}[x]$	(14) $x^3+x+1\in\mathbb{Z}_2[x]$

2. $x^p-1\in\mathbb{Q}[x]$의 분해체를 E라고 하면 $[E:\mathbb{Q}]=p-1$임을 보여라. 또 $G(E,\mathbb{Q})$를 구하여라. 단, p는 소수

3. $F\subset K\subset E$이다. $G(E,K)=\{\phi\in G(E,F)\mid$ 모든 $x\in K$에 대해서 $\phi(x)=x\}$는 $G(E,F)$의 부분군임을 보여라.

4. $0\le d\in\mathbb{Q}$ 이면 $G(\mathbb{Q}(\sqrt{d}),\mathbb{Q})=e$ 또는 $\mathbb{Z}_2$와 동형임을 보여라.

5. $G(\mathbb{Q}(\sqrt{2},\sqrt{3},\sqrt{5}),\mathbb{Q})$를 구하여라.

6. $F\subset K\subset E$, K는 F의 정규확대체, E는 K의 정규확대체이다. E는 F의 정규확대체가 되느냐? 되면 증명하고 아니면 안되는 예를 들어라.

7. $F\subset E$, $\alpha\in E$는 $p(x)\in F[x]$의 근이다. 만일 E가 $p(x)\in F(\alpha)[x]$의 분해체이면 E는 F의 정규확대체임을 보여라.

30 갈루아 정리 (Galois Theorem)

갈루아 정리의 기본은 K가 F의 확대체일 때 F와 K의 중간체에 대해서 군 $G(K, F)$의 부분군을 대응시키는 것이다. 우리는 군에 대해서는 많은 공부를 하였고 또 군은 체보다 구조가 간단하므로 체를 군으로 대응시킴으로써 체의 여러 가지 성질을 보다 쉽게 알 수 있다. 우리는 앞에서 F와 K의 중간체 E에 대해서 군 $G(K, E)$를 대응시켰다. 특히 이 대응을 갈루아 대응(Galois correspondence)이라고 부른다. 간단히 정의하면

정의 30.1 K는 F의 확대체이다.

$$S=\{E \mid E\text{는 } F\text{와 } K\text{의 중간체}\}$$
$$T=\{H \mid H\text{는 } G(K, F)\text{의 부분군}\}$$

이라고 하면

$$f : S \to T,\ f(E)=G(K, E)$$

인 함수 f를 갈루아 대응이라고 한다.

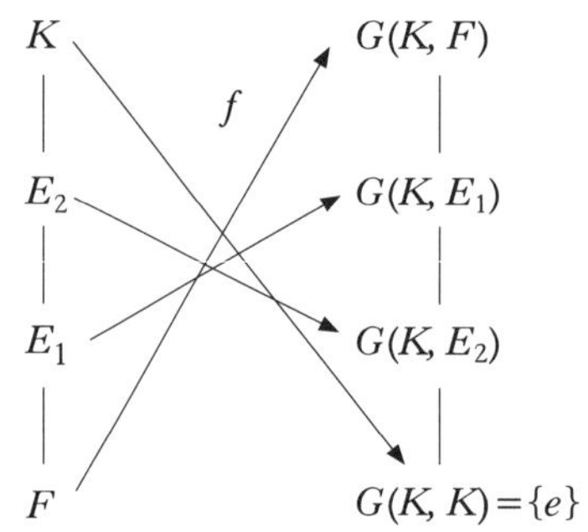

[그림 30.1]

위의 정의에 따라서 F의 갈루아 대응 $f(F)$의 값은 $G(K, F)$이고 K의 대응값 $G(K, K)$은 자명군 $\{e\}$가 됨을 쉽게 알 수 있다. 갈루아 대응에서 $E_1 \subset E_2$면 $G(K, E_1) \supset G(K, E_2)$가 되어 f값은 크기가 반대로 대응되는 것에 주목해야 한다.

【예제 1】 앞 29장 예제 3에서 $K = \mathbb{Q}(\sqrt{3}, \sqrt{2})$, $F = \mathbb{Q}$라고 했을 때 갈루아 대응 f는 다음과 같다.

$$f(K) = G(K, K) = \{\theta_1\}$$
$$f(\mathbb{Q}(\sqrt{3})) = G(K, \mathbb{Q}(\sqrt{3})) = \{\theta_1, \theta_2\}$$
$$f(F) = G(K, F) = \{\theta_1, \theta_2, \theta_3, \theta_4\}$$

여기서 θ_1은 항등함수, $\theta_2(\sqrt{2}) = -\sqrt{2}$, $\theta_3(\sqrt{3}) = -\sqrt{3}$, $\theta_4 = \theta_2 \circ \theta_3$이다.

【예제 2】 $\mathbb{C} = \mathbb{R}(i)$, $F = \mathbb{Q}$, $G = G(\mathbb{C}, \mathbb{Q})$에서 갈루아 대응 f는

$$f(\mathbb{Q}) = G(\mathbb{C}, \mathbb{Q}) = G$$
$$f(\mathbb{R}) = G(\mathbb{C}, \mathbb{R}) = \{e, h\}$$
$$f(\mathbb{C}) = \{e\}$$

이다. 여기서 e는 항등함수, h는 $h(a+bi) = a-bi$인 함수이다.

위의 두 예제에서 $\mathbb{Q}(\sqrt{3}, \sqrt{2})$는 $\mathbb{Q}$의 유한확대체이다. 그러나 $\mathbb{C}$

는 $\mathbb{Q}$의 유한확대체가 아니다. 우리는 앞으로 K가 F의 유한확대체일 경우를 주로 다룬다. 이번에는 군 $G(K, F)$의 부분군 H에 대해서 K와 F의 중간체를 한개 씩 대응시켜 보자. 즉 갈루아대응의 역대응을 생각하는 것이다. 우선 F의 확대체 K에서, $G=G(K, F)$라고 했을 때 모든 G에 의해서 고정되는 원소

$$K_G=\{a\in K \mid \text{모든 } \theta\in G\text{에 대해서 } \theta(a)=a\}$$

는 정리 29.5에 의해서 F와 K의 중간체이다. 그러나 F와 다를 수도 있다. 예를 들어 $G=G(\mathbb{Q}(\sqrt[3]{2}), \mathbb{Q})$의 모든 고정원소는 앞 예제에서도 자주 나왔지만 G는 항등원뿐이므로 $\mathbb{Q}(\sqrt[3]{2})$가 되어 $\mathbb{Q}$가 아니다. 그러나 대부분의 경우는 $G(K, F)$의 고정원소는 F일 경우가 많다. 어떨 경우에 그렇게 되는지 살펴보자. 다음 정리는 매우 길고 어렵다. 그러나 이 증명 방법은 많이 쓰이고 중요하다.

정리 30.1 K는 F의 유한 확대체이고 H는 $G(K, F)$의 부분군이다. $K_H=E$, 즉 E를 H의 고정체라고 하면 K는 E의 정규확대체이며 동시에 분리가능한 확대체이다.

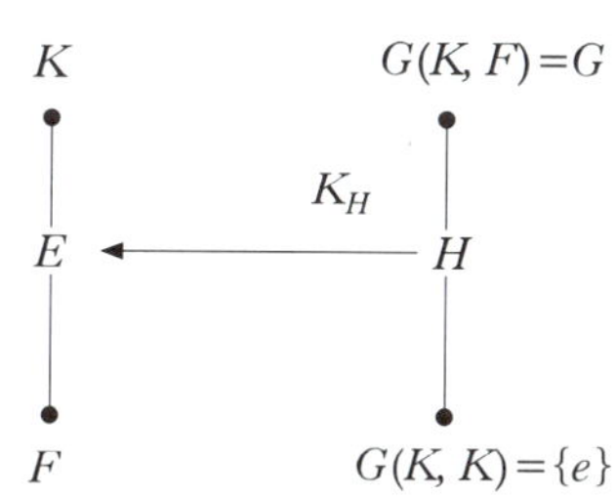

[그림 30.2]

증명 우선 $F\subset E\subset K$이다. 임의의 $\alpha\in K$에 대해서 α는 F상에서 대수적이므로 E상에서도 대수적이다. α의 E상에서의 극소다항식을 $p(x)\in E[x]$라고 하자. $p(x)$의 분해체에서 모든 서로 다른 근을 $\alpha=\alpha_1, \alpha_2, \cdots, \alpha_n$이라고 하자. $n\le \deg p(x)$이다. $f\in H$면 정리 28.5에 의해서 $f(\alpha)$도 역시 $p(x)$의 근이므로

$$H(\alpha)=\cup\{f(\alpha) \mid f\in H\}\subset\{\alpha_1, \alpha_2, \cdots, \alpha_n\}\cap K$$

이다. $H(\alpha)=\{\alpha_1, \cdots, \alpha_m\}$이라고 하자. 임의의 $\theta\in H\subset G(K, F)$에 대해서

$$\{\theta(\alpha_1), \cdots, \theta(\alpha_m)\}=\{\alpha_1, \cdots, \alpha_m\}$$

이 됨을 보이자. 임의의 $\alpha_i\in H(\alpha)$에 대해서 $\alpha_i=\psi(\alpha)$, $\psi\in H$이므로

$$\theta(\alpha_i)=\theta(\psi(\alpha))$$

이다. 또 H는 부분군이므로 $\theta\psi\in H$가 되어 $\theta(\alpha_i)\in H(\alpha)=\{\alpha_1, \cdots, \alpha_m\}$이다. 따라서

$$\{\theta(\alpha_1), \cdots, \theta(\alpha_m)\}\subset\{\alpha_1, \cdots, \alpha_m\}$$

인데 θ는 단사이므로 두 집합의 개수는 같다. 따라서

$$\{\theta(\alpha_1), \cdots, \theta(\alpha_m)\}=\{\alpha_1, \cdots, \alpha_m\}$$

이 된다. $\alpha_i\in H(\alpha)$는 당연히 K의 원소이므로

$$g(x)=(x-\alpha_1)\cdots(x-\alpha_m)=b_0+b_1x+\cdots+b_mx^m\in K[x]$$

라고 하면 임의의 $h\in H$에 대해서 위의 사실에 의해서

$$\begin{aligned}h(g(x))&=(x-h(\alpha_1))\cdots(x-h(\alpha_m))\\&=(x-\alpha_1)\cdots(x-\alpha_m)\end{aligned}$$

에서 $h(g(x))=g(x)$이다. 그러나

$$h(g(x))=h(b_0)+h(b_1)x+\cdots+h(b_m)x^m$$

이므로 결국

$$h(b_0)+h(b_1)x+\cdots+h(b_m)x^m=b_0+b_1x+\cdots+b_mx^m$$

가 되고 이 말은 $g(x)$의 모든 계수는 H에 대해서 고정된다는 말이다. 따라서

$$g(x)\in E[x]$$

이다. α는 $g(x)$의 근이고 $g(x)$는 분리가능다항식이므로 α는 분리가능이다. 한편, $g(x)\in E[x]$, $g(\alpha)=0$이므로 극소다항식 $p(x)\in E[x]$의 성질에 의해서 $p(x)$는 $g(x)$의 인수이다.

$$p(x)\mid g(x),\ m\le n\le\deg p(x)$$

이므로 결국 $p(x)=g(x)$가 되고 $p(x)$의 모든 근은 K에 포함된다.

$p(x)$의 모든 근은 서로 다르므로 따라서 K는 E의 분리가능한 확대체이다. 이번에는 K가 E의 정규확대체가 됨을 보이자.

K는 E의 유한확대체이므로 $\{c_1, c_2, \cdots, c_t\}$를 K의 E상에서의 기저라고 하면 $K=E(c_1, c_2, \cdots, c_t)$이다. 각 c_i의 E상에서의 극소다항식을 $p_i(x) \in E[x]$라고 하고

$$p(x) = p_1(x)\, p_2(x) \cdots\, p_t(x) \in E(x)$$

로 두면 K는 $p(x)$의 분해체가 된다. 그 이유를 알아보면 $p(x)$의 임의의 근 α_i에 대해서 α_i는 어떤 극소다항식 $p_i(x)$의 근이 된다. 따라서 α_i와 c_i는 켤레이고 앞에서 한 것과 마찬가지로 c_i의 E상에서의 극소다항식 $p_i(x)$의 모든 근은 K에 포함되므로 결국 $p(x)$의 분해체를 L이라고 하면 $L \subset K$이다. 한편 c_i는 $p(x)$의 근이므로

$$K = E(c_1, c_2, \cdots, c_t) \subset L$$

이다. 따라서 $K=L$이 되어 K는 $p(x)$의 분해체가 된다. □

E가 F의 정규확대체이고 동시에 분리가능한 확대체일 때 E는 F의 정규분리가능 확대체라고 부른다. 위의 정리 30.1에서 H가 $G(K, F)$의 부분군이 아닌 그냥 부분집합이면 K는 K_H의 정규분리가능 확대체가 되지 않는다. 또 $H=G$로 두고 $E=F$, 즉 G의 고정체가 F이면 다음과 같은 따름정리를 얻는다.

따름정리 30.2 K는 F의 유한확대체이다. $G=G(K, F)$, $K_G=F$면 K는 F의 정규분리가능 확대체이다.

아래 정리는 위의 정리 30.1의 역이다.

정리 30.3 E는 F와 K의 중간체이다. K가 E의 정규분리가능 확대체이고 $H=G(K, E)$이면 $K_H=E$이다.

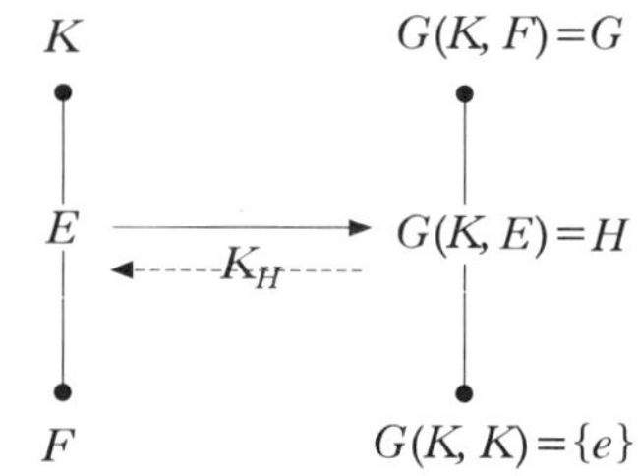

[그림 30.3]

증명 $u \in E$라고 하면 정의에 의해서 임의의 $\theta \in H$에 대해서 $\theta(u)=u$이다. 따라서 $u \in K_H$가 됨은 자명하다. 이번에는 $K_H \subset E$가 됨을 증명하자. 만일 $K_H \neq E$이면 $\alpha \notin E$, $\alpha \in K_H$인 α가 존재할 것이다. α의 E상에서 극소다항식 $p(x) \in E[x]$의 차수는 2보다 크다. 따라서 $p(x)$는 α와 다른 근 β를 가진다. 앞 따름정리 28.4와 정규확대체의 성질을 이용하면

$$\bar{h} \in G(K,\ E),\ \bar{h}(\alpha)=\beta$$

인 $\bar{h}$가 존재한다. 그런데 $\alpha \neq \beta$이므로 $\bar{h}(\alpha) \neq \alpha$이고 $\bar{h} \in H$이므로 $\alpha \notin K_H$가 되어 모순이다. 따라서 $K_H=E$를 얻을 수 있다. □

위의 정리 30.3에서 특히 $E=F$로 두면 K가 F의 정규분리가능 확대체면 $G(K,\ F)$의 고정원소가 F가 된다. 따라서 앞의 따름정리 30.2와 함께 다음과 같은 동치조건을 얻을 수 있다.

따름정리 30.4 F의 유한확대체 K가 F의 정규분리가능 확대체가 될 필요충분조건은 $K_G=F$가 됨을 알 수 있다. 단, $G=G(K,\ F)$

정의 30.3 K는 F의 확대체이다. F상에서 K의 군 $G(K,\ F)$의 고정체가 F가 될 때 즉 $K_G=F$일 때 K를 F의 **갈루아확대체**(Galois extension of F)라고 부른다. 또 이 때 F상에서 K의 군 $G(K,\ F)$를 F상에서 K의 **갈루아군**(Galois group of K over F)라고 부른다.

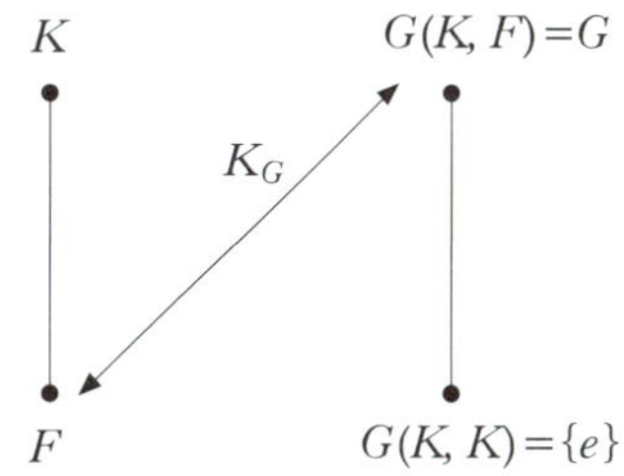

[그림 30.4]

정의 30.3과 따름정리 30.4에 따라서 결국 유한확대체에서는 갈루아 확대체와 정규분리가능 확대체는 같은 뜻임을 알 수 있다, 또 만일 F의 표수가 0이면 정리 28.13에서 K가 F의 정규확대체라는 사실과 갈루아 확대체는 동치가 된다.

다음 정리 30.5는 위의 정리 30.3의 역이다.

책에 따라서([17]의 경우)는 갈루아 확대를 그냥 정규확대라 부르는 경우도 있다. 이때는 정규란 말 속에 분리가능이 포함되어 있는 경우이므로 유의해야 한다.

정리 30.5 K는 F의 유한확대체이다. H가 $G(K, F)$의 부분군이면 $G(K, K_H)=H$이고 $|H|=[K : K_H]$이다.

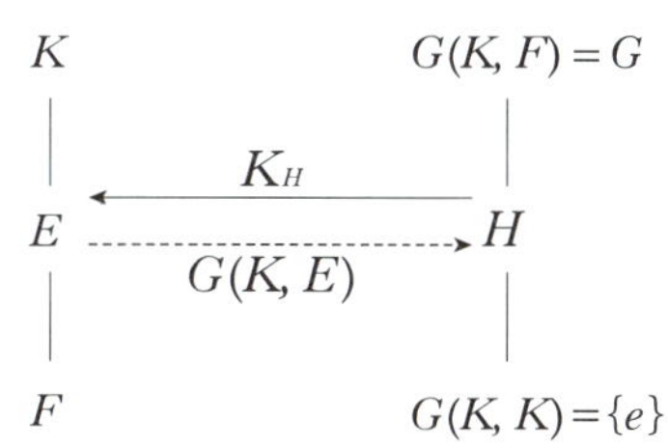

[그림 30.5]

증명 편의상 $K_H=E$라 두면 $F\subset E\subset K$이다. K는 E의 유한확대체이므로

$$K=E(u_1, u_2, \cdots, u_n)$$

으로 쓸 수 있고 앞 정리 30.1에서 K는 E의 정규분리가능 확대체이므로 $u_1, u_2, \cdots, u_n$은 E상에서 분리가능이고 대수적이다. 따라서 K는 E의 단순확대체가 된다. $K=E(u)$라 두고 u의 E상에서의 극소다항식을 $p(x)$라 두면

$$[K:E]=\deg p(x)$$

이다. 임의의 $\theta\in G(K, E)$는 $\theta(u)$의 값으로 정해지고 또 $\theta(u)$도 역시 $p(x)$의 근이므로 결국

$$|G(K, E)|\leq \deg p(x)$$

가 된다. 임의의 $h\in H$, $a\in E$에 대해서 $a\in K_H$이므로 $h(a)=a$이다. 따라서 h는 E를 고정시키므로 $H\subset G(K, E)$가 된다. 따라서 다음과 같은 부등식을 얻는다.

$$|H|\leq |G(K, E)|\leq [K:E]$$

또 앞정리 30.1과 같은 방법으로

$$H(u)=\cup\{h(u)\mid h\in H\}=\{a_1, a_2, \cdots, a_m\}$$

라고 하면 앞에서와 같은 방법으로

$$f(x)=(x-a_1)(x-a_2)\cdots(x-a_m)\in K[x]$$

는 실제로 $f(x)\in E[x]$가 됨을 알 수 있다. $u\in H(u)$이므로 u는 $f(x)$의 근이다. 따라서 $p(x)\mid f(x)$가 되므로

$$m=\deg f(x)\geq \deg p(x)$$

이다. 그런데 잘 알다시피 일반적으로 $|H|\geq |H(u)|=m$이다. 따라서

$$|H|\geq m=\deg f(x)\geq \deg p(x)=[K:E]$$

가 되어 결국

$$|H|\leq |G(K, E)|\leq [K:E]\leq |H|$$

로부터 $|H|=|G(K, E)|=[K:E]$이고 $H=G(K, E)$가 된다. □

따름정리 30.6 $F\subset E\subset K$, K가 F의 유한확대체이면 $|G(K, E)|\leq [K:E]$이다.

증명 $H=G(K, E)$, $K_H=M$이라고 두면 $F\subset E\subset M\subset K$이다. $[K:E]=[K:M][M:E]$이

므로 $|G(K, E)| = [K:M] \le [K:E]$이다. □

일반적으로 H가 $G(K, F)$의 부분군이 아니면 위의 정리 30.5는 성립하지 않는다. 만일 H가 $G(K, F)$의 부분군이 아니고 그냥 부분집합이면 단지 $|H| \le [K : K_H]$만 성립한다. 또 K가 F의 유한확대체가 아니더라도 일반적으로 $H \subset G(K, F)$이면 $[K : K_H] \ge |H|$이고 특히 H가 $G(K, F)$의 부분군이면 $[K : K_H] = |H|$이 된다([17] 2.4 참조).

정리 28.10에서 정규확대체의 동치조건을 조사했는데 우리는 다음과 같이 갈루아확대체가 될 동치조건도 구할 수 있다. 물론 표수가 0인 체에서는 이 모두는 정규확대체와 동치이다.

정리 30.7 K가 F의 유한확대체일 때 다음은 모두 동치이다. 단 $G = G(K, F)$이다.

(1) K는 F의 갈루아확대체이다.

(2) $|G| = [K:F]$

(3) K는 F의 정규분리가능 확대체이다.

(4) K는 적당한 어떤 분리가능한 다항식 $p(x) \in F[x]$의 분해체이다.

증명 (1) ⇒ (2) 정리 30.5

(2) ⇒ (1) 정리 30.5에서 $K_G = E$라고 하면 $F \subset E \subset K$이다. $|G| = [K:E] = [K:F] = [K:E][E:F]$에서 $[E:F] = 1$이고 따라서 $K_G = F$이다.

(1) ⇔ (3) 따름정리 30.4

(3) ⇒ (4) K는 F의 정규확대체이므로 어떤 다항식 $p(x) \in F[x]$의 분해체이다. $K = F(c_1, c_2, \cdots, c_n)$, c_i는 $p(x)$의 근이라고 두면 $c_i \in K$이므로 c_i의 극소다항식을 $p_i(x) \in F[x]$라 하면 $p_i(x)$는 분리가능이다. 또 $p_i(x) \mid p(x)$이므로 결국 $p(x)$는 분리가능한다항식이다.

(4) ⇒ (2) F상에서 K의 차원 $[K:F]$에 대한 수학적 귀납법으로 증명한다.

만일 $[K:F] = 1$이면 $K = F$이므로 이때는 할 필요도 없다. $[K:F] = 2$일 경우를 생각해 보면 우선 K를 F상에서 기약인 $p(x) \in F[x]$의 분해체라 하고 $p(x)$는 분리가능다항식이라고 하자. 만일 $p(x)$가 1차식이면 $p(x) = x - \alpha \in F[x]$꼴이고 $K = F(\alpha) = F$가 되어 모순이다. 따라서 $p(x)$는 최소 2차 이상이다. $p(x)$의 서로 다른 두 근을 $\alpha_1, \alpha_2 \in K$라고 두면 따름정리 28.4에 의해서 $\bar{h} \in G(K, F)$, $\bar{h}(\alpha_1) = \alpha_2$인 $\bar{h}$가 존재한다. 따라서 $|G(K, F)| \ge 2$이다. 한편

$$|G(K,\ F)| = [K:K_G] \le [K:F] = 2$$

이므로 결국 $|G(K,\ F)| = 2$가 되어 정리가 성립한다.

$[K:F] \le n-1$인 경우 정리가 성립한다고 가정하고 $[K:F] = n$이라 하자. 다시 $K = F(\alpha_1,\ \cdots,\alpha_t)$를 $p(x) \in F[x]$의 분해체라고 하고 $p(x)$는 분리가능한 다항식이라고 가정한다. α_i의 F상에서의 극소다항식을 $p_i(x)$라고 하면 α_i의 극소다항식 중 차수가 2 이상인 것이 반드시 존재한다. (안그러면 $K = F$가 되어 버림)

편의상 $\deg p_1(x) \ge 2$라고 가정하자. 따라서

$$n = [K:F] = [K:F(\alpha_1)][F(\alpha_1):F] = \deg p_1(x) \times [K:F(\alpha_1)] > [K:F(\alpha_1)]$$

이다. $p_1(x) \mid p(x)$이므로 $p(x) = p_1(x)g(x),\ g(x) \in F[x]$라고 하면 역시 K는 $F(\alpha_1)$상에서 $p(x)$의 분해체이다. 따라서 가정에서 $|G(K,\ F(\alpha_1))| = [K:F(\alpha_1)]$이고 $F(\alpha_1) = K_{G(K,\ F(\alpha_1))}$이다.

$G = G(K,\ F),\ F(\alpha_1) = E$라 두고 마지막으로 $K_G = F$임을 밝히자. 이 증명은 조금 어려우므로 잘 보아야 한다. $\deg p_1(x) = m$라고 하면 $p_1(x)$는 서로 다른 m개의 근 $\alpha_1,\ \alpha_2,\ \cdots,\ \alpha_m$을 가진다 $(\alpha_i \in K)$. $u \in K_G$라고 하면 임의의 $f \in G$에 대해서 $f(u) = u$이므로 따라서 임의의 $\theta \in G(K,\ E)$에 대해서도 $\theta(u) = u$가 성립한다. 그런데 가정에서 결국 $u \in E$가 된다. 따라서

$$u = a_0 + a_1\alpha_1 + a_2\alpha_1^2 + \cdots + a_{m-1}\alpha_1^{m-1},\ a_i \in F$$

꼴로 나타낼 수 있다. 그런데 K는 E의 정규분리가능 확대체이므로 임의의 α_i $(1 \le i \le m)$에 대해서 $h(\alpha_1) = \alpha_i$인 $h \in G(K,\ E)$가 존재함은 따름정리 28.4에서 당연하다. 따라서 $h(u) = a_0 + a_1\alpha_i + a_2\alpha_i^2 + \cdots\ a_{m-1}\alpha_i^{m-1}$이고 $h(u) = u$이므로 결국 $u = a_0 + a_1\alpha_i + a_2\alpha_i^2 + \cdots\ a_{m-1}\alpha_i^{m-1}$이다. 그런데 다항식

$$(a_0 - u) + a_1x + a_2x^2 + \cdots\ a_{m-1}x^{m-1} \in K[x]$$

가 0이 아니면 m개의 서로 다른 근 $\alpha_1,\ \alpha_2,\ \cdots,\ \alpha_m$을 가진다. 그런데 이것은 도저히 불가능하다. 따라서 $a_0 - u = a_1 = \cdots = a_{m-1} = 0$가 되고 결국 $u = a_0 \in F$가 되어 $K_G = F$이다. 정리 30.5에 의해서 $|G(K,\ F)| = [K:F]$가 되어 정리 완료 □

위의 (4) ⇒ (2)의 증명과정에서 $G(K,\ E) = H$라 두면

$$|G(K,\ F)| = [K:F] = [K:E][E:F]$$

이고 $|G(K,\ E)| = [K:E]$이므로

$$|G(K, F)/G(K, E)| = [E:F] = |G(E, F)|$$

를 얻을 수 있다.

위의 정리들을 종합하면 우리는 다음과 같은 갈루아 이론의 기본정리를 얻을 수 있다.

정리 30.8 (갈루아 이론의 기본정리) K는 F의 정규분리가능 확대체이다.

$$S = \{E \mid E\text{는 } F\text{와 } K\text{의 중간체}\}$$
$$T = \{H \mid H\text{는 } G(K, F)\text{의 부분군}\}$$

라고 하면

(1) 갈루아 대응

$$f : S \to T,\ f(E) = G(K, E)$$

는 전단사함수이다. 또

$$|G(K, E)| = [K : E],\ [E : F] = [G(K, F) : G(K, E)]$$

이다.

(2) E가 F의 정규확대체가 될 필요충분조건은 $G(K, E)$가 $G(K, F)$의 정규부분군이다. 또 이 경우에는

$$G(K, F)/G(K, E) \cong G(E, F)$$

가 성립한다.

증명 (1) $$E_1, E_2 \in S,\ H_1 = G(K, E_1),\ H_2 = G(K, E_2)$$

라고 하면 앞 정리 30.3에서 $K_{H_1} = E_1$, $K_{H_2} = E_2$이다. 만일 $f(E_1) = f(E_2)$이면 $H_1 = H_2$이므로 $E_1 = E_2$. 따라서 f는 단사이다. 임의의 $H \in T$에 대해서 $K_H = E$라고 하면 $E \in S$이고 정리 30.5에 의해서 $f(E) = G(K, E) = H$. 따라서 f는 전사이다. 앞 정리 30.5에서 $|G(K, E)| = [K : E]$임을 증명하였다. 여기서 특히 $E = F$로 두면

$$|G(K, F)| = [K : F]$$

가 된다. 그런데

$$[K:F]=[K:E][E:F]=|G(K, E)|[E:F]$$

이다. 또 $G(K, E)$는 $G(K, F)$의 부분군이므로 라그랑즈의 정리에 의해서

$$|G(K, F)|=|G(K, E)|[G(K, F):G(K, E)]$$

가 성립하므로 결국

$$[E:F]=[G(K, F):G(K, E)]$$

가 된다.

(2) E가 F의 정규확대체라고 하자. 정리 28.6에 의해서 임의의 $\theta \in G(K, F)$에 대해서

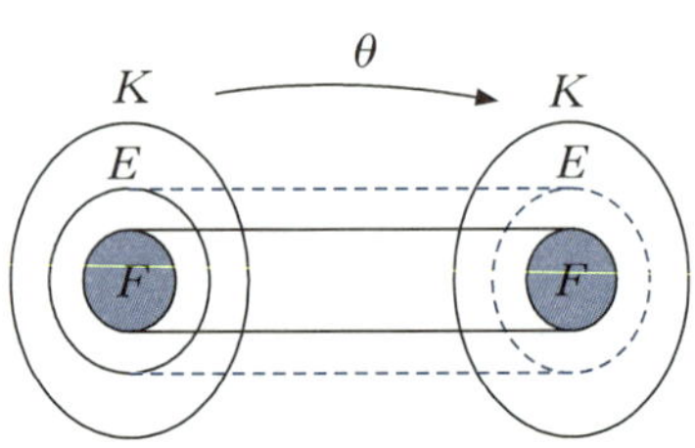

[그림 30.6]

$\theta|_E : E \to \theta(E)$는 F를 고정시키는 동형사상이므로 $\theta(E)=E$이다. 따라서

$$f: G(K, F) \to G(E, F),\ f(\theta)=\theta|_E$$

는 잘 정의되고 또 앞 정리 28.7에서 임의의 $h \in G(E, F)$에 대해서

$$\bar{h} \in G(K, F),\ \bar{h}|_E = h$$

인 $\bar{h}$가 존재한다. 따라서 $f(\bar{h})=h$가 되므로 f는 전사가 된다. 또 f가 준동형사상이 됨을 쉽게 알 수 있다. $\mathrm{Ker} f$를 구해보면 $h \in \mathrm{Ker} f$일 필요충분조건은

$$f(h)=h|_E=1_E$$

즉 모든 $x \in E$에 대해서 $h(x)=x$이다. 따라서 $h \in G(K, E)$이다. 준동형사상의 기본정리에 의해서

$$G(K, F)/G(K, E) \cong G(E, F)$$

이고 $\mathrm{Ker} f = G(K, E)$는 $G(K, F)$의 정규부분이 됨은 너무나 당연하다. 역으로 $G(K, E)$가 $G(K, F)$의 정규부분군이라고 하자. K는 F의 정규확대체이므로 K

는 F의 유한확대체이고 따라서 E도 F상에서 유한확대체이다. F상에서 E의 기저를 $c_1, c_2, \cdots, c_m$이라고 하자. c_1의 F상에서의 기약다항식을 $p_1(x) \in F[x]$라고 하면 $p_1(x)$의 임의의 근 u_1에 대해서 따름정리 28.4에 의해서

$$h \in G(K, F),\ h(c_1) = u_1$$

인 h가 존재한다. 임의의 $g \in G(K, E)$에 대해서 $G(K, E)$는 $G(K, F)$의 정규부분군이므로

$$h^{-1}gh = \psi \in G(K, E)$$

이다. 그런데 $c_1 \in E,\ \psi \in G(K, E)$이므로 $\psi(c_1) = c_1$이다. 따라서

$$g(u_1) = h\psi h^{-1}(u_1) = h\psi(c_1) = h(c_1) = u_1$$

이 되어 u_1은 모든 $G(K, E)$의 원소에 의해 고정되므로 $u_1 \in K_{G(K,\, E)} = E$이다. 이 사실로부터 $p_1(x)$의 모든 근은 E에 포함됨을 알 수 있다. $c_1, c_2, \cdots, c_m$에 대해서도 이와 같이 하면 결국 $E = F(c_1, c_2, \cdots, c_m)$은

$$p(x) = p_1(x)p_2(x)\cdots p_m(x) \in F[x]$$

의 분해체가 된다. □

【예제 3】 K를 $x^3 - 2 \in \mathbb{Q}[x]$의 분해체라고 하면

$$K = \mathbb{Q}(\sqrt[3]{2},\ \sqrt[3]{2}w,\ \sqrt[3]{2}w^2),\ w\text{는 } x^3-1\text{의 원시근}$$

이다. 또 갈루아군 $G(K, \mathbb{Q})$는 S_3의 부분군이다. $\mathbb{Q}(\sqrt[3]{2})$는 $\mathbb{Q}$와 K의 중간체이고 $[\mathbb{Q}(\sqrt[3]{2}) : \mathbb{Q}]$는 $\sqrt[3]{2}$의 극소다항식 x^3-2의 차수이므로 3이다. 따라서 $[K : \mathbb{Q}]$는 6 또는 3인데 만일 3이면 $K = \mathbb{Q}(\sqrt[3]{2})$가 되어 $w \in \mathbb{Q}(\sqrt[3]{2})$가 되어 모순이다. 따라서 $[K : \mathbb{Q}] = 6$이고 $G(K, \mathbb{Q}) \cong S_3$으로 생각할 수 있다. S_3의 모든 부분군을 구해보면

위수가 6인 부분군은 S_3 자신,
위수가 3인 부분군은 A_3,
위수가 2인 부분군은 $H_1 = \{(1\ 2), e\}$, $H_2 = \{(1\ 3), e\}$, $H_3 = \{(2\ 3), e\}$
위수가 1인 부분군은 $\{e\}$

모두 6개이다. 이 각각에 대응하는 중간체를 구해보면 우선 $K_{S_3} = \mathbb{Q}$,

$K_e = K$이다. 임의의 $h \in G(K, \mathbb{Q})$에 대해서 $h(\sqrt[3]{2})$는 $\sqrt[3]{2}$, $\sqrt[3]{2}w$, $\sqrt[3]{2}w^2$ 중 한 개이다. 따라서 편의상

$$\sqrt[3]{2} = 1,\ \ \sqrt[3]{2}w = 2,\ \ \sqrt[3]{2}w^2 = 3$$

으로 생각하면 $G(K, \mathbb{Q})$는 $\{1, 2, 3\}$의 치환으로 대응시킬 수 있다. 예를 들어 $(1\ 2)$에 대해서 고정되는 원소는 3뿐이므로 $\sqrt[3]{2}w^2$이다. $(1\ 2)$에 대해서는

$$h(\sqrt[3]{2}) = \sqrt[3]{2}w,\ h(\sqrt[3]{2})w = \sqrt[3]{2},\ h(\sqrt[3]{2}w^2) = \sqrt[3]{2}w^2$$

인 $h \in G(K, \mathbb{Q})$가 대응된다고 생각한다. 따라서

$$K_{H_1} = \mathbb{Q}(\sqrt[3]{2}w^2),\ K_{H_2} = \mathbb{Q}(\sqrt[3]{2}w),\ K_{H_3} = \mathbb{Q}(\sqrt[3]{2})$$

이다. 마지막으로 K_{A_3}를 구해보면 $[K_{A_3} : \mathbb{Q}] = [S_3 : A_3] = 2$이므로 차수가 2인 중간체이어야 한다. $x^3 - 1 = (x-1)(x^2+x+1)$에서 w의 $\mathbb{Q}$상에서의 극소다항식은 $x^2+x+1 \in \mathbb{Q}[x]$이므로 $[\mathbb{Q}(w) : \mathbb{Q}] = 2$이다. 따라서 $K_{A_3} = \mathbb{Q}(w)$이다. 실제로 K의 $\mathbb{Q}$상에서의 기저는

$$1,\ \sqrt[3]{2},\ (\sqrt[3]{2})^2,\ w,\ \sqrt[3]{2}w,\ (\sqrt[3]{2})^2 w$$

이고 이중 $\{(1\ 2\ 3), (2\ 1\ 3), e\}$에 대해서 이동하는 원소는 우선

$$\sqrt[3]{2} \to \sqrt[3]{2}w$$

이므로

$$\begin{aligned}
&(\sqrt[3]{2})^2 \to (\sqrt[3]{2})^2 w^2 = (\sqrt[3]{2})^2(-1-w),\\
&\sqrt[3]{2}w \to \sqrt[3]{2}w^2,\\
&(\sqrt[3]{2})^2 w = \sqrt[3]{2}\ \sqrt[3]{2}w \to (\sqrt[3]{2}w)\sqrt[3]{2}w^2 = (\sqrt[3]{2})^2
\end{aligned}$$

이고

$$w = \frac{\sqrt[3]{2}w}{\sqrt[3]{2}} \to \frac{\sqrt[3]{2}w^2}{\sqrt[3]{2}w} = w$$

이므로 $1, w$는 A_3에 대해서 고정된다. 따라서 $K_{A_3} = \mathbb{Q}(w)$이다. $\mathbb{Q}(w)$는 $x^2+x+1 \in \mathbb{Q}[x]$의 분해체이므로 $\mathbb{Q}$의 정규확대체이다. 당연히 A_3

는 S_3의 정규부분군이다. 그러나 H_1, H_2, H_3는 S_3의 정규부분군이 아니고 따라서

$$\mathbb{Q}(\sqrt[3]{2}w^2),\ \mathbb{Q}(\sqrt[3]{2}w),\ \mathbb{Q}(\sqrt[3]{2})$$

는 분해체가 되지 않는다.

이 예제를 좀 더 자세히 살펴보면 $K=\mathbb{Q}(\sqrt[3]{2}, w)$와 같으므로 $G(K, \mathbb{Q})$의 모든 원소는 $\sqrt[3]{2}$와 w의 함수값으로 정해진다.

임의의 $h \in G(K, \mathbb{Q})$에 대해서 $h(\sqrt[3]{2})$는 x^3-2의 근이 되어야 하므로 $h(\sqrt[3]{2})=\sqrt[3]{2}$, $\sqrt[3]{2}w$, $\sqrt[3]{2}w^2$ 중 1개이다. 마찬가지로 $h(w)$는 x^2+x+1의 근인데 $w^4+w^2+1=w+w^2+1=0$에서 w^2도 $x^2+x+1=0$의 근이다. 따라서 $h(w)=w$, w^2 중 1개이다. 이 각각을 표로 만들어 보면 다음과 같다.

$G(K, \mathbb{Q})$의 원소	θ_1	θ_2	θ_3	θ_4	θ_5	θ_6
w의 값	w	w	w	w^2	w^2	w^2
$\sqrt[3]{2}$의 값	$\sqrt[3]{2}$	$\sqrt[3]{2}w$	$\sqrt[3]{2}w^2$	$\sqrt[3]{2}$	$\sqrt[3]{2}w$	$\sqrt[3]{2}w^2$
$\sqrt[3]{2}w$의 값	$\sqrt[3]{2}w$	$\sqrt[3]{2}w^2$	$\sqrt[3]{2}$	$\sqrt[3]{2}w^2$	$\sqrt[3]{2}$	$\sqrt[3]{2}w$
$\sqrt[3]{2}w^2$의 값	$\sqrt[3]{2}w^2$	$\sqrt[3]{2}$	$\sqrt[3]{2}w$	$\sqrt[3]{2}w$	$\sqrt[3]{2}w^2$	$\sqrt[3]{2}$
치환으로 표시	e	$(1\,2\,3)$	$(1\,3\,2)$	$(2\,3)$	$(1\,2)$	$(1\,3)$

[표 30.1]

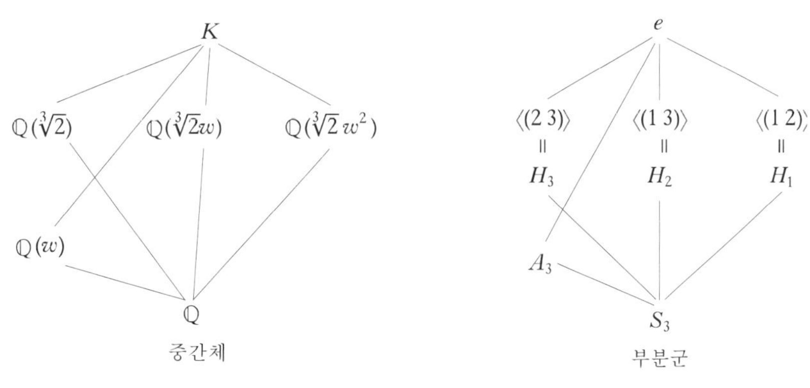

[그림 30.7]

【예제 4】 $K=\mathbb{Q}(\sqrt{3},\ \sqrt{5})$는 $f(x)=(x^2-3)(x^2-5)\in\mathbb{Q}[x]$의 분해체이다. $[\mathbb{Q}(\sqrt{3},\ \sqrt{5}):\mathbb{Q}]=4$이고 임의의 $h\in G(K,\ \mathbb{Q})$에 대해서

$h(\sqrt{3})$은 x^2-3의 근이므로 $\sqrt{3}$, $-\sqrt{3}$ 두 가지
$h(\sqrt{5})$는 x^2-5의 근이므로 $\sqrt{5}$, $-\sqrt{5}$ 두 가지

따라서 $|G(K,\ \mathbb{Q})|=4$이다. $G(K,\ \mathbb{Q})\cong\mathbb{Z}_2\times\mathbb{Z}_2$이므로 표로 만들어 보면 아래와 같다.

$G(K,\ \mathbb{Q})$의 원소	θ_1	θ_2	θ_3	θ_4
$\sqrt{3}$의 값	$\sqrt{3}$	$\sqrt{3}$	$-\sqrt{3}$	$-\sqrt{3}$
$\sqrt{5}$의 값	$\sqrt{5}$	$-\sqrt{5}$	$\sqrt{5}$	$-\sqrt{5}$
$\sqrt{15}$의 값	$\sqrt{15}$	$-\sqrt{15}$	$-\sqrt{15}$	$\sqrt{15}$
치환으로 표시	e	$(1\ 2)$	$(3\ 4)$	$(1\ 2)(3\ 4)$

[표 30.2]

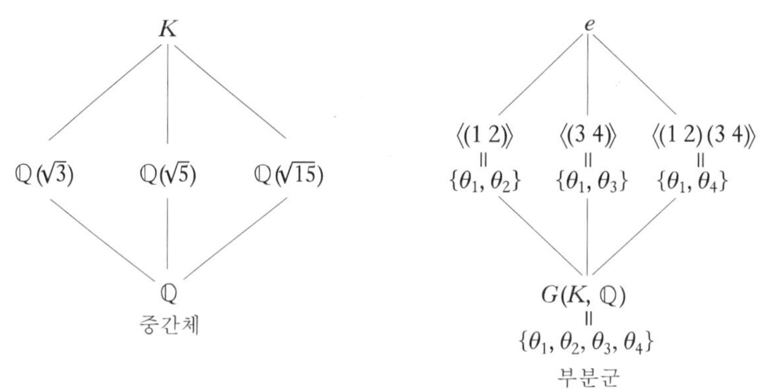

[그림 30.8]

정리 30.9 $f(x)\in F[x]$이고 E를 $f(x)$의 분해체라고 하면
(1) $G(E,\ F)$는 대칭군 S_n의 부분군과 동형이다.
(2) 만일 $f(x)$가 차수 n인 분리가능 다항식이면 n은 $|G(E,\ F)|$의 약수이다.

증명 $\{\alpha_1,\ \alpha_2,\ \cdots,\ \alpha_n\}$을 $f(x)$의 분해체 E에서 $f(x)$의 서로 다른 근이라고 하면 $1\le n\le\deg f(x)$이다.

(1) 정리 29.3

(2) $f(x)$가 분리가능이므로 E는 F의 갈루아확대체이다. 따라서

$$[F(\alpha_1):F]=\deg f(x)=n$$

이 성립한다. 갈루아 정리에 의해서 $G(E, F)$는 $F(\alpha_1)$에 대응하는 부분군을 가지고 따라서 $G(E, F)$는 n의 배수이다. □

위의 정리에 의해서 만일 $f(x)\in F[x]$이고 F의 표수가 0이면 $\deg f(x)$는 $G(E, F)$의 약수가 됨을 알 수 있다.

따름정리 30.10 $f(x)\in F[x]$는 차수 2인 기약다항식이다. E를 $f(x)$의 분해체라고 할 때 $f(x)$가 분리가능이면 $G(E, F)\cong \mathbb{Z}_n$이고 $f(x)$가 분리가능이 아니면 $G(E, F)=\{e\}$이다.

정리 30.11 $f(x)\in \mathbb{Q}[x]$는 차수 p인 기약다항식이다 (단, p는 소수). 만일 $f(x)$가 단 한 쌍의 복소수근을 가지면 $f(x)$의 갈루아군은 S_p와 동형이다.

증명 일단 $f(x)$의 갈루아군 $G=G(K, \mathbb{Q})$는 S_p의 부분군과 동형이다. $f(x)$의 한 근을 α라고 하면 $[\mathbb{Q}(\alpha):\mathbb{Q}]=\deg f(x)=p$이다. 따라서 갈루아 정리에 의해서 $|G|=[K:\mathbb{Q}]=[K:\mathbb{Q}(\alpha)][\mathbb{Q}(\alpha):\mathbb{Q}]$에서 p는 $|G|$의 약수임을 알 수 있다. 코시 정리에 의해서 $\theta\in G$, $|\theta|=p$인 원소가 존재한다. 한편 f의 한 쌍의 복소수근 z, $\bar{z}$에 대해서 $\psi(z)=\bar{z}$ 역시 G의 원소이고 $|\psi|=2$이다. 따라서 $\theta=(a_1\ a_2\ a_3\cdots a_p)$, $\psi=(a\ b)$로 적으면 θ는 적당히 변형해서 $\theta=(a\ c_2\ c_3\cdots c_p)$로 나타낼 수 있고 다시 $b=c_i$, $2\le i\le p$이므로 $\theta^{i-1}=(a\ b\ b_3\cdots b_p)$꼴이다. 결국 표현을 달리 하면 $(1\ 2)$, $(1\ 2\ 3\cdots p)\in G$가 되어 대칭군의 성질에 의해 $G\cong S_p$이다.

【예제 5】 $f(x)=x^5-4x+3\in \mathbb{Q}[x]$는 3개의 실근과 두 개의 복소수근을 가진다. 또 Eisenstein 정리에 의해서 $f(x)$는 기약이다. 따라서 $f(x)$의 갈루아군은 S_5와 동형이다.

임의의 유한군 G에 대해서 $G=G(K, \mathbb{Q})$가 되는 $\mathbb{Q}$의 확대체 K가 존재하는지는 아직까지 모른다. 그러나 만일 $G=S_n$이면 이 때는 위의

정리와 같이 차수가 n인 다항식 $f_i(x) \in \mathbb{Z}_p[x]$ $(p=2, 3, 5)$을 이용하여 S_n과 동형인 $f(x)$의 갈루아군을 구할 수 있다. 자세한 내용은 [20] p. 278을 참조하기 바란다.

폰타나(N. Fontana, 1499~1557)

보통 타르탈리아(Tartaglia)라고 불렸다. 이는 이탈리아어로 말더듬이라는 뜻인데, 그가 어렸을 때 마을에 있었던 전쟁 중에 턱과 입을 다쳐서 그 후로 말더듬이가 되었기 때문이다. 육체적 결함 때문인지 평생을 가난하게 살았다. 삼차 방정식에 관한 페로의 발견 후 약 20년이 지나, 타르탈리아는 3차 방정식의 특별한 형태인 $x^3+ax^2+b=0$의 해법을 알아냈다고 주장했다.

페로는 타르탈리아의 주장을 믿지도 못했으며, 자신들이 그토록 어렵게 풀어낸 문제를 이름도 없는 타르탈리아가 풀어냈다는 말에 몹시 불쾌해했다. 이에 페로의 제자인 피오르와 타르탈리아 사이에 공개 문제 풀이 시합이 열렸다. 당시는 수학 잡지가 있지도 않았지만, 오히려 수학 시합이 많았던 시절이었다. 이러한 수학 시합은 일종의 도박처럼 막대한 현상금이 걸리곤 했는데, 상대편에서 제시한 문제를 먼저 푸는 쪽이 이기는 것이다. 명예와 돈을 동시에 얻을 수 있는 좋은 기회였다. 그들은 각기 30문제씩 출제하여 상대방에게 보낸 후, 먼저 푸는 쪽이 승리하는 것으로 하였다. 시합에서 승리하면 명성도 얻고, 그 시합에 걸린 상금도 받도록 되어있었다. 타르탈리아에게는 일종의 사회 기득권으로 들어갈 수 있는 절호의 기회였고, 시합이 열리기 불과 며칠 전에 페로 방정식 형태인 $x^3+ax+b=0$의 해법을 찾아내는 쾌거를 올렸다. 시합에서 타르탈리아가 당연히 완승을 거두었고, 일약 스타 대열에 끼면서 돈과 명예를 얻었다. 그는 자신의 해법을 완전히 비밀에 부친 채 책을 저술하여 그 안에 수록하고자 했다.

피오르와 타르탈리아 사이에 있었던 공개시합에 관한 소식을 전해들은 카르다노는 타르탈리아에게 접근하여 삼차 방정식 해법을 알려주기를 거듭 요청하였다. 그러나 거절당하자 거짓 편지와 권력을 동원하여 타르탈리아를 속여서 그의 해법을 알아내고 말았다.

얼마 후, 카르다노는 타르탈리아의 방법을 바탕으로 일반적인 삼차 방정식의 해법을 알아냈고, 재빨리 책으로 출판하였다. 여러 가지 우여곡절이 있었지만, 1545년에 출판된 "아르스 마그나(Ars Magna)"는 최고의 저서로 명성을 얻게 되었다. 그 책은 삼차 방정식의 기법을 확장하여 사차 방정식의 해법까지 포함하고 있다. 한편, 타르탈리아는 카르다노에게 속아서 자신의 연구 결과를 가르쳐 준 이후 업적을 빼앗기게 되고 소송도 벌이지만 결국 화병으로 죽고 말았다.

연습문제(30)

1. $\mathbb{Q}$ 상에서의 $\mathbb{Q}(i, \sqrt{2})$의 차원을 구하라.

2. $G(\mathbb{Q}(i, \sqrt{2}), \mathbb{Q})$의 원소를 적어라.

3. $F \subset E \subset K$이다. $|G(K, E)| \times |G(E, F)| = |G(K, F)|$이냐?

4. $\mathbb{Q}(\sqrt[3]{2}, i\sqrt{3})$은 $x^3 - 2 \in \mathbb{Q}[x]$의 분해체임을 보여라.

5. $x^2 + 3 \in \mathbb{Q}(\sqrt[3]{2})$는 기약임을 보여라.

6. (1) $[\mathbb{Q}(\sqrt[3]{2}, i\sqrt{3}) : \mathbb{Q}(\sqrt[3]{2})] = 2$임을 보여라.
   (2) $[\mathbb{Q}(\sqrt[3]{2}, i\sqrt{3}) : \mathbb{Q}] = 6$임을 보여라.
   (3) $G(\mathbb{Q}(\sqrt[3]{2}, i\sqrt{3}), \mathbb{Q}) \cong S_3$임을 보여라.

7. (1) $\mathbb{Q}(\sqrt[4]{2}, i)$는 $x^4 - 2 \in \mathbb{Q}[x]$의 분해체임을 보여라.
   (2) $i \notin \mathbb{Q}(\sqrt[4]{2})$임을 보여라.
   (3) $[\mathbb{Q}(\sqrt[4]{2}, i) : \mathbb{Q}] = 8$임을 보여라.
   (4) $\mathbb{Q}(\sqrt[4]{2}, i)$의 $\mathbb{Q}$ 상에서의 기저를 구하라.

8. (1) K를 $x^7 - 1$의 분해체라 하면 $[K : \mathbb{Q}] = 6$임을 증명하라.
   (2) $G(K, \mathbb{Q})$는 순환군임을 보여라.

9. L을 $x^6 - 1 \in \mathbb{Q}[x]$의 분해체라고 하면 $[L : \mathbb{Q}] = 2$임을 증명하라.

10. E를 $x^6 - 2 \in \mathbb{Q}[x]$의 분해체라고 하면 $G(E, \mathbb{Q})$의 원소는 몇 개인가?

11. $a(x) = x^5 - 4x^4 + 2x + 2 \in \mathbb{Q}[x]$의 근을 $r_1, r_2, \cdots, r_5$라고 하자.
    (1) $a(x)$는 $\mathbb{Q}[x]$에서 기약임을 보여라.

(2) $a(x)$는 2개의 허근과 3개의 실근을 가짐을 보여라. (graph 이용)

(3) r_1을 $a(x)$의 실근이라고 하면 $[\mathbb{Q}(r_1) : \mathbb{Q}]=5$임을 보여라.

12. (1) $h \in G(\mathbb{R}, \mathbb{Q})$이면 h는 증가함수임을 보여라.

(2) $|G(\mathbb{R}, \mathbb{Q})|=1$임을 보여라.

13. (1) $\mathbb{C}$는 R상에서 갈루아임을 보여라.

(2) $0 \le u \in \mathbb{Q}$이면 $\mathbb{Q}(\sqrt{u})$는 $\mathbb{Q}$상에서 갈루아임을 보여라.

14. E는 F의 정규분리가능한 확대체이다. $G(E, F)$가 순환군이고 $d|G(E, F)$면 $[K : F]=d$인 E와 F의 중간체 K가 단 한 개 존재함을 보여라.

15. $\alpha_1, \cdots, \alpha_n \in E$가 F상에서 분리가능이면 $F(\alpha_1, \cdots, \alpha_n)$은 F의 분리가능한 확대체임을 보여라.

16. E는 F의 확대체이다. $K=\{a \in E | a$는 F상에서 분리가능$\}$이라고 하면 K는 F와 E의 부분체임을 보여라.

17. $F \subset E \subset K$이다. K가 F의 분리가능한 확대체일 필요충분조건은 E가 F의 분리가능한 확대체, K는 E의 분리가능한 확대체임을 보여라.

31 방정식의 풀이
(Solving Equations)

과거 고전대수는 방정식의 해법과 이와 관련된 여러 성질들을 조사하면서 발전하여 왔다. 2차 방정식은 수천년 전부터 그 풀이법이 알려져 왔다. 우리는 모든 이차방정식 $ax^2+bx+c=0$, $(a\neq 0)$은 공식

$$\frac{-b\pm\sqrt{b^2-4ac}}{2a}$$

에 의해서 그 근을 구할 수 있다. 마찬가지로 해서 3차식, 4차식의 근의 공식도 차례로 찾아낼 수 있었다. 그러나 갖은 노력에도 불구하고 5차식의 근의 공식은 발견할 수가 없었다. 그러다가 결국 젊은 수학자 아벨에 의해서 근을 구하는 일반적인 공식이 없다는 것이 밝혀졌다. 갈루아는 차수가 4차 이하인 다항식은 분해체에 대응하는 갈루아군의 성질을 이용하여 그 해를 구할 수 있음을 밝혔다. 그러나 5차 이상인 다항식의 갈루아군은 그렇지 못하다. 예를 들어 간단한 3차식

$$x^3+ax+b=0$$

의 해는 페로가 찾아낸 다음과 같은 공식

$$\sqrt[3]{\frac{-b}{2}+\sqrt{D}}+\sqrt[3]{-\frac{b}{2}-\sqrt{D}}\,,\ D=\frac{a^3}{27}+\frac{b^2}{4}$$

으로 주어진다. 그후 폰타나(1499-1557)와 카르다노(1501-1576)에 의해서 일반적인 3차방정식의 근의 공식이 발견되었다. 이와 같이 다항식의 근을 그 다항식의 계수들의 사칙과 거듭제곱근으로 표시하는 것을 거듭제곱근 표시법 또는 거듭제곱근 공식(radical formulas)이라고 부르고 다항식 $f(x)$의 근을 거듭제곱근 공식으로 표시할 수 있을 때 $f(x)$는 거듭제곱근으로 풀이 가능(solvable by radical)이라 부른다. 여기서 근은 오직 주어진 방정식의 계수에 의해서 결정된다. 이러한 공식은 계수들의 사칙인 덧셈, 뺄셈, 곱셈, 나눗셈과 거듭제곱을 반복하여 얻어진다. $f(x) \in F[x]$이고 F는 체일 때 계수들의 사칙만으로는 F를 벗어날 수는 없다. F의 원소 a는 거듭제곱근 $\sqrt[n]{a}$에 의해서만 비로소 F를 벗어나서 보다 큰 확대체로 이동한다. 위의 3차식에서 만일 계수 a, b가 유리수라고 하면 $D_1 = \dfrac{a^3}{27} + \dfrac{b^2}{b}$도 역시 유리수 $\mathbb{Q}$의 원소이다. 그러나 $\sqrt{D_1} \notin \mathbb{Q}$이므로 $\mathbb{Q}$를 확대하여 보다 큰 확대체 $\mathbb{Q}(\sqrt{D_1})$를 생각할 수 있고 거듭제곱근 $\sqrt{D_1}$는 $\sqrt{D_1} \in \mathbb{Q}(\sqrt{D_1})$가 된다. 다시 $D_2 = \dfrac{-b}{2} \pm \sqrt{D_1}$는 $\mathbb{Q}(\sqrt{D_1})$의 원소이다. 그러나 $\sqrt[3]{\dfrac{-b}{2} + \sqrt{D_1}}$는 $\mathbb{Q}(\sqrt{D_1})$의 원소가 아니므로 즉, $D_2 \in \mathbb{Q}(\sqrt{D_1})$, $\sqrt[3]{D_2} \notin \mathbb{Q}(\sqrt{D_1})$이므로 다시 이 체를 확대하여 체 $\mathbb{Q}(\sqrt{D_1}, \sqrt[3]{D_2})$를 만들면

$$\sqrt[3]{D_2} \in \mathbb{Q}(\sqrt{D_1}, \sqrt[3]{D_2})$$

가 된다. 이와 같이 체를 계속 확대해 나가면 결국 $x^3 + ax + b = 0$의 분해체에 도달할 수 있다. 따라서 다항식 $f(x) \in F[x]$의 근이 거듭제곱근 공식으로 표시할 수 있으면 이 다항식의 계수들이 속한 체 F에서부터 시작해서 차례로 다양한 n-거듭제곱을 반복하여 $f(x)$의 분해체를 포함하는 체로 F를 확대할 수 있다. 이것을 좀 더 수학적으로 표시하면 다음과 같이 쓸 수 있다.

정의 31.1 K는 F의 확대체이다. K가 F의 거듭제곱근 확대체(radical extension field)란 말은

$$F = F_0 \subset F_1 \subset F_2 \subset \cdots \subset F_t = K$$

$$F_i = F_{i-1}(c_i),\ c_i^{n_i} \in F_{i-1}\ \ (i = 1, 2, \cdots, t)$$

와 같이 F를 차례로 확대하여 K에 도달할 수 있을 때를 말한다.

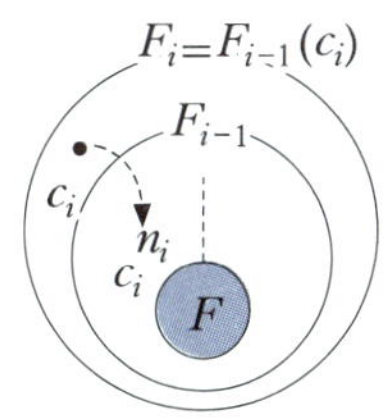

[그림 31.1]

다시 말하면 K가 F의 거듭제곱근 확대체가 될 필요충분조건은 F에서 반복하여 다양한 n-제곱근 $c_i = \sqrt[n]{\alpha_i}$ 을 첨가(adjoin)하여

$$K = F(c_1, c_2, \cdots, c_t),\ c_i^{n_i} \in F(c_1, \cdots, c_{i-1})$$

꼴이 된다는 말이다. $\alpha_i = c_i^{n_i} \in F_{i-1}$이면 $f_i(x) = x^{n_i} - c_i^{n_i} \in F_{i-1}[x]$는 c_i를 근으로 가진다. 따라서

$$[F_i : F_{i-1}] = [F_{i-1}(c_i) : F_{i-1}] \le \deg f_i(x) = n_i$$

이므로 유한이다. 따라서 정의에서 F의 거듭제곱근 확대체는 F의 유한 확대체가 됨은 당연하다. 거듭제곱근 확대체는 때로는 근기(radical)에 의한 확대체라고도 부른다.

【예제 1】 $x^3 + 3x + 2 = 0$의 근은 다음과 같다.

$$\alpha_1 = \sqrt[3]{-1+\sqrt{2}} + \sqrt[3]{-1-\sqrt{2}}$$

$$\alpha_2 = w\sqrt[3]{-1+\sqrt{2}} + w^2\sqrt[3]{-1-\sqrt{2}}$$

$$\alpha_3 = w^2\sqrt[3]{-1+\sqrt{2}} + w\sqrt[3]{-1-\sqrt{2}},\quad \text{단, } w = \frac{-1+\sqrt{3}\,i}{2}$$

여기서 $\mathbb{Q}$에서 출발해서 이 근을 포함하는 체를 만들어 보면

$$F_1 = \mathbb{Q}(w),\ w^3 = 1 \in \mathbb{Q}$$
$$F_2 = F_1(\sqrt{2}),\ (\sqrt{2})^2 = 2 \in F_1$$
$$F_3 = F_2\left(\sqrt[3]{-1+\sqrt{2}}\right),\ \left(\sqrt[3]{-1+\sqrt{2}}\right)^3 = -1+\sqrt{2} \in F_2$$
$$F_4 = F_3\left(\sqrt[3]{-1-\sqrt{2}}\right),\ \left(\sqrt[3]{-1-\sqrt{2}}\right)^3 = -1-\sqrt{2} \in F_3$$

이고 차례로 적어보면

$$F_0 = \mathbb{Q} \subset \mathbb{Q}(w) \subset \mathbb{Q}(w,\ \sqrt{2}) \subset \mathbb{Q}\left(w,\ \sqrt{2},\ \sqrt[3]{-1+\sqrt{2}}\right)$$
$$\subset \mathbb{Q}\left(w,\ \sqrt{2},\ \sqrt[3]{-1+\sqrt{2}},\ \sqrt[3]{-1-\sqrt{2}}\right) = F_4$$

이고 따라서 F_4는 $\mathbb{Q}$의 거듭제곱근 확대체이다. 또 F_4는 $x^3+3x+2=0$의 해 $\alpha_1, \alpha_2, \alpha_3$를 모두 포함하고 있으므로 F_4는 x^3+3x+2의 분해체를 포함한다. 물론 $x^3+3x+2=0$의 분해체를 포함하는 거듭제곱근 확대체는 F_4 이외에도 많이 있다.

정의 31.2 $f(x) \in F[x]$이다. $f(x)$의 모든 근을 포함하는 F의 거듭제곱근 확대체가 존재할 때 방정식 $f(x)=0$는 **거듭제곱근으로 풀이가능**(solvable by radical) 또는 근기에 의해 풀 수 있다라고 부른다.

【예제 2】 $f(x)=x^2+x+1$의 근은 $\dfrac{-1\pm\sqrt{-3}}{2}$이고 $\mathbb{Q}(\sqrt{-3})$는 $f(x)$의 모든 근을 포함하므로 $f(x)$는 거듭제곱근으로 풀이 가능이다.

결국 $f(x)=0$이 거듭제곱근으로 풀이 가능일 필요충분조건은 $f(x)$의 분해체를 포함하는 거듭제곱근 확대체가 있으면 된다. 다항식 $f(x) \in F[x]$가 거듭제곱근으로 풀이가능일 경우 $f(x)$의 분해체를 포함하는 거듭제곱근 확대체는 여러 가지가 있을 수 있다. 예를 들면 $f(x)=x^4-10x^2+1$의 분해체는 $\mathbb{Q}(\sqrt{2},\ \sqrt{3})$이다. 따라서

$$\mathbb{Q} \subset \mathbb{Q}(\sqrt{2}) \subset \mathbb{Q}(\sqrt{2},\ \sqrt{3})$$

$$\mathbb{Q} \subset \mathbb{Q}(\sqrt{3}) \subset \mathbb{Q}(\sqrt{3}, \sqrt{5}) \subset \mathbb{Q}(\sqrt{3}, \sqrt{5}, \sqrt{2})$$

등은 모두 $\mathbb{Q}$의 거듭제곱근 확대체이고 $f(x)$의 분해체를 포함한다. 만일 다항식 $f(x) \in F[x]$가 풀이공식이 있으면 방정식 $f(x)=0$는 거듭제곱근으로 풀이가 가능하다. 이 사실을 거꾸로 이야기하면 $f(x)=0$가 거듭제곱근으로 풀이할 수 없으면 $f(x)=0$의 해를 구하는 공식이 없다는 말이 된다. 그러면 여기에서 갈루아의 결정적인 공식을 알아보자.

"$f(x) \in F[x]$이고 K를 $f(x)$의 분해체라고 하자. 그러면 $f(x)=0$가 거듭제곱근으로 풀이가 가능할 필요충분조건은 $f(x)$의 갈루아군 $G(K, F)$가 가해군일 때이다."

앞에서 배운 군으로 잠시 돌아가서 군 G가 **가해군**(solvable group)이라는 말은

$$G = G_0 \supset G_1 \supset G_2 \supset \cdots \supset G_{n-1} \supset G_n = \{e\}$$

인 유한개의 군의 사슬 G_i가 존재해서 각 G_i는 G_{i-1}의 정규부분군이고 G_{i-1}/G_i는 아벨군일 때를 말한다. (여기서 포함관계가 점차 작아지도록 표시한 것은 체의 확대체와 이 확대체의 갈루아군은 서로 반대로 되기 때문에 비교하기 쉽게 하기 위해서 이렇게 적은 것이다.)

【예제 3】 G가 아벨군이면 $G_0 = G$, $G_n = \{e\}$ 이므로 G는 가해군이 된다.

【예제 4】 $G = S_3$이면 $S_3 \supset A_3 \supset \{e\}$ 으로 표시하면 S_3는 가해군의 조건을 만족한다.

갈루아의 풀이공식을 좀더 효과적으로 증명하기 위해서 다음을 정의하자.

정의 31.3 다항식 $f(x) = x^n - 1 \in F[x]$에서 F의 확대체 K의 원소 α가 $f(x)=0$의 근일 때 α를 1의 n-제곱근(n-th roots of unity)이라고 부른다.

F가 표수가 0이면 정리 28.13에 의해서 x^n-1은 분리가능이므로 $x^n-1=0$은 정확하게 n개의 서로 다른 근을 가진다. 또

$$H=\{\alpha\in K \mid \alpha\text{는 } x^n-1\text{의 근}\}$$

이라고 하면 H는 곱셈연산아래서 닫혀 있음을 쉽게 알 수 있다. 따라서 H는 군 $(K^*, \cdot)$의 유한부분집합이고 닫혀있으므로 H는 $(K^*, \cdot)$의 부분군이고 따라서 H는 위수 n인 순환군이다(유한체 참조). 특히 이 순환군 H의 생성원을 1의 **원시 n-제곱근**(primitive n-th root of unity)이라고 부른다. 또 $\alpha\in K^*$의 위수가 n의 약수이면 α는 1의 n-제곱근이고, α가 1의 원시 n-제곱근이 될 필요충분조건은 α의 위수가 n임을 알 수 있다. 따라서 w가 1의 원시 n-제곱근이면 $w^n=1$이고 $0<m<n$이면 $w^m\neq 1$이다. 즉, w가 원시 n-제곱근이란 $w^n=1$이 되고 n이 이러한 성질을 만족시키는 최소의 정수라는 뜻이다. 따라서 w가 1의 원시 n-제곱근이 될 필요충분조건은 $H=\langle w\rangle=\{1, w, w^2, \cdots, w^{n-1}\}$이므로 결국 $x^n-1\in F[x]$의 모든 근이 $1, w, w^2, \cdots, w^{n-1}$이면 w가 1의 원시 n-제곱근이 된다. 또 위수 n인 순환군의 생성원소의 개수는 $\varphi(n)$이므로 1의 원시 n-제곱근은 모두 $\varphi(n)$개 만큼 있음도 쉽게 알 수 있다. (여기서 $\varphi(n)$은 Euler 함수이다)

【예제 5】 $f(x)=x^4-1\in\mathbb{Q}[x]$의 근은 복소수 $\mathbb{C}$에서 $1, -1, i, -i$이다.

$$\langle i\rangle=\{i, -1, -i, 1\}$$

이므로 i가 1의 원시 4-제곱근이 된다. 마찬가지로 $-i$도 1의 원시 4-제곱근이다.

드 모아브르(DeMoivre)의 정리에 의해서, 임의의 자연수 n에 대해서

$$w=\cos\frac{2\pi}{n}+i\sin\frac{2\pi}{n}$$

는 $\mathbb{C}$에서 1의 원시 n-제곱근이 됨을 알 수 있다. 예를 들어 $n=3$이면

$$w=\cos\frac{2\pi}{3}+i\sin\frac{2\pi}{3}=\frac{-1+\sqrt{3}i}{2}$$

는 원시 3-제근이다.

이후로 나오는 체 F는 표수가 0인 것으로 가정한다. 따라서 앞으로 F는 $\mathbb{Q}$로 생각하면 된다.

정리 31.1 K는 F의 확대체이다. $w \in K$가 $f(x) = x^n - 1 \in F[x]$의 원시 n-제곱근이면 $F(w)$는 $f(x)$의 분해체이고 $G(F(w), F)$는 아벨군이다.

증명 w가 $f(x)$의 원시 n-제곱근이므로 $f(x)$의 모든 근은 $\{1, w, w^2, \cdots, w^{n-1}\}$이고 따라서 $f(x)$의 분해체는

$$F(1, w, w^2, \cdots, w^{n-1}) = F(w)$$

이다. 임의의 $h, g \in G(F(w), F)$에 대해서 $h(w)$, $g(w)$는 모두 $f(x)$의 근이다. 따라서

$$h(w) = w^i,\ g(w) = w^j,\ 1 \le i, j \le n-1$$

로 둘 수 있다.

$$(h \cdot g)(w) = h(g(w)) = h(w^j) = w^{ij} = w^{ji} = (g \cdot h)(w)$$

이다. 그런데 h, g는 w의 함수값 만으로 정해지므로 $G(F(w), F)$는 아벨군이다. □

물론 $w^n = 1 \in F$이므로 $F(w)$는 F의 거듭제곱근 확대체이다. 다음정리는 위의 정리 31.1을 보다 더 넓은 범위까지 확대할 수 있음을 보여준다.

정리 31.2 $f(x) = x^n - 1 \in F[x]$, w는 1의 원시 n-제곱근이다. 만일 $w \in F$면 다항식 $p(x) = x^n - a \in F[x]$의 임의의 근 β에 대하여 $F(\beta)$는 $p(x)$의 분해체이고 F의 거듭제곱근 확대체이다. 또 $G(F(\beta), F)$는 아벨군이다.

증 명 (1) $w \in F$이므로 $f(x)$의 모든 근은 F에 포함된다. 즉 F가 $f(x)$의 분해체이다. 한편 임의의 βw^i $(1 \le i \le n)$에 대해서

$$(\beta w^i)^n = \beta^n (w^i)^n = \beta^n = a$$

이므로 βw^i는 $p(x)$의 근이 된다. 따라서 $p(x)$의 모든 근은 $\beta, \beta w, \beta w^2, \cdots, \beta w^{n-1}$이 됨을 알 수 있다.

$$\{\beta, \beta w, \cdots, \beta w^{n-1}\} \subset F(\beta)$$

이므로 $F(\beta)$는 $p(x)$의 분해체가 된다. 또 $\beta^n = a \in F$이므로 $F(\beta)$는 F의 거듭제곱근 확대체이다.

(2) 임의의 $h, g \in G(F(\beta), F)$에 대해서

$$(h(\beta))^n = h(\beta^n) = h(a) = a$$

이므로 $h(\beta)$는 $p(x)$의 근이다. 따라서 $h(\beta) = \beta w^i$, $g(\beta) = \beta w^j$라 두면

$$(g \circ h)(\beta) = g(h(\beta)) = g(\beta w^i) = g(\beta) w^i = \beta w^{j+i}$$

마찬가지로

$$(h \circ g)(\beta) = h(\beta w^j) = h(\beta) w^j = \beta w^{i+j}$$

이고 $F(\beta)$의 모든 원소는 $a_0 + a_1\beta + \cdots + a_t\beta^t$, $a_i \in F$꼴이므로 결국

$$g \circ h = h \circ g$$

가 되어 $G(F(\beta), F)$는 아벨군이다. □

위의 사실로부터 우리는 다음에 나오는 정리 31.9 갈루아정리의 특수한 경우를 증명할 수 있다. 즉 F가 $f(x) = x^n - 1 \in F[x]$의 원시 n-제곱근을 포함하면, $p(x) = x^n - a \in F[x]$의 임의의 근 β에 대해서 $F(\beta)$는 $p(x)$의 분해체이므로 $G(F(\beta), F)$는 다항식 $x^n - a$의 갈루아군이다. 따라서 갈루아정리의 특수한 경우로써 $G(F(\beta), F)$가 가해군이므로 $x^n - a = 0$는 거듭제곱으로 풀이 가능이고 그 역도 성립한다.

정리 31.3 $F \subset F(c)$, $c^n \in F$이다. $x^n - 1 \in F[x]$의 원시 n-제곱근을 w라 하면

$F \subset F(w) \subset F(w, c)$에서 $G(F(w), F)$, $G(F(w, c), F(w))$는 모두 아벨군이다. 또 $F(w)$는 $x^n - 1 \in F[x]$의 분해체, $F(w, c)$는 $x^n - c^n \in F(w)[x]$의 분해체이다.

증명 위의 정리 31.1에서 $G(F(w), F)$는 아벨군이다. 또 $x^n - 1 \in F(w)[x]$이고 c는 $p(x) = x^n - c^n \in F(w)[x]$의 근이므로 정리 31.2에서 $G(F(w)(c), F(w))$는 아벨군이다. □

따름정리 31.4 $f(x) = x^n - a \in F[x]$, K가 $f(x)$의 분해체이면 $G(K, F)$는 가해군이다.

증명 $x^n - 1 \in F[x]$의 원시 n-제곱근을 w라고 하고 $f(x)$의 한 근을 β라 하면 $f(x)$의 분해체는 $K = F(w, \beta)$가 됨을 쉽게 알 수 있다. $F \subset F(w) \subset F(w, \beta)$이고 $F(w)$는 $x^n - 1 \in F[x]$의 분해체이다. 또

$$\{e\} \subset G(F(w, \beta), F(w)) \subset G(F(w, \beta), F)$$

에서 $F(w)$는 F의 정규확대체이므로 갈루아정리 30.5(2)에서

$$G(K, F)/G(K, F(w)) \cong G(F(w), F)$$

이고 정리 31.3에서 $G(F(w), F)$는 아벨군이고 $G(F(w, \beta), F(w))$도 아벨군이다. 따라서 가해군의 조건을 만족시킨다. □

F의 거듭제곱근 확대체

$$F = F_0 \subset F_1 \subset F_2 \subset F_3 \subset \cdots \subset F_t$$
$$F_i = F_{i-1}(c_i), \; c_i^{n_i} \in F_{i-1} \; (i = 1, 2, \cdots, t)$$

에서 위 정리 31.3과 같은 방식으로 F_i에 $x^{n_i} - 1 \in F_{i-1}[x]$의 원시 n-제곱근 w_i를 차례대로 붙여주어 $E_i = F_i(w_i, c_i)$를 만들면 우리는 $G(E_i, E_{i-1})$는 모두 아벨군이 되는 새로운 F의 거듭제곱근 확대체 $F = E_0 \subset E_1 \subset \cdots \subset E_t$를 만들 수 있다. 또 E_i는 E_{i-1}의 정규확대체이다. 따라서 다음 정리를 얻을 수 있다.

정리 31.5 $f(x) \in F[x]$이다. 방정식 $f(x)=0$이 거듭제곱근으로 풀이가능이면 $f(x)$의 분해체를 포함하고 $G(E_i, E_{i-1})$가 아벨군이고 E_i는 E_{i-1}의 정규확대체인 F의 거듭제곱근 확대체

$$F=E_0 \subset E_1 \subset \cdots \subset E_t$$

가 존재한다.

$f(x) \in F[x]$가 거듭제곱근으로 풀이 가능하려면 $f(x)$의 분해체를 포함하는 F의 거듭제곱근 확대체가 있기만 하면 된다. 즉 $f(x)$의 분해체를 포함하는 아무(any) 거듭제곱근 확대체라도 된다.

우리는 자와 컴파스를 이용한 작도에서 모든 유리수는 작도가능하므로 아예 처음부터 유리수 $\mathbb{Q}$에서부터 작도를 시작한 것과 마찬가지로 체 F에서 F의 거듭제곱근 확대체를 만들 때 처음부터 정리 31.5를 적용해서 체 F에서 시작해서 차례로 $G(F(c_1 \cdots c_i), F(c_1 \cdots c_{i-1}))$가 아벨군인 거듭제곱근 확대체

$$F \subset F(c_1) \subset F(c_1, c_2) \subset \cdots \subset F(c_1, c_2, \cdots, c_n)$$

로 생각해도 된다.

$f(x) \in F[x]$일 때 방정식 $f(x)=0$이 거듭제곱근으로 풀이가능하면 정의에서 $f(x)$의 분해체 K를 포함하는 $G(E_i, E_{i-1})$이 아벨군인 F의 거듭제곱근 확대체 $F=E_0 \subset E_1 \subset \cdots \subset E_t$가 존재한다. K는 당연히 F의 정규확대체이지만 그러나 K가 F의 거듭제곱근 확대체라고 말할 수는 없다. 단지 거듭제곱근 확대체에 포함될 뿐이다. 즉 E_t는 F의 거듭제곱근 확대체, $F \subset K \subset E_t$라고 해서 K가 F의 거듭제곱근 확대체가 되는 것은 아니다. 물론 $E_i \subset K$가 되지도 않으므로 $G(K, E_i)$도 쓸 수 없다.

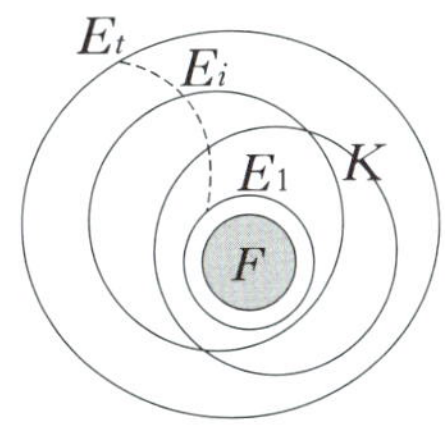

[그림 31.2]

$f(x) \in F[x]$가 F상에서 거듭제곱근으로 풀이 가능이면 $f(x)$의 분해체 K를 포함하는

$$F \subset E_1 \subset \cdots \subset E_t,\ G(E_i, E_{i-1})\text{는 아벨군, } E_i\text{는 } E_{i-1}\text{의 정규확대체}$$

인 F의 거듭제곱근 확대체 E_t가 존재했는데 이것만으로는 $G(K, F)$가 가해군이 되지 못한다. 반드시 K를 포함하는 F의 정규확대체인 거듭제곱근 확대체가 있어야 한다. 그래서 다음 정리가 필요하다.

우선 단순확대체에서 증명해보자

정리 31.6 $F \subset F(\alpha)$, $\alpha^n \in F$면 $F \subset F(\alpha) \subset M$인 F의 정규확대체이며 동시에 거듭제곱근 확대체인 M가 존재한다.

증명 α의 F상에서의 기약다항식을 $p(x) \in F[x]$라 하고 $p(x)$의 모든 근을 $\alpha = \alpha_1, \alpha_2, \cdots, \alpha_m$라고 하자. M을 $p(x)$의 분해체라고 하면 $M = F(\alpha_1, \alpha_2, \cdots, \alpha_m)$이다.

임의의 α_i에 대해서 α와 α_i는 기약다항식 $p(x)$의 근이므로

$$h : F(\alpha) \to F(\alpha_i),\ h(\alpha) = \alpha_i,\ h|_F = 1_F$$

인 동형사상이 존재한다. $h(\alpha^n) = (h(\alpha))^n = (\alpha_i)^n$에서 $\alpha^n \in F$이므로 $h(\alpha^n) = \alpha^n$이다. 따라서 $\alpha_i^n = \alpha^n \in F$가 성립한다. 따라서 M은 F의 거듭제곱근 확대체이다. M은 $p(x)$의 분해체이므로 당연히 F의 정규확대체이다. □

앞으로 F의 확대체 M가 F의 정규확대체이고 동시에 F의 거듭제곱근 확대체일 때 간단히 M은 F의 정규거듭제급 확대체로 부른다.

정리 31.7 E를 F의 거듭제곱근 확대체라고 하면 $F \subset E \subset M$인 F의 정규거듭제곱근 확대체 M가 존재한다.

증명 수학적귀납법으로 증명한다. 우선 단순거듭제곱근 확대체 $F \subset F(\alpha_1)$에서는 정리 31.6에 의해서 $F \subset F(\alpha_1) \subset M$인 F의 정규 거듭제곱근 확대체가 존재한다. $i \leq t-1$인 경우 정리가 성립한다고 가정하고

$$F = F_0 \subset F(\alpha_1) \subset F(\alpha_1, \alpha_2) \subset \cdots \subset F(\alpha_1, \alpha_2, \cdots, \alpha_t),\ \alpha_i^{n_i} \in F(\alpha_1, \cdots, \alpha_{i-1})$$

라고 하자. 가정에 의해서

$$F \subset F(\alpha_1) \subset F(\alpha_1, \alpha_2) \subset \cdots \subset F(\alpha_1, \alpha_2, \cdots, \alpha_{t-1}) \subset M$$

M은 F의 정규거듭제곱근 확대인 체 M가 존재할 것이다.

$$\alpha_t^n \in F(\alpha_1, \alpha_2, \cdots, \alpha_{t-1})$$

이므로 α_t^n는 F상에서 대수적이다. $\alpha_t^n = \beta$의 F상에서의 극소다항식을 $p(x) \in F[x]$라고 하고 $p(x)$의 모든 근을 $\beta = \beta_1, \beta_2, \cdots, \beta_m$이라고 하면 $\beta \in M$이고 M은 F의 정규확대체이므로 모든 $1 \leq i \leq m$에 대해서 $\beta_i \in M$이다. 임의의 $h \in G(M, F)$에 대해서 다항식

$$a(x) = (x^n - \beta_1)(x^n - \beta_2) \cdots (x^n - \beta_m) \in M[x]$$

의 함수값 $h(a(x)) = (x^n - h(\beta_1))(x^n - h(\beta_2)) \cdots (x^n - h(\beta_m))$의 계수는 고정된다. 그 이유는 임의의 $\beta_i, i \leq i \leq n$에 대해서 $h(\beta_i)$도 역시 $p(x)$의 근이므로 결국 $h(\beta_i) = \beta_j$꼴이다. 따라서

$$\{h(\beta_1), h(\beta_2), \cdots, h(\beta_m)\} = \{\beta_1, \beta_2, \cdots, \beta_m\}$$

이 되고 따라서 $h(a(x)) = a(x)$이다. 이 말은 즉 $a(x) \in F[x]$란 뜻이다.

M은 F의 정규확대체이므로 $M = F(c_1, \cdots, c_s)$, $c_1, \cdots, c_s$는 $f(x) \in F[x]$의 근이라고 하고 $b(x) = f(x)a(x) \in F[x]$의 F상에서의 분해체를 N이라고 하면 $a(\alpha_t) = 0$이므로

$$N = F(c_1, \cdots, c_s, \alpha_t, u_1, \cdots, u_m)$$

꼴로 적을 수 있다. (단 $\alpha_t = u_0, u_1, \cdots, u_m$은 $a(x)$의 근)

$a(x)$의 임의의 근 u에 대해서 $u^n = \beta_j$꼴이고 $\beta_j \in M$이므로 결국 $u^n \in M$이다.

다음과 같은 체의 열

$$F(\alpha_1,\ \alpha_2,\ \cdots,\ \alpha_{t-1}) \subset M \subset M(\alpha_t) = F(c_1,\ \cdots,\ c_s,\ \alpha_t) \subset N$$

에서 M은 $F(\alpha_1,\ \cdots,\ \alpha_{t-1})$의 거듭제곱근 확대체, $\alpha_t^n = \beta \in M$, 임의의 u_i는 $u_i^n \in M$이다. 따라서 차례로 $M(\alpha_t) \subset N$ 사이에

$$F(c_1,\ \cdots,\ c_s,\ \alpha_t,\ u_1) \subset F(c_1,\ \cdots,\ c_s,\ \alpha_t,\ u_1,\ u_2) \subset \cdots$$
$$F(c_1,\ \cdots,\ c_s,\ \alpha_t,\ u_1,\ u_2,\ \cdots,\ u_m) = N$$

과 같이 체를 한 개씩 넣어서 생각하면 N은 F의 정규확대체이고 또 $F(\alpha_1,\ \alpha_2,\ \cdots,\ \alpha_t)$를 포함하는 거듭제곱근 확대체이다. □

만일 $F \subset F(\alpha_1) \subset F(\alpha_1,\ \alpha_2)$, $F \subset F(\alpha_1) \subset F(\alpha_1,\ \beta)$가 모든 F의 거듭제곱근 확대체이면 $F \subset F(\alpha_1) \subset F(\alpha_1,\ \beta) \subset F(\alpha_1,\ \alpha_2,\ \beta)$와 $F \subset F(\alpha_1) \subset F(\alpha_1,\ \alpha_2) \subset F(\alpha_1,\ \alpha_2,\ \beta)$와 같이 $F(\alpha_1,\ \alpha_2,\ \beta)$는 이 모두를 포함하는 거듭제곱근 확대체가 됨을 알 수 있다. 이와 같이 두 개의 서로 다른 F의 거듭제곱근 확대체는 둘 다를 포함하는 거듭제곱근 확대체를 만들 수 있다.

정리 31.8 K가 F의 정규확대체이며 동시에 거듭제곱근 확대체이면 $G(K,\ F)$는 가해군이다.

증명 거듭제곱근 확대체 $F = E_0 \subset E_1 \subset E_2 \subset E_3 \subset \cdots \subset E_t = K$에서

(1) $E_i = E_{i-1}(c_i)$, $c_i^{n_i} \in E_{i-1}$, E_i는 E_{i-1}의 정규확대체이다.

(2) K는 F의 정규확대체이므로 모든 E_i의 정규확대체이다.

(3) $G(E_i,\ E_{i-1})$는 아벨군이다.

위의 (1), (2), (3)을 이용하여 $G(K,\ F)$는 가해군이 됨을 증명하자. 우선 갈루아군의 열

$$G(K,\ F) \supset G(K,\ E_1) \supset G(K,\ E_2) \supset \cdots \supset G(K,\ E_t) = \{e\}$$

에서 $i = 1,\ 2,\ \cdots,\ t-1$에 대해서 체 $E_{i-1} \subset E_i \subset E_t = K$에 갈루아정리를 적용하면 $G(K,\ E_i)$는 $G(K,\ E_{i-1})$의 정규부분군이고

$$G(K,\ E_{i-1})/G(K,\ E_i) \cong G(E_i,\ E_{i-1})$$

는 아벨군이다. 따라서 $G(K, F)$는 가해군이다. □

따름정리 31.9 $f(x) \in F[x]$가 F상에서 거듭제곱근으로 풀이 가능이면 $f(x)$의 갈루아군은 가해군이다.

증명 $f(x)$의 분해체를 K라고 하면 K를 포함하는 F의 정규인 거듭제곱근 확대체 F_t가 존재한다. 즉

$$F = F_0 \subset F_1 \subset F_2 \subset \cdots \subset F_t,\ F_i = F_{i-1}(c_i),\ c_i^{n_i} \in F_{i-1}$$

이다. 따라서 정리 31.8에 의해서 $G(F_t, F)$는 가해군이고 체 $F \subset K \subset F_t$에서

$$G(F_t,\ F)/G(F_t,\ K) \cong G(K,\ F)$$

이고 $G(K, F)$는 가해군의 준동형사상의 상이므로 가해군이다. 따라서 $f(x)$의 갈루아군은 가해군이다. □

위의 정리에 의해서 우리는 다음 정리의 한쪽 방향을 증명하였다.

정리 31.10 $f(x) \in F[x]$가 F상에서 거듭제곱근으로 풀이 가능할 필요충분조건은 $f(x)$의 분해체 K의 F상에서의 갈루아군 $G(K, F)$가 가해군이다.

위의 정리의 역, 즉 $f(x)$의 갈루아군이 가해군이면 $f(x) \in F[x]$는 F상에서 거듭제곱근으로 풀이가 가능하다는 사실은 이 책의 범위를 벗어나므로 증명을 생략한다. 좀 더 알고 싶은 사람은 [1] 정리 7.12.5를 참고하기 바란다. 연습문제 15를 자세히 보면 대략 알 수 있다.

정리 31.11 다항식 $f(x) \in F[x]$의 한 근이 거듭제곱근으로 풀이가능하면 $f(x)$는 거듭제곱근으로 풀이가능이다. 즉 모든 근이 풀이가능하다.

증명 $f(x) \in f[x]$를 기약이라고 생각해도 상관없다. $\alpha_1, \alpha_2, \cdots, \alpha_n$를 $f(x)$의 모든 근이라 하고 $F \subset F(\alpha_1) \subset E$를 F의 거듭제곱근 확대라고 하자. 정리 31.7에서 $F \subset F(\alpha_1) \subset E \subset M$인 F의 정규거듭제곱근 확대체 M이 존재한다. M은 F의 정규확대체이고 $\alpha_1 \in M$이므로 모든 $\alpha_i \in M$이다$(1 < i \leq n)$. $f(x)$의 모든 근이 M에 포함되므로 따라서 $f(x)$는 거듭제곱근으로 풀이가능하다. □

【예제 6】 $f(x) = x^5 - 5x - 2 \in \mathbb{Q}[x]$의 분해체를 E라고 하면 $G(E, \mathbb{Q}) \cong S_5$이다. 그 이유를 알아보면 우선 $f(x)$는 $\mathbb{Q}$상에서 기약임을 쉽게 알 수 있다. 또 $f(x)$의 그림표는 $(-1, 2)$에서 극대, $(1, -6)$에서 극소이고 $(0, -2)$가 변곡점이다. 따라서 x축과 3점에서 만나므로 세 실근 $\alpha_1, \alpha_2, \alpha_3$와 두 허근 α_4, α_5를 가짐을 알 수 있다.

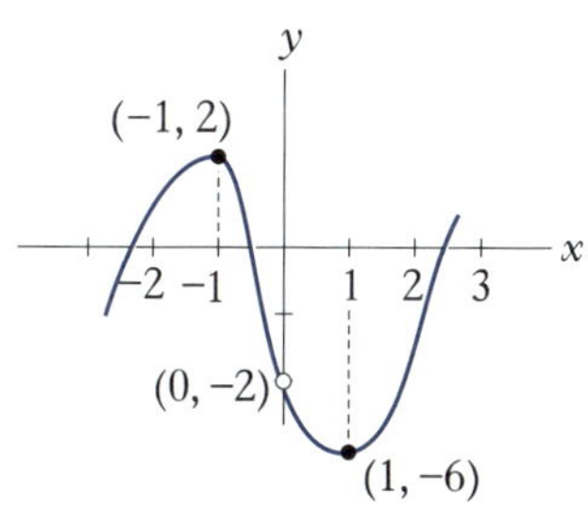

[그림 31.3]

$G(E, \mathbb{Q})$는 α_i의 치환들의 집합으로 볼 수 있으므로 S_5의 부분집합으로 생각할 수 있다. 즉 임의의 $h \in G(E, \mathbb{Q})$는 $h(\alpha_i) = \alpha_j$ $(1 \leq i \leq 5)$가 되므로 h는 S_5의 치환으로 생각해도 된다. 또

$$[\mathbb{Q}(\alpha_1) : \mathbb{Q}] = 5,\ [E : \mathbb{Q}] = [E : \mathbb{Q}(\alpha_1)][\mathbb{Q}(\alpha_1) : \mathbb{Q}]$$

이므로 $[E : \mathbb{Q}]$는 5의 배수이다. $|G(E, \mathbb{Q})| = [E : \mathbb{Q}]$이므로 코시정리에 의해서 $G(E, \mathbb{Q})$는 위수 5인 원소를 가진다. 또 $G(E, \mathbb{Q}) \subset S_5$이므로 결국 S_5에서 위수 5인 원소는 길이 5인 순환이다. 또 α_4, α_5는 켤레복소수이므로 $h(\alpha_4) = \alpha_5$인 함수 h는 $\mathbb{Q}$를 고정시키는 동형사상이므로 $h \in G(E, \mathbb{Q})$이고 h의 위수는 2, 즉 h는 호환이 된다. 그런데 S_n은 호환 $(a\ b)$과 길이 n인 순환 $(a_1\ a_2 \cdots\ a_n)$으로 생성되므로(부록 35장 대칭군의 성질 참조) 결국 $G(E, \mathbb{Q}) = S_5$가 된다.

위의 예제는 정리 30.11을 구체적으로 풀어본 것이다. 또 S_5는 가해군이 아니므로 $G(E, \mathbb{Q})$도 가해군이 아니다. 따라서 $f(x)$는 거듭제곱근으로 풀 수 없다. 또 아벨은 이와 관련된 다음과 같은 사실을 증명하였다. 자세한 증명은 [21] p. 308을 참조하기 바란다.

정리 31.12 (Abel-Ruffini) F상에서 차수가 n인 일반적인 방정식이 거듭제곱근으로 풀이가능할 필요충분조건은 $n \leq 4$이다.

물론 위의 정리는 F의 표수가 0인 경우일 때이다. 또 이 정리는 5차 이상의 방정식은 풀 수 없다는 뜻이 아니다. 특수한 경우에는 5차 이상의 방정식도 풀 수 있다. 단지 일반적인 형태의 5차 이상의 방정식은 해법이 없다는 뜻이다.

정의 31.4 $f(x) \in F[x]$이다. K를 $f(x)$의 분해체라고 하자. $f(x)$의 갈루아군 $G(K, F)$가 순환군일 때 $f(x)$를 **순환다항식**(cyclic polynomial)이라고 부른다. 또 $f(x)=0$을 순환식이라고 한다.

【예제 7】 $f(x)=x^4-1 \in \mathbb{Q}[x]$의 근은 $1, -1, i, -i$이고 분해체는 $\mathbb{Q}(i)$이다. $G(\mathbb{Q}(i), \mathbb{Q}) \cong \mathbb{Z}_2$이므로 $x^4-1=0$은 순환식이다.

【예제 8】 $f(x)=(x^2-2)(x^2-3) \in \mathbb{Q}[x]$의 분해체는 $K=\mathbb{Q}(\sqrt{2}, \sqrt{3})$이고 $G(K, \mathbb{Q}) \cong \mathbb{Z}_2 \times \mathbb{Z}_2$이므로 $f(x)$는 순환다항식이 아니다.

정의 31.5 K는 $x^n-1 \in F[x]$의 분해체이다.

$$X=\{\alpha \in K \mid \alpha\text{는 } x^n-1 \in F[x]\text{의 원시 } n\text{-제곱근}\}=\{\alpha_1, \alpha_2, \cdots, \alpha_t\}$$

이라고 할 때

$$\Phi_n(x)=(x-\alpha_1)(x-\alpha_2)\cdots(x-\alpha_t)$$

를 F상에서 n-원분다항식(n-th cyclotomic polynomial)이라고 부르고 분해체 K를 F의 n-원분확대체(n-th cyclotomic extension field)이라고 부른다.

만일 $\alpha_1=w$를 1의 한 원시 n-제곱근이라고 하면 $\alpha_i=w^i$, 단 $\gcd(i, n)=1$이 됨을 쉽게 알 수 있다. 또 $K=F(1, w, w^2, \cdots, w^{n-1})=F(w)$가 된다.

【예제 9】 $f(x)=x^4-1\in\mathbb{Q}[x]$의 원시근은 $i, -i$이다. 따라서

$$\Phi_4(x)=(x-i)(x+i)=x^2+1$$

이 4-원분다항식이 된다.

【예제 10】 $f(x)=x^3-1\in\mathbb{Q}[x]$의 원시근은 w, w^2이다. 단 $w=\dfrac{-1+\sqrt{3}i}{2}$. 따라서

$$\Phi_3(x)=(x-w)(x-w^2)=x^2+x+1$$

이다.

원분다항식은 여러 가지 재미난 성질들이 있는데 몇 가지 적어보면 아래와 같다.

정리 31.13 $\Phi_n(x)$가 F상에서 n-원분다항식이면

(1) $\Phi_n(x)\in F[x]$이다.

(2) $\Phi_n(x)$는 F상에서 기약이다.

(3) $\deg\Phi_n(x)=\varphi(n)$이다.

증명 (1) K를 F의 n 원분확대체라고 하고

$$\Phi_n(x) = (x-\alpha_1)\cdots(x-\alpha_t) = b_0 + b_1 x + \cdots + b_t x^t \in K[x]$$

라고 하자. 임의의 $h \in G(K, F)$에 대해서 $h(\alpha_i)$도 $x^n - 1$의 근이고 $|h(\alpha_i)| = |\alpha_i| = n$이므로 $h(\alpha_i)$도 원시근이다. 따라서

$$h(\alpha_i) \in \{\alpha_1, \alpha_2, \cdots, \alpha_t\}$$

이고 따라서

$$\{h(\alpha_1), h(\alpha_2), \cdots, h(\alpha_t)\} = \{\alpha_1, \alpha_2, \cdots, \alpha_t\}$$

이다.

$$\begin{aligned} h\Phi_n(x) &= (x-h(\alpha_1))(x-h(\alpha_2))\cdots(x-h(\alpha_t)) \\ &= (x-\alpha_1)(x-\alpha_2)\cdots(x-\alpha_t) \end{aligned}$$

이므로 모든 $0 \le i \le t$에 대해서 $h(b_i) = b_i$가 되어 b_i는 고정됨을 알 수 있다. 따라서 $b_i \in F$이므로 $\Phi_n(x) \in F[x]$이다.

(2) [21], p. 299 proposition 8.3 참조.

(3) 또 위수가 n인 순환군 $\langle w \rangle$에서 w^i가 생성원일 필요충분조건은 $\gcd(i, n) = 1$이므로 생성원의 개수는 $\varphi(n)$이고 따라서 $\deg \Phi_n(x) = \varphi(n)$가 됨은 금방 알 수 있다. □

특히 $F = \mathbb{Q}$ 이면 $\Phi_n(x) \in \mathbb{Q}[x]$이고 또 $\Phi_n(x) \mid x^n - 1$이므로 가우스의 정리에 의해서 $\Phi_n(x) \in \mathbb{Z}[x]$가 됨을 알 수 있다.

또 p가 소수이면 $x^p - 1$의 1이 아닌 임의의 근은 원시 p-제곱근이다. 따라서

$$\Phi_p(x) = \frac{x^p - 1}{x - 1} = 1 + x + x^2 + \cdots + x^{p-1}$$

은 $\mathbb{Q}$ 상에서 기약임을 알 수 있다. (연습문제 22.4)

참고로 $n = 1$에서부터 15까지의 원분다항식은 다음과 같다.

n	$\Phi_n(x)$
1	$x-1$
2	$x+1$
3	x^2+x+1
4	x^2+1
5	$x^4+x^3+x^2+x+1$
6	x^2-x+1
7	$x^6+x^5+x^4+x^3+x^2+x+1$
8	x^4+1
9	x^6+x^3+1
10	$x^4-x^3+x^2-x+1$
11	$x^{10}+x^9+x^8+x^7+x^6x^5+x^4+x^3+x^2+x+1$
12	x^4-x^2+1
13	$x^{12}+x^{11}+x^{10}+x^9+x^8+x^7+x^6+x^5+x^4+x^3+x^2+x+1$
14	$x^6-x^5+x^4-x^3+x^2-x+1$
15	$x^8-x^7+x^5-x^4+x^3-x+1$

[표 31.1]

【예제 11】 $f(x)=x^8-1\in\mathbb{Q}[x]$에서 $w=\cos\frac{2\pi}{8}+i\sin\frac{2\pi}{8}=\frac{1+i}{\sqrt{2}}$는 원시 8-제곱근이다. 따라서

$$\Phi_8(x)=(x-w)(x-w^3)(x-w^5)(w-w^7)$$

이고 계산하면

$$\Phi_8(x)=x^4+1$$

이 된다.

원분다항식에 대한 성질은 F의 표수가 0이 아닌 경우에도 n이 F의 표수의 배수가 아니면 표수가 0일 때와 똑같이 성립한다. 구체적인 예는 부록 37장 유한체 단원에서 자세히 다룬다. K를 $x^n-1\in F[x]$의 분해체, w를 1의 원시n-제곱근이라고 하면

$$G(K,\ F)=G(F(w),\ F)$$

이다. 임의의 $h \in G(F(w), F)$에 대해서 $|h(w)|=n$이고 역시 x^n-1의 근이 되므로 $h(w)$도 역시 원시n-제곱근이 될 수밖에 없다. 결국 $G(K, F)$는 위수가 $\varphi(n)$인 군이다. 사실 $|G(K, F)|=[K:F]$는 w의 극소다항식 $\Phi_n(x)$의 차수이므로 $\varphi(n)$이 됨은 당연하다.

여기서 잠시 위의 사실을 이용하여 자와 컴파스만으로 정n각형을 작도하는 법을 알아보자. 그렇다면 정9각형, 정15각형도 작도할 수 있을까? 만일 우리가 정n각형을 작도할 수 있다면 $\cos\frac{2\pi}{n}$도 작도할 수 있다. 따라서 $\left[\mathbb{Q}\left(\cos\frac{2\pi}{n}\right) : \mathbb{Q}\right]=2^t$꼴이 될 것이다. 그러면 여기서 $\cos\frac{2\pi}{n}$의 $\mathbb{Q}$상에서의 극소다항식을 구해보자.

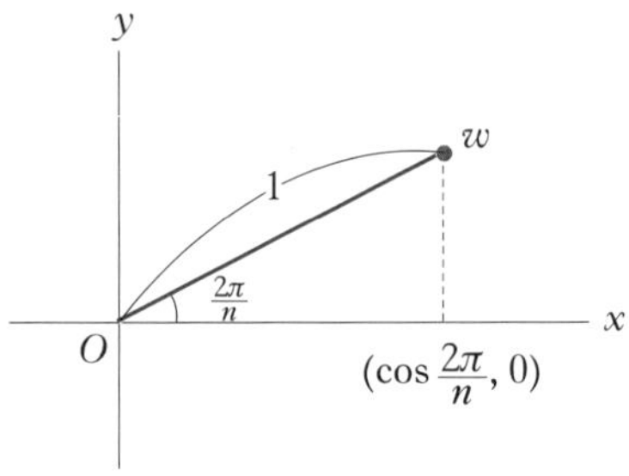

[그림 31.4]

복소수 $w=\cos\frac{2\pi}{n}+i\sin\frac{2\pi}{n} \in \mathbb{C}$에 대해서

$$\frac{1}{w}=\cos\frac{2\pi}{n}-i\sin\frac{2\pi}{n}$$

이므로

$$w+\frac{1}{w}=2\cos\frac{2\pi}{n}$$

이고 따라서 $\cos\frac{2\pi}{n}=\frac{1}{2}\left(w+\frac{1}{w}\right)$이다. 또

$$w^n=\left(\cos\frac{2\pi}{n}+i\sin\frac{2\pi}{n}\right)^n=1$$

이므로 w는 $x^n-1\in\mathbb{Q}[x]$의 근이 됨을 알 수 있다. 실제로 $1, w, w^2, w^3, \cdots, w^{n-1}$은 x^n-1의 근이 되므로 w는 x^n-1의 원시n-제곱근이다. K를 $x^n-1\in\mathbb{Q}[x]$의 분해체라고 하면 $K=\mathbb{Q}(w)$가 된다. w는 n-원분다항식 $\Phi_n(x)$의 근이고 $\Phi_n(x)$는 $\mathbb{Q}$에서 기약이므로 결국 w의 극소다항식은 $\Phi_n(x)$가 된다. 따라서

$$\left[\mathbb{Q}(w):\mathbb{Q}\left(\cos\frac{2\pi}{n}\right)\right]\left[\mathbb{Q}\left(\cos\frac{2\pi}{n}\right):\mathbb{Q}\right]=[\mathbb{Q}(w):\mathbb{Q}]$$
$$=\deg\Phi_n(x)=\varphi(n)$$

이다. 한편,

$$\left[\mathbb{Q}(w):\mathbb{Q}\left(\cos\frac{2\pi}{n}\right)\right]=\left[\mathbb{Q}(w):\mathbb{Q}\left(\frac{1}{2}\left(w+\frac{1}{w}\right)\right)\right]$$

를 구하려면 w가 근이 되는 극소다항식

$$f(x)\in\mathbb{Q}\left(\frac{1}{2}\left(w+\frac{1}{w}\right)\right)[x]=\mathbb{Q}\left(w+\frac{1}{w}\right)[x]$$

를 구하면 된다.

$$f(x)=x^2-\left(w+\frac{1}{w}\right)x+1\in\mathbb{Q}\left(w+\frac{1}{w}\right)[x]$$

이고 $f(w)=0$이다. 따라서

$$\left[\mathbb{Q}(w):\mathbb{Q}\left(\frac{1}{2}\left(w+\frac{1}{w}\right)\right)\right]\le 2$$

이다. 그런데 $\mathbb{Q}\left(\frac{1}{2}\left(w+\frac{1}{w}\right)\right)\subset\mathbb{R}$이고 w는 복소수이므로 $\mathbb{Q}(w)=\mathbb{Q}\left(\frac{1}{2}\left(w+\frac{1}{w}\right)\right)$이 될 수는 없다. 따라서 $\left[\mathbb{Q}\left(\cos\frac{2\pi}{n}\right):\mathbb{Q}\right]=\frac{1}{2}\varphi(n)$이 되므로 다음 정리를 얻을 수 있다.

정리 31.12 자와 컴파스만으로 정 n각형을 작도할 수 있으면 $\varphi(n)=2^k$꼴이 된다.

위의 정리의 역은 성립하지 않는다. 단지 작도 가능할 필요조건만 구한 것이지 $\varphi(n)=2^k$가 충분조건은 아니다.

【예제 12】 정 7각형은 $\varphi(7)=6$이므로 작도불가능이다.

정 n-각형이 작도 가능할 필요충분조건은 다음과 같다. 증명은 생략한다.

> **정리 31.13** 정 n-각형이 작도 가능할 필요충분조건은 n을 소인수분해 했을 때 3 이상의 소수 인수는 Fermat수이고 제곱꼴이 아니어야 한다.

여기서 페르마수란 2^m+1, m은 2의 거듭제곱 꼴의 수를 말한다.

【예제 13】 정 60각형은 $60=2^2\times3\times5$이므로 작도가능이다.

【예제 14】 $18=2\times3^2$이고 3은 두 번 나타나므로 정18각형은 작도불가능이다.

【예제 15】 정 17각형은 $17=2^4+1$이므로 작도가능하다. 또 정 5각형은 $5=2^2+1$이므로 역시 작도가능하다.

카르다노(G. Cardano, 1501~1576)

수학사에서 가장 사악하고 간교한 성격의 소유자라는 부정적인 평가를 받는 사람이다. 그는 이탈리아 밀라노 근처 파비아에서 유부남인 변호사 아버지와 창녀 사이에서 태어났다. 사생아로 태어나서 평생을 병약한 상태로 육체적 고통 속에서 살아왔다고 자신의 자서전에서 기록하고 있다. 또 그의 어머니가 그를 사산시키려고 했다고 쓰여 있다. 그는 한때 사교에 빠져 점성술사 노릇도 했으며 1570년 이단으로 몰려 투옥당하기도 했다. 한마디로 좀 괴상한 성격의 소유자였으며 사람들은 그를 미치광이 천재라고 불렀다. 그러나 그는 천재적 재능으로 파도바대학에 진학하여 철학, 물리, 수학, 의학 등을 배웠다. 그는 한때 파비아시장으로도 재직했으며 파비아, 밀라노, 블로냐 대학에서 수학과 의학을 가르쳤다. 그 후 시골에서 의사생활을 하며 그곳에서 결혼했는데 꿈속에서 본 여인을 실제로 보고 자신의 배필로 정했는데 그녀는 산적의 딸이었다. 결혼을 하고서도 노름에 빠져 자산을 탕진하고 항상 돈에 쪼들려 이곳저곳 떠돌아 다녔다. 그래서 그런지 그의 아내는 31세의 나이로 죽고 만다. 그의 장남 지암바티스타는 부도덕한 여자를 만나 결혼했고 이 여자는 다른 남자의 아이를 낳고서도 오히려 큰소리치곤 했다. 결국 그녀는 남편의 손에 살해되었고 아들 역시 처형되었다. 작은 아들 역시 감옥에 투옥되어 한 마디로 콩가루 집안의 본보기가 되었다. 그는 자신이 1576년 9월 20일에 사망할 것이라고 예언했는데 실제로 그날 죽었다. 후세 사람들은 그가 그의 예언을 지키기 위해서 자살했을 것이라고 하지만 그것은 영원히 알 수 없다. 성격이 특이하고 배타적이어서 타인으로부터 많은 지탄을 받았지만 의사로서 발진티프스를 처음 발견하였고 수학자로서도 위대한 업적을 남겼다. 1545년에 저서 '위대한 기술'(라틴어:아르스마그나)을 출간하였는데 3차방정식의 해법으로 유명한 카르다노의 공식이 수록되어 있다.

이 공식은 이탈리아 수학자 N. 폰타나가 수립한 공식으로서, 피오르와 폰타나 사이에 있었던 공개시합에 관한 소식을 전해들은 그가 폰타나에게 접근하여 온갖 감언이설과 공갈로 폰타나를 속여 알아낸 것이다. 할 수 없이 공표하지 않는다는 약속하에 카르다노에게 가르쳐 주었는데, 카르다노가 약속을 어기고 자신의 저서에 게재했기 때문에 '카르다노의 공식'이라 부르게 되었다.

'카르다노의 공식'이라고 하면 고등학교 책에도 잠시 언급되고 있기에, 수학 전공자가 아니더라도 전혀 생소한 말은 아닐 것이다. 어쨌든 카르다노는 이렇게 비열한 방법까지 동원하여 자신의 이름을 후세에 남기려다가, 오히려 치욕의 이름만 남겨놓은 셈이다. 그에 대한 후세 수학사가들의 평이 좋지 않는 것은 물론 일반인들까지 그에 대한 감정이 좋지 않는 것을 보면서 세상에 이름을 남기는 일은 좋으나 그 과정이 떳떳하지 못하면 오히려 오명만 남기게 된다는 사실을 이 사기꾼 수학자 카르다노를 통해 다시 한 번 생각한다. 4차방정식의 풀이 법은 그의 제자 페라리에 의해서 밝혀졌으며 5차이상의 방정식은 풀이공식이 없다는 사실이 300년 후 갈루아와 아벨에 의해서 증명되었다.

연습문제(31)

1. 다음 복소수를 포함하는 $\mathbb{Q}$의 거듭제곱근 확대체를 구하라.

   (1) $\dfrac{\sqrt{5}+\sqrt[3]{2}}{\sqrt[4]{3}-\sqrt[5]{4}}$ (2) $\sqrt{\dfrac{1-\sqrt[9]{2}}{\sqrt[4]{1-\sqrt{5}}}}$ (3) $\sqrt[3]{\dfrac{(\sqrt{3}-2i)^5}{i-\sqrt{10}}}$

2. $f(x)=x^5-10x^4+40x^3-80x^2+79x-30$은 거듭제곱근으로 풀이가능임을 보여라 (**힌트** $(x-2)^5-(x-2)$를 전개).

3. K는 F의 거듭제곱근 확대체, E는 K의 거듭제곱근 확대체이면 E는 F의 거듭제곱근 확대체임을 보여라.

4. $F \subset E \subset K$, K는 F의 거듭제곱근 확대체이다. K는 E의 거듭제곱근 확대체임을 보여라.

5. $f(x) \in F[x]$는 기약, $\deg f(x)=n \geq 5$, K는 $f(x)$의 F상에서의 분해체이다. $G(K, F) \cong S_n$, $u \in K$는 $f(x)$의 근일 때 다음을 증명하여라.
   (1) $F(u)$는 F상에서 갈루아 확대체가 아니다.
   (2) $[F(u) : F]=n$, $G(F(u), F)=e$이다.
   (3) $F(u)$를 포함하는 F의 거듭제곱근 확대체는 존재하지 않음을 보여라.

6. w는 원시 n-제곱근이다. 다음을 증명하라.
   (1) $\mathbb{Q}(w)$는 $x^n-1 \in \mathbb{Q}[x]$의 분해체이다.
   (2) n이 소수이면 $[\mathbb{Q}(w) : \mathbb{Q}]=n-1$이다.
   (3) 임의의 $1 \leq i \leq n-1$에 대하여 $\sqrt[n]{a}\,w^i$는 $x^n-a \in \mathbb{Q}[x]$의 근이다.
   (4) $\mathbb{Q}(w, \sqrt[n]{a})$는 $x^n-a \in \mathbb{Q}[x]$의 분해체이다.

7. w는 $x^p-1 \in \mathbb{Q}[x]$의 원시근이다. 단, p는 소수이다. w^{p-1}은 $1, w, \cdots, w^{p-2}$의 일차결합이 됨을 보여라.

8. $n=6, 7, 8$일 때 w는 $x^n-1 \in \mathbb{Q}[x]$의 원시근이다. $[\mathbb{Q}(w) : \mathbb{Q}]$를 구하라.

9. w는 $x^3-1 \in \mathbb{Q}[x]$의 원시근이다.
   (1) $[\mathbb{Q}(w, \sqrt[3]{2}) : \mathbb{Q}]$를 구하라.

(2) $\mathbb{Q}(w, \sqrt[3]{2}) = \mathbb{Q}(\sqrt[3]{2}, i\sqrt{3})$임을 보여라.

10. w는 $x^p - 1 \in \mathbb{Q}[x]$의 복소수 근이다. 단, p는 소수. $\mathbb{Q}(w)$에서 $\mathbb{C}$로의 단사 준동형사상은 $p-1$뿐임을 보여라.

11. $p(x) \in F[x]$는 기약이다. $\deg p(x) = n$, u가 $p(x)$의 복소수근이면 임의의 단사 준동형사상 $h : F \to \mathbb{C}$에 대해서 $\bar{h} : F(u) \to \mathbb{C}$, $\bar{h}|_F = 1$인 단사 준동형사상은 n개뿐임을 보여라.

12. $F \subset K \subset \mathbb{C}$, $[K : F] = n$이다. 임의의 단사 준동형사상 $h : F \to \mathbb{C}$에 대해서 $\bar{h} : K \to \mathbb{C}$, $\bar{h}|_F = h$인 단사 준동형사상은 n개뿐임을 보여라.

13. p는 소수, w는 $x^p - 1 \in F[x]$의 원시근이다. $x^p - a \in F[x]$가 F상에서 가약이면 $x^p - a$는 F에서 근을 가짐을 보여라.

14. H는 G의 정규부분군이고 G/H가 아벨군이면 $H = H_0 \subset H_1 \subset \cdots \subset H_m = G$, $H_{i+1}/H_i = \langle a \rangle$, $|a|$은 소수인 G의 부분군 $H_i (0 \leq i \leq m)$가 존재함을 보여라.

15. K는 $f(x) \in F[x]$의 분해체이고 $G = G(K, F)$는 가해군이다. $e = H_0 \subset H_1 \subset \cdots \subset H_n = G$, $H_{i+1}/H_i = \langle a \rangle$, $|a|$는 소수인 G의 부분열이다. F_i를 H_i의 고정체라 하고 F는 1의 임의의 n-제곱근을 포함한다고 가정한다.

(1) F_i는 F_{i+1}의 정규확대체이고 $[F_i : F_{i+1}]$은 소수 p임을 보여라.

(2) $G(F_i, F_{i+1}) = \langle \pi \rangle$, $w \in F_{i+1}$은 $x^p - 1 \in F[x]$의 근, $b \in F_i$, $c = b + w\pi^{-1}(b) + w^2\pi^{-2}(b) + \cdots + w^{p-1}\pi^{-(p-1)}(b)$라 하면 $\pi(c) = wc$임을 보여라.

(3) 임의의 $k \in \mathbb{Z}$에 대해서 $\pi^k(c^p) = c^p$임을 보여라.

(4) $c^p \in F_{i+1}$임을 보여라.

(5) F_i는 $x^p - c^p \in F_{i+1}[x]$의 분해체임을 보여라.

(6) K는 F의 거듭제곱근 확대체임을 보여라.

16. 다음 다항식은 거듭제곱근으로 풀이 불가능임을 보여라.

(1) $2x^5 - 2x^4 + 5$　　(2) $2x^5 - 5x^4 + 5$

단원 4.

부 록

32. 집합
33. Light의 방법
34. 군의 열
35. 대칭군의 성질
36. 실계수 다항식
37. 유한체
38. 자유아벨군
39. 여러 가시 정역
40. 군의 작용

32 집합
(Sets)

집합이란 책이나 연필처럼 사람이 손으로 만들어낸 구체적인 물건이 아니라 사람의 머릿속에서 생각해 낸 개념(concept)이다. 인간은 사유할 수 있는 능력이 있으므로 실제로 존재하지 않는 것도 상상으로 머릿속에서 만들 수 있다. 칸토르가 발표한 논문에서 그는 집합을 다음과 같이 정의하였다.

> **집합**이란 우리의 사유나 직관으로 확실히 구분되는 사물들의 모임을 말하며, 또 이 사물들을 집합의 원소라고 부른다.「A set is a collection into a whole of definite, distinct objects of our intuition or our thought. The objects are called the elements(members) of the set」

수학에서 어떤 용어를 정확히 정의하는 것은 매우 중요하다. 그런데 실제로 사전 등을 찾아보면 어떤 용어를 설명한 것이 더 어려울 때가 있다. 예를 들면 "박과의 일년생 만초, 열대 아메리카 원산의 재배식물, 잎은 넓은 심장 모양을 하고 어긋맞게 나며 여름에 누런 꽃이 핌, 일명 남과(南瓜)" 이것은 동아 대국어사전 제3판(1999, 두산동아, (주)두산출판 BG)에 나오는 호박의 설명이다. 그런데 그냥 호박하면 우리는 누구나 다 아는 것인데 이렇게 뜻을 풀어놓은 것이 더 어렵다. 이 뜻을 정확히 이해하려면 만초나 어긋맞게 등의 뜻을 또 알아야만 한다. 만일 초등학생한테 호박을 설명하려면 이렇게 할 것이 아니라 그냥 호박 한 개를 가져와서 보여주면서 이런 것이 호박이라고 하면 금방 이해하게 될 것이다. 그러나 수학에서의 용어는 이렇게 실제로 보여줄 수가 없기 때문에 문제가 된다.

그런데 이렇게 실제로 보여주더라도 완전한 것은 아니다. 호박도 누런 호박, 애호박, 늙은 호박 … 등 종류가 많고, 또 호박과 비슷한 수박도 호박으로 착각할 수도 있다.

가장 확실한 방법은 이 세상의 호박을 모두 모아서 보여주는 것인데 이것도 불가능하다. 사람마다 보고 듣고 느끼는 것이 틀리고 시간과 공간에 따라서 감각도 틀릴 수 있으므로 우리의 오감으로 어떤 사물을 정의하는 것은 사실상 불가능하다. 또 구체적인 사물이 아닌 추상적인 개념은 말이나 글로 설명해야 되는데 앞에서 본 바와 같이 어떤 단어를 설명하기 위해서는 다른 단어가 필요하고, 또 그 단어를 설명하는 데는 또 단어가 필요하다. 그러나 단어의 수는 유한하므로 결국 정의는 순환적 정의(circular definition)가 될 수밖에 없다. 결국 호박은 그냥 '호박'으로 설명할 수밖에 없다.

이와 같이 생각하면 정의라는 것은 근본적으로 불가능한 것이다. 따라서 수학에서는 몇 가지 씨앗(primitive) 역할을 하는 단어는 정의하지 않고 그냥 각자가 생각하는 대로 받아들이는 것으로 하여 이것을 **무정의 용어**(undefined terms)라고 부른다. 여기서부터 다른 용어를 차례로 정의해 나간다. 이러한 무정의 용어로는 점, 직선, 집합, 원소 … 등이 있다. 이러한 용어는 각자가 머릿속으로 그 뜻을 생각하므로 A라는 사람과 B라는 사람이 생각하는 것이 서로 틀릴 수도 있다. 어떤 사람은 하늘의 별과 같은 것을 점으로 생각할 것이고, 또 어떤 사람은 먼지 같은 것을 점으로 생각할 수도 있다. 어떤 것을 점이라고 해도 좋다. 단지 여기서부터 시작된 정의와 사실들이 서로 간에 모순만 없으면(무모순성) 하나의 이론체계가 된다. 이 책에서 우리는 앞으로 집합, 원소, 속한다 등은 무정의 용어로 생각한다.

집합에서 그 원소는 성격이 분명해야 한다. 어떤 사물이 원소가 될지 안 될지 애매모호한 것은 집합이 아니다. 다음 예제를 살펴보자.

【예제 1】 (1) 한국대학 수학과 2학년 학생의 모임
(2) 20보다 작고 5보다 큰 자연수의 모임
(3) 20세기 위대한 수학자의 모임
(4) 제곱하여 -2가 되는 실수의 모임
(5) 밤 하늘의 별들의 모임
(6) 정수 모임

위의 예제 1에서 (4)는 원소가 하나도 없다. 이와 같이 원소가 한 개도 없는 집합을 **공집합**(empty set)이라고 부르고 $\varnothing$로 표시한다. (6)은 원소가 무한개이며 (5)는 원소가 유한인지 무한인지 아직까지 알 수 없다. (1), (2)는 물론 유한집합(finite set)이다. (3)은 그 원소가 애매하므로 집합이 될 수 없다.

x가 집합 A의 원소일 때

$$x \in A$$

로 표시하고, x는 A의 원소(x is an element of A) 또는 x는 A에 속한다(x belongs to A)라고 한다. 그 반대의 경우, 즉 x가 집합 A의 원소가 아닐 때

$$x \notin A$$

로 표시하고, x는 A의 원소가 아니다(x is not an element of A)라고 한다.

정의 32.1 성질 $P(x)$를 만족시키는 모든 사물 x들의 집합을

$$\{x \mid P(x)\}$$

로 표시하고 "성질이 $P(x)$인 원소 x들의 집합"이라고 읽는다.

$A=\{x \mid P(x)\}$의 참뜻은 "모든 사물 x에 대하여 $x \in A$일 필요충분조건은 x가 성질 $P(x)$를 만족"임을 뜻한다.

사실, 직관적으로 집합은 서로 어떤 공통된 성질들을 가진 사물들을

모아둔 것이다. 이 성질을 $P(x)$로 생각하면 된다.

【예제 2】 $A=\{1, 2, 5, 8\}$이면 $1\in A$, $3\notin A$, $7\notin A$다.

【예제 3】 $A=\{2, 4,$ 영이, 철수$\}$이면 영수$\notin A$, $2\in A$다.

【예제 4】 $A=\{x|x$는 한국에 있는 산$\}$이라면 계룡산$\in A$, 태백산$\in A$, 알프스산$\notin A$, 태산$\notin A$이다.

【예제 5】 $A=\{1, 2, 3, 4\}$, $B=\{3, 4, 1, 2\}$이면 $A=B$이다.

【예제 6】 $A=\{1, 2, 1, 3\}$, $B=\{3, 1, 2, 3\}$이면 $A=B$이다.

앞의 예제 6에서처럼 같은 원소가 반복되는 것은 한 개로 생각한다. 또 예제 5처럼 집합에서 원소의 나열된 순서는 바뀌어도 상관없다.

【예제 7】 $A=\{x|x^2-3x+2=0\}$, $B=\{2, 1\}$, $C=\{1, 2, 2, 2\}$이면 $A=B=C$이다.

【예제 8】 $A=\{x|x^2=9,\ x$는 짝수$\}$이면 A는 공집합이다.

【예제 9】 $A=\{x|x$는 짝수$\}$, $B=\{x|x$는 한국에 있는 산$\}$이라면 A는 무한집합, B는 유한집합니다.

정의 32.2 두 집합 A, B에서 A의 모든 원소가 B에 속할 때, 즉 임의의 $x\in A$에 대해서 $x\in B$일 때 A를 B의 **부분집합**(subset)이라고 부르고 $A\subset B$로 표시한다.

$A\subset B$가 아닐 때, 즉 A가 B의 부분집합이 아닐 때 $A\not\subset B$로 표시한다. 또 $A\subset B$이고 $A\neq B$일 때 $A\subsetneq B$로 표시하고 A는 B의 **진부분집합**(proper subset)이라고 부른다.

【예제 10】 (1) $\{1,\ 2,\ 3\} \subset \{1,\ 2,\ 3,\ 4,\ 5\}$

(2) $\{a,\ b,\ c\} \subset \{a,\ b,\ c\}$

두 집합 A, B에서 $A=B$일 필요충분조건은 $A \subset B$이고 $B \subset A$이다.

정의 32.3 두 집합 A, B에서

$$A \cap B = \{x \mid x \in A \text{이고 } x \in B\}$$
$$A \cup B = \{x \mid x \in A \text{ 또는 } x \in B\}$$
$$A - B = \{x \mid x \in A \text{이고 } x \notin B\}$$

를 각각 A, B의 **교집합**, **합집합**, **차집합**이라고 한다.

【예제 11】 $A=\{1,\ 2,\ 3,\ 4,\ 5\}$ $B=\{1,\ 3,\ 5,\ 7,\ 9\}$이면

$$A \cap B = \{1,\ 3,\ 5\}$$
$$A \cup B = \{1,\ 2,\ 3,\ 4,\ 5,\ 7,\ 9,\}$$
$$A - B = \{2,\ 4\}$$
$$B - A = \{7,\ 9\}$$

이다.

다음은 앞으로 많이 쓰이는 집합을 기호로 표시한 것이다.

$$\mathbb{R} = \{x \mid x\text{는 실수}\}$$
$$\mathbb{R}^* = \mathbb{R} - \{0\}$$
$$\mathbb{Q} = \{x \mid x\text{는 유리수}\}$$
$$\mathbb{Q}^* = \mathbb{Q} - \{0\}$$
$$\mathbb{Q}^+ = \{x \in \mathbb{Q} \mid x > 0\}$$
$$\mathbb{Z} = \{x \mid x\text{는 정수}\}$$

다음은 집합의 기본성질이다.

정리 32.1 임의의 집합 A, B, C에서 다음이 성립한다.

(1) $A\cap B=B\cap A,\qquad A\cup B=B\cup A$

(2) $A\cup A-A,\qquad A\cap A=A$

(3) $(A\cup B)\cup C=A\cup(B\cup C),\qquad (A\cap B)\cap C=A\cap(B\cap C)$

(4) $A\cup\varnothing=A,\qquad A\cap\varnothing=\varnothing$

(5) $A\cap(B\cup C)=(A\cap B)\cup(A\cap C),\qquad A\cup(B\cap C)=(A\cup B)\cap(A\cup C)$

동치관계

정의 32.4 A, B가 집합일 때 A의 원소와 B의 원소로 된 모든 순서쌍의 집합

$$\{(a, b)\,|\,a\in A,\ b\in B\}$$

를 A와 B의 카르테시안곱(Cartesian product) 또는 데카르트곱이라고 하고 $A\times B$로 표시한다.

【예제 12】 $A=\{1, 2, 3\},\qquad B=\{a, b\}$ 이면

$$A\times B=\{(1, a), (1, b), (2, a), (2, b), (3, a), (3, b)\}$$

$A\times B$의 부분집합을 A에서 B로의 관계(relation from A to B)라고 부른다. 특히 A에서 A로의 관계를 그냥 A의 관계라 한다.

정의 32.5 $R\subset A\times A$이고 다음 3가지 성질을 만족시킬 때 R을 A에서 **동치관계**(equivalent relation)라고 부른다.

(1) 임의의 $a\in A$에 대해서 $(a, a)\in R$ (반사율)

(2) $(a, b)\in R$이면 $(b, a)\in R$ (대칭률)

(3) $(a, b)\in R$, $(b, c)\in R$이면 $(a, c)\in R$ (추이율)

【예제 13】 $A=\{1,\ 2,\ 3,\ 4\}$, $R=\{(1,\ 1),\ (2,\ 3),\ (3,\ 3),\ (3,\ 4),\ (4,\ 3)\}$

은 A에서 동치관계이다.

참고 R이 A의 관계이고 $(a,\ b)\in R$일 때 aRb로 표시하고 $a,\ b$는 R관계라고 말한다.

정의 32.6 R은 집합 A의 동치관계이다. $a\in A$에서 a와 R 관계가 있는 모든 원소들의 집합을 a의 **동치류**(equivalent class)라고 부르고 $\overline{a}$ 또는 $[a]$로 표시한다. 즉

$$\overline{a}=\{x\in A\,|\,(x,\ a)\in R\}$$

인 집합이다.

【예제 14】 위의 예제 13에서

$$\overline{1}=\{1\},\ \overline{2}=\{2\},\ \overline{3}=\{3,\ 4\}$$

이다.

정리 32.2 R이 A의 동치관계이면 다음이 성립한다.

(1) 임의의 $a\in A$에 대해서 $\overline{a}\neq\varnothing$이다.

(2) $(a,\ b)\in R$일 필요충분조건은 $\overline{a}=\overline{b}$이다.

(3) $(a,\ b)\notin R$일 필요충분조건은 $\overline{a}\cap\overline{b}=\varnothing$이다.

(4) $\cup\{\overline{a}\,|\,a\in A\}=A$이다.

증명 (1) 임의의 $a\in A$에 대해서 aRa이므로 $a\in\overline{a}$이다. 따라서 $\overline{a}\neq\varnothing$이다.

(2) aRb라 하자. 만일 $x\in\overline{a}$면 xRa이다. 따라서 추이률에 의해서 xRb이므로 $x\in\overline{b}$이다. 또 만일 $x\in\overline{b}$면 xRb이다. 한편, aRb이므로 대칭율에 의해서 bRa. 따라서 xRa가 되므로 $x\in\overline{a}$이다. 따라서 $\overline{a}=\overline{b}$이다. 역으로 $\overline{a}=\overline{b}$라고 하자. (1)에서 $a\in\overline{a}$이므로 $a\in\overline{b}$가 되고, 따라서 aRb가 된다.

(3) $(a,\ b)\notin R$라 하자. 만일 $\overline{a}\cap\overline{b}\neq\varnothing$라고 하면 $x\in\overline{a}\cap\overline{b}$인 $x\in A$가 존재할 것이

다. $x \in \bar{a}$이므로 xRa. 따라서 aRx. $x \in \bar{b}$이므로 xRb이다. 추이율에 의해서 aRb가 되어 모순이다. 따라서 $\bar{a} \cap \bar{b} = \varnothing$이다.
역으로, $\bar{a} \cap \bar{b} = \varnothing$라 하자. 만일 aRb라면 $a \in \bar{b}$이다. 한편, (1)에서 $a \in \bar{a}$이므로 $a \in \bar{a} \cap \bar{b}$가 되어 모순이다. 따라서 $(a, b) \notin R$이다.

(4) 임의의 $a \in A$에 대해서 $\bar{a} \subset A$이므로 $\cup\{\bar{a} | a \in A\} \subset A$이다. 한편 모든 $a \in A$에 대해서 $a \in \bar{a}$이므로 $A \subset \cup\{\bar{a} | a \in A\}$이다. □

따름정리 32.3 R이 A에서의 동치관계이면 임의의 $a, b \in A$에 대해서 $\bar{a} = \bar{b}$이거나 또는 $\bar{a} \cap \bar{b} = \varnothing$이다.

정의 32.7 R이 A에서의 동치관계일 때 모든 동치류들의 집합을 A/R로 표시하고 R에 의한 A의 **상집합**(quotient set)이라고 부른다. 즉 $A/R = \{\bar{x} | x \in A\}$이다.

【예제 15】 정수 집합 $\mathbb{Z}$에서 $R = \{(a, b) \mid a - b$는 2의 배수$\}$라고 하면 R은 $\mathbb{Z}$에서 동치관계이고 $\mathbb{Z}/R = \{$짝수, 홀수$\}$가 된다.

【예제 16】 예제 13에서 $\bar{2} = \bar{3}$이므로 $A/R = \{\bar{1}, \bar{2}, \bar{4}\}$이다. 따라서 A/R의 원소는 3개이다.

이와 같이 집합 A에서 동치관계가 도입되면 이 집합은 동치류들에 의해서 적당한 조각으로 나누어진다. 집합의 원소들을 성질이 같은 것들끼리 분류하고자 할 때는 동치관계를 이용하는 것이 편리할 때가 많다. 이것을 일반화시켜서 다음과 같은 정의를 한다.

정의 32.8 $S = \{A_i | i \in I\}$는 A의 공집합이 아닌 부분집합들의 집합이다. 즉 $A_i \subset A$, $A_i \neq \varnothing$이다. S가 다음 조건을 만족시킬 때 S를 A의 **분할**(partition)이라고 한다.

(1) $\cup\{A_i | i\in I\}=A$

(2) 임의의 A_i, $A_j\in S$에 대해서 $A_i\neq A_j$이면 $A_i\cap A_j=\varnothing$.

분할의 정의에서 S가 집합 A의 분할이면 집합 S의 원소가 세포처럼 서로 겹치지 않고 A를 덮고(cover) 있음을 알 수 있다. 어떤 책에서는 집합 A의 분할 S의 원소를 A의 세포(cell)라고 부르기도 한다. 또 분할은 동치관계와 상당히 밀접한 관계를 가짐을 알 수 있다.

【예제 17】 $A=\{1, 2, 3, \cdots, 9, 10\}$이다.

(1) $A_1=\{4, 9\}$, $A_2=\{1, 2, 3\}$, $A_3=\{7, 8, 10\}$, $A_4=\{5, 6\}$이고 $S=\{A_1, A_2, A_3, A_4\}$라고 하면 $A=A_1\cup A_2\cup A_3\cup A_4$이고 임의의 A_i, A_j에 대해서 $A_i\neq A_j$이면 $A_i\cap A_j=\varnothing$이므로 S는 A의 분할이다.

앞에서의 정리에 의해서 우리는 다음과 같은 사실을 알 수 있다.

정리 32.4 R이 집합 A의 동치관계이면 A/R은 A의 분할이다.

정수에서 합동은 매우 중요한 동치관계이다. 앞으로 자주 나오므로 자세히 공부하자.

정의 32.9 $a, b, n\in\mathbb{Z}$, $n>0$이다.
$a-b$가 n의 배수일 때 a는 법 n에 의해서 b와 합동(a is congruent to b modulo n)이라고 하고 $a\equiv b \pmod n$ 또는 $a\equiv_n b$로 표시한다.

【예제 18】 $17-5$는 6의 배수이므로 $17\equiv 5 \pmod 6$이다.
마찬가지로 $4\equiv 25 \pmod 7$, $6\equiv -4 \pmod 5$이다.

정리 32.5 임의의 양의 정수 n에 대해서 $\equiv_n$은 $\mathbb{Z}$에서 동치관계이다.

증명 (1) $a-a=0$은 n의 배수이므로 $a\equiv_n a$이다.

(2) $a\equiv_n b$이면 $a-b$는 n의 배수이다. $a-b=nk$(k는 정수)로 두면 $b-a=n(-k)$가 되어 역시 $b-a$도 n의 배수이다. 따라서 $b\equiv_n a$.

(3) $a\equiv_n b$, $b\equiv_n c$라고 하면

$$a-b=nk,\ b-c=nt\ (k,\ t\in\mathbb{Z})$$

로 둘 수 있다. 따라서

$$\begin{aligned}(a-b)+(b-c)&=nk+nt\\ a-c&=n(k+t)\end{aligned}$$

이므로 $a\equiv_n c$이 되어 $\equiv_n$은 $\mathbb{Z}$에서 동치관계이다. □

정의 32.10 $\mathbb{Z}$에서의 동치관계 $\equiv_n$에서 a의 동치류 $\bar{a}=\{b\in\mathbb{Z}\mid b\equiv_n a\}$를 n을 법으로 하는 a의 합동류(congruence class of a modulo n)이라고 부른다.

정의에서

$$\begin{aligned}\bar{a}&=\{b\in\mathbb{Z}\mid b\equiv_n a\}\\ &=\{b\in\mathbb{Z}\mid b-a\text{가 } n\text{의 배수}\}\\ &=\{b\in\mathbb{Z}\mid b-a=nk,\ k\text{는 정수}\}\\ &=\{a+nk\mid k\in\mathbb{Z}\}\end{aligned}$$

이다.

【예제 19】 5를 법으로 하는 9의 합동류는

$$\begin{aligned}\bar{9}&=\{9+5k\mid k\in\mathbb{Z}\}\\ &=\{9,\ 9\pm5,\ 9\pm10,\ 9\pm15,\ \cdots\}\\ &=\{\cdots,\ -11,\ -6,\ -1,\ 4,\ 9,\ 14,\ 19,\ 24,\ \cdots\}\end{aligned}$$

이다. 또 2의 합동류는

$$\overline{2}=\{2+5k|k\in\mathbb{Z}\}=\{\cdots,-8,-3,2,7,12,\cdots\}$$

이다.

【예제 20】 앞 예제 19에서

$$\overline{-1}=\overline{9}=\overline{4},\ \overline{2}=\overline{7}=\overline{12}=\cdots$$

이다.

정리 32.6 동치관계 $\equiv_n$에 의한 정수 $\mathbb{Z}$의 상집합은

$$\mathbb{Z}/\equiv_n=\{\overline{0},\overline{1},\overline{2},\cdots,\overline{n-1}\}$$

이다.

증명 우선 $\{\overline{0},\overline{1},\cdots,\overline{n-1}\}$의 원소는 모두 틀리다는 것을 보이자.
임의의 $0\le i, j\le n-1$인 정수 i, j에 대해서 $i-j$는 n의 배수가 될 수 없다. 따라서 $\overline{i}\ne\overline{j}$이다.
다음으로 임의의 $\overline{a}\in\mathbb{Z}/\equiv_n$에 대해서 a를 n으로 나누어 몫을 q, 나머지를 r이라고 하면 $a=nq+r(0\le r\le n-1)$로 쓸 수 있고 $a-r$은 n의 배수이므로 $a\equiv_n r$이다. 따라서 $\overline{a}=\overline{r}$가 된다. □

【예제 21】 $\mathbb{Z}/\equiv_5=\{\overline{0},\overline{1},\overline{2},\overline{3},\overline{4}\}$이다.

정의 32.11 동치관계 $\equiv_n$에 의한 $\mathbb{Z}$의 상집합 $\mathbb{Z}/\equiv_n$을 $\mathbb{Z}_n$으로 표시한다($\mathbb{Z}$ mod n으로 읽음).

주의 $\mathbb{Z}_3$에서 $\overline{2}=\overline{5}=\overline{-1}=\overline{14}=\cdots$으로 같은 합동류도 여러 가지 다른 모양으로 표시할 수 있다. 그러나 합동류는 $\overline{0},\overline{1},\overline{2}$ 세 개뿐이다.

정의 32.12 두 정수 m, n에서 m이 n의 약수일 때 $m|n$으로 표시한다.
그리고 두 정수 m과 n의 공약수가 1뿐일 때 m, n은 서로 소라고 하고 $(m, n)=1$로 표시한다.

함수

보통 우리가 말하는 함수는 "집합 A의 각 원소 a에 대해서 어떤 규칙에 의해서 집합 B의 원소 b가 단 한 개씩 대응될 때"를 A에서 B로의 함수라고 부른다. 이러한 대응되는 규칙을 f라고 했을 때 f를 A에서 B로의 함수라고 부르고

$$f : A \to B$$

로 표시한다. 그러나 이러한 함수의 정의는 규칙 또는 대응이라는 말이 좀 애매하므로 다음와 같이 관계를 가지고 함수를 정의하는 것이 보다 합리적이다.

정의 32.13 f가 집합 A에서 B로의 관계로서 다음 두 조건

(1) 임의의 $a \in A$에 대해서 $(a, b) \in f$가 되는 원소 $b \in B$가 반드시 존재한다.
(2) 만일 $(a, b) \in f$, $(a, c) \in f$이면 $b=c$

을 만족시킬 때 f를 A에서 B로의 **함수**(function)라 부르고

$$f : A \to B$$

로 표시한다.

【예제 22】 $A=\{1, 2, 3\}$, $B=\{a, b\}$라고 하면 $f=\{(1, b), (2, a), (3, a)\}$는 A에서 B로의 함수이다. 그러나 $f=\{(1, a), (2, b)\}$는 A에서 B로의 함수가 아니다.

$(a, b) \in f$일 때 b는 a에 대응하는 원소라고 하면 A에서 B로의 함수의 정의는 결국

(1) 집합 A의 어떤한 원소 a에 대해서도 반드시 대응하는 B의 원소가 존재하고
(2) 이 대응하는 B의 원소는 단 한 개밖에 없다.

가 된다. 흔히 학생들이 실수하는 것 중 하나가 함수가 아닌 것을 함수로 착각하고 함수란 말을 자주 쓰는 경우가 많다. 먼저 함수가 잘 정의(well-defined)되는지 살펴본 후 함수의 여러 가지 성질을 사용하여야 한다. 예를 들어

$$f = \{(x, y) \in \mathbb{R} \times \mathbb{R} \mid x^2 + y^2 = 1\}$$

은 평면상에서 반지름 1인 원의 그래프인데 이것은 관계는 될지언정 함수는 절대 될 수 없다. $x=0$에 대응되는 y의 값은 ± 1로서 두 개가 되므로 정의 32.13의 (2)에 위배된다. 즉 $(0, 1) \in f$, $(0, -1) \in f$이고 $1 \neq -1$이다.

일반적으로 관계 R의 그래프에서 B에 나란한 직선이 그래프와 2개 이상의 점에서 만나는 관계는 함수가 될 수 없다(그림 32.1).

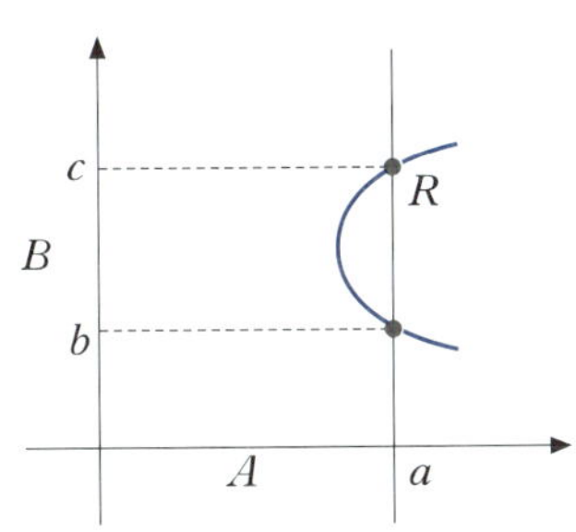

[그림 32.1]

그 이유는 만일 직선 $x=a$에서 관계 R과 두 점 b, c에서 만난다면

$$(a, b) \in R, \ (a, c) \in R \text{이고 } b \neq c$$

이므로 함수의 성질 (2)에 위배되어 R은 함수가 될 수 없다.

함수 $f: A \to B$에서 $a \in A$에 대해서 $(a, b) \in f$인 b는 단 한 개뿐이므로 $f(a)=b$로 적는다. 즉 f가 함수일 때는 $(a, b) \in f$와 $f(a)=b$는 같은 말이다.

정의 32.14 $f: A \to B$에서 $f(a)=b$일 때 b를 f에 의한 a의 **상**(image) 또는 a에서의 f의 함수값이라 하고 a를 f에 의한 b의 **원상**(preimage)이라고 한다.

함수의 일반적인 표시는 $f: A \to B$, $y=f(x)$꼴로 표시한다. 뒤의 $y=f(x)$는 x에 대응하는 f의 함수값이 y라는 뜻이다.

【예제 23】 $f: \mathbb{R} \to \mathbb{R}$, $y=x^2$은 f는 실수에서 실수로의 함수로서 실수 x에 대해서 x^2이 대응된다. 즉 $f=\{(x, x^2) \mid x \in \mathbb{R}\}$이다.

【예제 24】 f는 실수 $\mathbb{R}$에서의 관계로서 $f=\left\{(x, y) \mid y=\dfrac{1}{x}\right\}$라고 하면 $(0, y) \in f$인 y가 없으므로, 함수가 될 수 없다.

【예제 25】 $A=\{a, b, c\}$, $B=\{1, 2\}$, $f=\{(a, 1), (b, 1), (c, 2)\}$라고 하면 f는 A에서 B로의 함수이다. $f(a)=1$, $f(b)=1$, $f(c)=2$이다.

【예제 26】 $A=\{1, 2, 3\}$, $B=\{a, b\}$, $f=\{(1, a), (2, b), (1, b)\}$라고 하면 f는 함수가 아니다. 그러나 f는 A에서 B로의 관계는 된다.

【예제 27】 $f \subset \mathbb{R} \times \mathbb{R}$, $f=\{(x, \sin x) \mid x \in \mathbb{R}\}$이면 f는 $\mathbb{R}$에서 $\mathbb{R}$로의 함수이다. 즉 f는 $f(x)=\sin x$인 함수이다. f의 그래프는 파도 모양이 된다.

【예제 28】 $f: \mathbb{R} \to \mathbb{R}$, $f(x)=2x-3$은 그래프가 직선인 함수이다. 5의 함수값 $f(5)=7$, 0의 함수값 $f(0)=-3$이다.

【예제 29】 $A=\{1, 2, 3\}$, $B=\{a, b, c, d\}$, $f=\{(1, a), (2, a), (3, b)\}$는 함수이다.

함수에서 원소가 아닌 집합의 상이나 원상을 이야기할 수도 있는데 중요하므로 정의를 하자.

정의 32.15 함수 $f : A \to B$에서 $C \subset A$, $D \subset B$일 때 집합

$$f(C) = \{f(x) | x \in C\},\ f^{-1}(D) = \{x \in A | f(x) \in D\}$$

를 각각 C, D의 상, 원상들의 집합이라고 한다.

정의에서 $y \in f(C)$일 필요충분조건은 $y = f(x)$, $x \in C$가 되는 x가 존재할 경우이고, $x \in f^{-1}(D)$일 필요충분조건은 $f(x) \in D$임을 쉽게 알 수 있다.

일반적으로 함수 $f : A \to B$에서 $f(A) = B$가 될 필요는 없다. 따라서 $f(A)$와 B를 구분하여 B를 f의 **공역**(codomain), $f(A)$를 f의 **치역**(range)이라고 한다. A는 f의 **정의역**(domain)이라고 하고 $\mathrm{dom} f$로 적는다.

문제 1 $f(x) = \dfrac{x}{\sqrt{2-x}}$의 정의역은 무엇인가? 또, $x = -7, -1, 1$에서의 f의 함수값을 구하여라.

풀이 우선 분모가 0이 될 수 없고 $\sqrt{\ }$ 속은 음수가 될 수 없으므로 $2-x>0$이어야 한다. 따라서 $2-x>0$을 풀어주면 $x<2$를 얻게 된다. 정의역은 $(-\infty, 2)$이다. 또 $f(-7) = -\dfrac{7}{3}$, $f(-1) = \dfrac{-1}{\sqrt{3}}$, $f(1) = 1$이다. ■

문제 2 $f : (-\infty, 6] \to \mathbb{R}$, $f(x) = \begin{cases} -x, & x<0 \\ -3, & x=0 \\ \dfrac{3}{x}, & 0<x\le 6 \end{cases}$

인 함수이다. f의 그래프를 그리고 $f([0, 3])$, $f^{-1}((-\infty, 2])$를 구하여라.

풀이 주어진 정의역을 셋으로 나누어 $x<0$, $x=0$, $0<x\le 6$일 때를 각각 그려 종합하

면 그림은 다음과 같다.

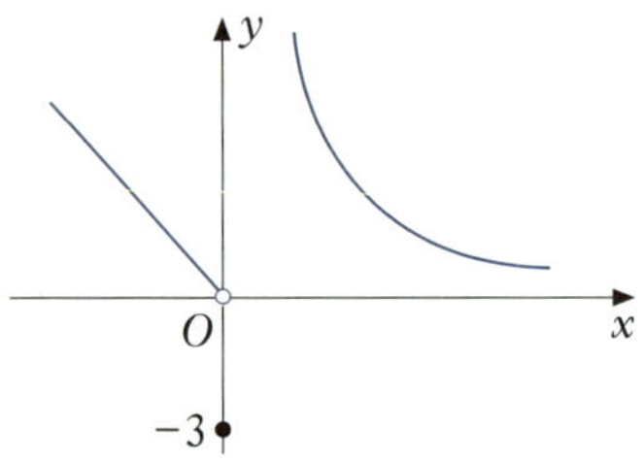

[그림 32.2]

$f([0, 3]) = [1, \infty)$, $f^{-1}((-\infty, 2]) = (0, \infty) \cup \{-3\}$ 이다. ■

여러 가지 함수

정의 32.16 임의의 집합 A에서 $f : A \to A$, $f(x) = x$, 즉 함수 f가 A의 각 원소에 대해서 자기 자신으로 대응시킬 때 이 함수를 **항등함수**(identity function)라고 부르고 1_A로 표시한다.

정의 32.17 $f : A \to B$에서 A의 모든 원소를 B의 한 개의 원소로 대응시킬 때 이 함수를 **상수함수**(constant function)라고 한다.

$f : A \to B$가 상수함수일 필요충분조건은 f의 치역은 한 개의 원소만으로 된 단집합일 때이다.

【예제 30】 $f : \mathbb{R} \to \mathbb{R}$, $f(x) = 3$은 상수함수이다.

정의 32.18 $f : A \to B$가 $a \neq b$이면 $f(a) \neq f(b)$일 때, 즉 A의 서로 다른 원소에는 서로 다른 원소가 대응될 때 f를 **단사함수**(one to one function)라고 부른다.

【예제 31】 (1) $f: \mathbb{R} \to \mathbb{R}, f(x)=x^2$은 단사함수가 아니다. 왜냐하면 $1 \neq -1$이나 $f(1)=f(-1)=1$이 되기 때문이다.

(2) $f: \mathbb{R} \to \mathbb{R}, f(x)=x^3$은 단사함수이다. 왜냐하면 $a \neq b$이면

$$a^3-b^3=(a-b)(a^2+ab+b^2)$$

이고 $a^2+ab+b^2>0$이므로 $a^3 \neq b^3$이기 때문이다.

정의 32.19 $f: A \to B$가 $f(A)=B$일 때, 즉 공역과 치역이 같을 때 f를 전사함수(onto function)라고 부른다.

【예제 32】 $f: \mathbb{R} \to \mathbb{R}, f(x)=x^2$은 전사함수가 아니다. $f(\mathbb{R})=[0, \infty)$가 되어 공역과 치역이 서로 다르다. 그러나 $f: \mathbb{R} \to \mathbb{R}, f(x)=ax+b$는 $a \neq 0$이면 전사함수가 된다. 만일 $a=0$이면 상수함수이다. 또 $a=1, b=0$이면 항등함수이다.

【예제 33】 $A=\{a, b\}$, $B=\{1, 2\}$, $f_1: A \to B$, $f_2: A \to B$, $f_1=\{(a, 1), (b, 1)\}$, $f_2=\{(a, 2), (b, 1)\}$이라면 f_1은 전사함수가 아니다. f_2는 전사함수이다.

【예제 34】 $A=\{a, b, c, d\}$, $B=\{1, 2, 3\}$, $f: A \to B$, $f=\{(a, 2), (b, 3), (c, 2), (d, 3)\}$이면 f는 전사가 아니다. 치역은 $\{2, 3\}$이다.

보통 함수 f가 단사임을 보이기 위해서는 정의 32.18의 대우를 써서 $f(a)=f(b)$이면 $a=b$가 됨을 보이면 된다.

또 $f: A \to B$가 전사임을 보이기 위해서는 항상 $f(A) \subset B$이므로 $B \subset f(A)$임을 보이면 된다. 즉 임의의 $b \in B$에 대해서 $b=f(a)$가 되는 $a \in A$가 존재함을 보이면 된다.

함수의 합성

우리가 어떤 상품을 만들 때는 여러 단계의 공정(processes)을 거치게 된다. 예를 들어 처음 재료 x를 투입하여 f라는 공정을 거치면 $f(x)$라는 반제품이 되고 이것을 다시 g라는 공정을 거치면 $g(f(x))$라는 제품이 된다. 이와 같이 여러 공정을 거쳐서 최후의 완제품을 만들 수 있다. 이때 각 공정 f, g를 우리는 함수로 생각할 수 있다. 공정 f의 입력부를 A, 출력부를 B라고 하고 f를 A에서 B로의 함수라 생각한다. 그 다음의 공정 g는 당연히 입력부가 앞 공정의 출력부가 되어야 하므로 g는 B에서 C로의 함수로 생각할 수 있다. 공정 f의 입력부 A에 투입된 x는 f라는 공정을 거쳐 $f(x)$가 되어 출력부 B에 도달하고 이것은 다시 g라는 공정에 투입된다. 이와 같이 공정을 거치는 것을 함수의 합성으로 표시할 수 있다.

정리 32.7 두 함수 $f: A \to B$, $g: B \to C$에서 관계

$$h = \{(a, g(f(a))) \mid a \in A\}$$

는 A에서 C로의 함수가 된다.

증명 우선 $a \in A$이므로 $f(a) \in B$이고 $g(f(a))$는 C의 원소이므로 $(a, g(f(a)))$는 $A \times C$의 원소이다. 따라서 h는 $A \times C$의 부분집합이다. 임의의 $a \in A$에 대해서

$$g(f(a)) \in C, \quad (a, g(f(a))) \in h$$

이므로 $\operatorname{dom} h = A$이다. 만일 $(a, b) \in h$, $(a, c) \in h$라고 하면

$$b = g(f(a)), \quad c = g(f(a))$$

이므로 $b = c$가 되어 h는 함수의 정의를 만족시킨다. □

위의 정리 32.7의 h는 A에서 C로의 함수이므로 $h: A \to C$, $h(a) = g(f(a))$이다. 이 함수 h를 f, g의 합성함수라 한다.

정의 32.20 두 함수 $f: A \to B$, $g: B \to C$에서

$$h: A \to C,\ h(a) = g(f(a))$$

일 때 h를 f와 g의 **합성함수**(composition function)라고 부르고 $g \circ f$로 표시한다.

f와 g의 합성함수 $g \circ f$는 먼저

(1) f의 공역과 g의 정의역이 같아야 하고,

(2) f의 정의역의 임의의 원소 a에 대해서 a의 f에 의한 상 $f(a)$를 다시 g에 의한 상 $g(f(a))$로 대응시킨 것이다.

【예제 35】 $A = \{1, 2, 3, 4\}$, $B = \{a, b, c\}$, $C = \{ㄱ, ㄴ, ㄷ\}$

$$f: A \to B,\ f(1) = a,\ f(2) = a,\ f(3) = c,\ f(4) = b$$
$$g: B \to C,\ g(a) = ㄷ,\ g(b) = ㄴ,\ g(c) = ㄱ$$

이라고 하면

$$\begin{aligned} g \circ f: A \to C,\ (g \circ f)(1) &= g(f(1)) = g(a) = ㄷ \\ (g \circ f)(2) &= g(f(2)) = g(a) = ㄷ \\ (g \circ f)(3) &= g(f(3)) = g(c) = ㄱ \\ (g \circ f)(4) &= g(f(4)) = g(b) = ㄴ \end{aligned}$$

이다.

【예제 36】 $f: \mathbb{R} \to \mathbb{R}$, $f(x) = 2x + 1$, $g: \mathbb{R} \to \mathbb{R}$, $g(x) = x^2 - 2$라고 하면

$$\begin{aligned} g \circ f: \mathbb{R} \to \mathbb{R},\ (g \circ f)(x) &= g(f(x)) \\ &= g(2x+1) \\ &= (2x+1)^2 - 2 \\ &= 4x^2 + 4x - 1 \\ f \circ g: \mathbb{R} \to \mathbb{R},\ (f \circ g)(x) &= f(g(x)) \\ &= f(x^2 - 2) \end{aligned}$$

$$= 2(x^2 - 2) + 1$$
$$= 2x^2 - 3$$

【예제 37】 $A = \{1, 2, 3, 4, 5\}$, $f, g : A \to A$인 함수로서 관계식이

$$f = \{(1, 3), (2, 5), (3, 3), (4, 1), (5, 2)\}$$
$$g = \{(1, 4), (2, 1), (3, 1), (4, 2), (5, 3)\}$$

이면

$$(g \circ f)(1) = g(f(1)) = g(3) = 1, \quad (g \circ f)(2) = g(f(2)) = g(5) = 3$$
$$(g \circ f)(3) = g(f(3)) = g(3) = 1, \quad (g \circ f)(4) = g(f(4)) = g(1) = 4$$
$$(g \circ f)(5) = g(f(5)) = g(2) = 1$$

이다.

정리 32.8 $f : A \to B$, $g : B \to C$, $h : C \to D$일 때 $(h \circ g) \circ f = h \circ (g \circ f)$이다. 또 이것은 A에서 D로의 함수이다.

정리 32.8에 의해서 앞으로 $(h \circ g) \circ f$는 괄호 없이 $h \circ g \circ f : A \to D$로 써도 무방하다.

정리 32.9 임의의 함수 $f : A \to B$에 대해서 $f \circ 1_A = f$, $1_B \circ f = f$이다.

증명 우선 $\mathrm{dom}(f \circ 1_A) = \mathrm{dom}\, 1_A = A$는 금방 알 수 있다. 임의의 $a \in A$에 대해서

$$(f \circ 1_A)(a) = f(1_A(a)) = f(a)$$ □

역함수

정의 32.21 함수 $f: A \to B$에 대해서 함수 $g: B \to A$가 존재해서 $g \circ f = 1_A$, $f \circ g = 1_B$가 성립할 때 g를 f의 **역함수**(inverse function)라고 하고 $g = f^{-1}$로 표시한다.

【예제 38】 $f: \mathbb{R} \to \mathbb{R}$, $f(x) = 3x - 1$, $g: \mathbb{R} \to \mathbb{R}$, $g(x) = \frac{1}{3}x + \frac{1}{3}$이라고 하면

$$(g \circ f)(x) = g(3x-1) = \frac{1}{3}(3x-1) + \frac{1}{3} = x,$$
$$(f \circ g)(x) = f\left(\frac{1}{3}x + \frac{1}{3}\right) = 3\left(\frac{1}{3}x + \frac{1}{3}\right) - 1 = x$$

이므로 g는 f의 역함수이다.

【예제 39】 $A = \{1, 2, 3\}$, $B = \{a, b, c\}$

$$f: A \to B, f(1) = c, f(2) = a, f(3) = b$$
$$g: B \to A, g(a) = 2, g(b) = 3, g(c) = 1$$

라고 하면

$$g \circ f: A \to A, \quad (g \circ f)(1) = g(c) = 1$$
$$(g \circ f)(2) = g(a) = 2$$
$$(g \circ f)(3) = g(b) = 3$$

이므로 $g \circ f = 1_A$이다. 마찬가지로 $f \circ g = 1_B$가 됨도 알 수 있다. 따라서 g는 f의 역함수이다.

일반적으로 모든 함수가 역함수를 가지는 것은 아니다. 역함수가 존재하기 위해서는 특별한 조건을 갖추어야 한다. 다음 정리에서 살펴보면

정리 32.10 $f: A \to B$가 역함수를 가질 필요충분조건은 f가 전단사함수이다.

f와 역함수 f^{-1}와의 관계는 $f(a)=b$일 필요충분조건은 $f^{-1}(b)=a$이다.

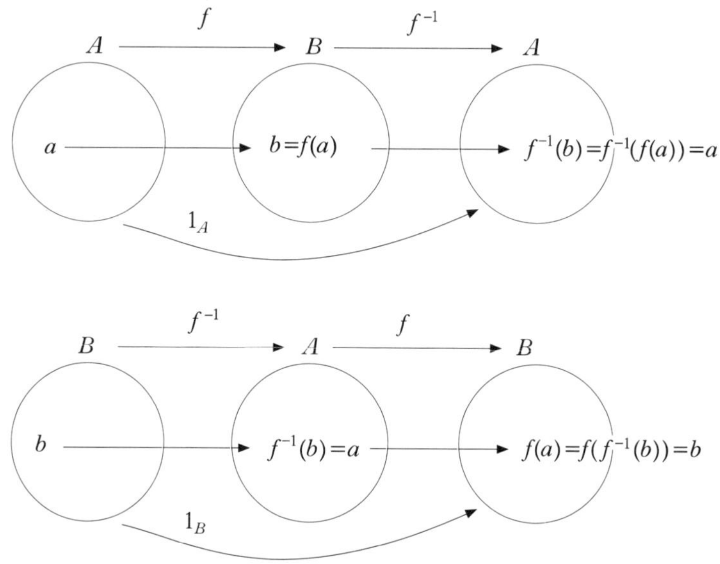

[그림 32.3]

정리 32.11 (1) $f: A \to B$가 역함수를 가지면 f^{-1}도 역함수를 가지고 $(f^{-1})^{-1}=f$이다.
(2) $f: A \to B$, $g: B \to C$가 모두 역함수를 가지면 $g \circ f: A \to C$도 역함수를 가지고 $(g \circ f)^{-1}=f^{-1} \circ g^{-1}$이다.

증명 (1) f^{-1}도 B에서 A로의 전단사함수이므로 역함수를 가진다. 또

$$(f^{-1})^{-1}=(f^{-1})^{-1} \circ 1_A=(f^{-1})^{-1} \circ (f^{-1} \circ f)=((f^{-1})^{-1} \circ f^{-1}) \circ f=1_B \circ f=f$$

이다. 또는 다른 방법으로 $(a, b) \in (f^{-1})^{-1}$이면 $(b, a) \in f^{-1}$이고 따라서 $(a, b) \in f$. 마찬가지로 $(a, b) \in f$면 $(a, b) \in (f^{-1})^{-1}$가 되어 $(f^{-1})^{-1}=f$가 된다.
(2) f, g는 각각 전단사이므로 $g \circ f$도 전단사이고 따라서 역함수를 가진다.

$(g \circ f)^{-1} = f^{-1} \circ g^{-1}$가 됨은 각자가 해보기 바란다. □

정리 32.12 $f : A \to B$는 함수이다. f가 단사일 필요충분조건은 $g \circ f = 1_A$를 만족시키는 함수 $g : B \to A$가 존재하는 것이다.

문제 3 $h(x) = 2x - 1$의 역함수를 구하여라.

풀이 $h = \{(x,\ 2x-1) \mid x \in \mathbb{R}\}$이므로 h^{-1}는 $h^{-1} = \{(2x-1,\ x) \mid x \in \mathbb{R}\}$이다. 다시 말하면 $h^{-1}(2x-1) = x$가 되는데 보통 함수에는 둘째 번 좌표를 첫째 좌표로 표시하므로 $2x-1 = X$로 두면 $x = \dfrac{X+1}{2}$. 따라서 $h^{-1}(X) = \dfrac{X+1}{2}$이다. 물론 여기서 변수 X는 다른 문자로 써도 상관없다. 즉 $h^{-1}(a) = \dfrac{a+1}{2}$로 해도 된다. 또 함수의 변수는 x로 많이 나타내므로 $h^{-1}(x) = \dfrac{1}{2}x + \dfrac{1}{2}$로 하면 제일 좋다. ■

문제 4 $A = \mathbb{R} - \{3\}$, $B = \mathbb{R} - \{1\}$, $f : A \to B$, $f(x) = \dfrac{x-2}{x-3}$이다. f의 역함수가 있는가? 있으면 구하여라.

풀이 f는 전단사함수이므로 역함수가 존재한다. $f^{-1} \circ f(x) = x$이므로

$$f^{-1}\left(\frac{x-2}{x-3}\right) = x$$

이다. $\dfrac{x-2}{x-3} = y$라 두면 $x = \dfrac{2-3y}{1-y}$이다. 따라서 $f^{-1}(y) = \dfrac{2-3y}{1-y}$이다. 다시 변수를 x로 바꾸면

$$f^{-1}(x) = \frac{2-3x}{1-x}$$

가 우리가 구하는 역함수이다. ■

문제 5 $f(3x-1) = \dfrac{1}{2}x - 5$의 역함수를 구하여라.

풀이 $3x - 1 = (f^{-1} \circ f)(3x-1) = f^{-1}\left(\dfrac{1}{2}x - 5\right)$이다. $\dfrac{1}{2}x - 5 = X$라 두면 $x = 2X + 10$이므로

$$f^{-1}(X) = 3x - 1 = 6X + 29$$

따라서 $f^{-1}(x) = 6x + 29$이다. ■

정리 32.13 (수학적 귀납법) 자연수 n에 대한 성질 $P(n)$에 대해서 다음 두 조건

(1) $P(1)$은 참이다.

(2) 만일 $P(n)$이 참이면 $P(n+1)$도 참이다.

가 만족되면 $P(n)$은 모든 자연수에 대해서 참이다.

증명 만일 $P(n)$이 참이 되지 않는 자연수가 존재한다면 집합

$$X = \{n \in N | P(n)\text{은 거짓}\}$$

는 $\varnothing$가 아니다. 정열법칙에 의해서 X의 최소원소 $c \in X$가 존재한다. 그런데 (1)에 의해서 $c \neq 1$이다. 따라서 $c-1 \in N$이고 $c-1 < c$이므로 $c-1 \notin X$이다. 따라서 $P(c-1)$은 참이 되고 (2)에 의해서 $P(c) = P((c-1)+1)$도 참이다. 그런데 $c \in X$이므로 $P(c)$는 처음부터 거짓이므로 모순이다. 따라서 $P(n)$이 거짓인 자연수는 존재하지 않는다. 즉 모든 자연수에 대해서 $P(n)$은 참이다. □

정리 32.14 (제2 수학적 귀납법) 자연수 n에 대한 성질 $P(n)$에 대해서 다음 두 조건

(1) $P(1)$은 참이다.

(2) 만일 $1 \leq k < n$인 모든 자연수 k에 대해서 $P(k)$가 참이면 $P(n)$도 참이다.

가 만족되면 $P(n)$은 모든 자연수에 대해서 참이다.

증명 집합 $X = \{n \in N | P(n)\text{은 거짓}\}$가 $\varnothing$가 아니라고 하면 위와 마찬가지로 하여 모순이 발생한다. □

연습문제(32)

1. 다음과 같은 수열을 피보나츠(Fibonach) 수열이라고 한다.

$$1,\ 1,\ 2,\ 3,\ 5,\ 8,\ \cdots,\ \text{단}\ a_n = a_{n-1} + a_{n-2}\ (n \geq 3)$$

모든 k에 대해서 a_{5k}는 5의 배수임을 증명하여라.

2. S는 원소가 n개인 집합이다. S의 모든 부분집합의 개수는 2^n임을 증명하여라.

3. 다음과 같이 수학적 귀납법으로 증명했다. 어디가 틀렸는가?
"모든 소의 색깔은 같다"의 증명
$p(n)$을 "n마리의 소 색깔은 같다"라고 한다.
(1) 1마리의 소는 자신은 자신의 색깔과 같으므로 따라서 $P(1)$은 참이다.
(2) $P(m)$은 참이라고 가정하자. S를 $m+1$마리의 소 집합이라고 하면 $S=\{r_1, r_2, \cdots, r_{m+1}\}$로 나타낼 수 있다. $\{r_1, r_2, \cdots, r_m\}$은 m마리의 소 집합이므로 같은 색깔이다. 또 $\{r_2, r_3, \cdots, r_{m+1}\}$도 m마리의 소 집합이므로 역시 같은 색깔이다. 그런데 r_2는 공통으로 있으므로 따라서 S 집합의 소 색깔은 모두 같다. 즉, $P(m+1)$이 성립한다. 수학적 귀납법에 의해서 임의의 n마리의 소의 색깔은 같다.

4. 다음을 증명하여라.
(1) $A \subset C,\ B \subset C$일 필요충분조건은 $A \cup B \subset C$
(2) $C \subset A,\ C \subset B$일 필요충분조건은 $C \subset A \cap B$
(3) $S \cap (S \cup T) = S,\ S \cup (S \cap T) = S$
(4) $S \cup T = T$일 필요충분조건은 $S \subset T$

5. $1^3 + 2^3 + \cdots + n^3 = \left\{ \dfrac{n(n+1)}{2} \right\}^2,\ (n \geq 1)$을 수학적 귀납법으로 증명하여라.

6. c는 자연수이다. 다음 정리를 증명하여라.
(1) $P(c)$는 참이다.

(2) 모든 자연수 $m>c$에 대해서 $c\leq k<m$인 임의의 자연수 k에 대해서 $P(k)$가 참이면 $P(m)$도 참이다.

그러면 $c\leq n$인 모든 자연수 n에 대해서 $P(n)$은 참이다.

7. 모든 정수 $n\geq 1$에 대해서 n^3-n은 3의 배수임을 증명하여라.

8. $f: X\to Y$, $A\subset X$, $B\subset Y$이다. $f(A)=\{f(x)|x\in A\}$, $f^{-1}(B)=\{x\in X|f(x)\in B\}$라고 하면 다음을 증명하여라.

(1) $f^{-1}(f(A))\supset A$, (2) $f(f^{-1}(B))=B\cap f(X)$

9. 정수집합 Z에서 $R=\{(a,\ b)|ab\geq 0\}$라면 R은 Z상에서 동치관계가 되는가?

10. $A\subset B$일 필요충분조건은 $B^C\subset A^C$임을 증명하여라.

11. 임의의 집합 A, B, C에 대해서 다음을 증명하여라.

(1) $A\subset A$ (2) $\varnothing\subset A$ (3) $A\subset B$, $B\subset C$이면 $A\subset C$

12. 임의의 집합 A, B, C에 대하여 다음이 성립함을 보여라.

(1) $A\cup\varnothing=A$ (항등원)

(2) $A\cup A=A$, $A\cap A=A$ (멱등법칙)

(3) $A\cup B=B\cup A$, $A\cap B=B\cap A$ (교환법칙)

(4) $(A\cup B)\cup C=(A\cup(B\cup C)$,$(A\cap B)\cap C=A\cap(B\cap C)$, (결합법칙)

(5) $A\cap(B\cup C)=(A\cap B)\cup(A\cap C)$, $A\cup(B\cap C)=(A\cup B)\cap(A\cup C)$ (분배법칙)

13. 임의의 집합 A, B에 대하여 다음이 성립함을 보여라.

(1) $(A\cap B)^C=A^C\cup B^C$ (2) $A\cap A^C=\varnothing$ (3) $(A^C)^C=A$

14. 다음을 증명하여라. (제2형식의 수학적 귀납법)

$P(n)$은 자연수 n에 관한 성질이다.

(1) $P(1)$은 참이다.

(2) 임의의 자연수 m에 대해서 $k<m$인 모든 자연수 k에 대해서 $P(k)$가 참이면

$P(m)$도 역시 참이다.

(1), (2)가 성립하면 모든 자연수 n에 대해서 $P(n)$은 참이다.

15. $f: A \to B$, $g: B \to C$, $h: C \to D$에서 $(h \circ g) \circ f = h \circ (g \circ f)$임을 증명하여라.

16. $f: A \to B$, $g: B \to C$이다. f, g가 각각 역함수를 가지면 $g \circ f: A \to C$도 역함수를 가지고 $(g \circ f)^{-1} = f^{-1} \circ g^{-1}$가 됨을 증명하여라.

17. 다음 중 Z에서 동치관계인 것을 골라라.

(1) $R = \{(a, b) | a - b \geq 0\}$　(2) $R = \{(a, b) | |a| = |b|\}$　(3) $R = \{(a, b) | |a - b| \leq 1\}$

18. 다음 중 어디에서 잘못이 있는지 찾아라.

"집합 S의 동치관계 $\sim$에서 반사율은 필요없다. 왜냐하면 임의의 $a \in S$에 대해서 대칭률로부터 $a \sim b$이면 $b \sim a$이고 따라서 추이율에 의해서 $a \sim a$이기 때문이다."

19. 집합 A상에서 관계로써 함수인 동시에 동치관계인 것을 찾아라.

20. $f: R \to R$, $f\left(\frac{1}{2}x^3 + 1\right) = 5x - 4$의 역함수를 구하여라.

21. $A \times B = A \times C$일 필요충분조건은 $B = C$거나 $A = \varnothing$임을 보여라.

22. $\varnothing$가 아닌 세 집합 A, B, C의 카르테시안 곱은 결합법칙이 성립하지 않음을 보여라.

23. $X = \{0, 1, 2, 3\}$이다.

(1) $R = \{(0, 0), (1, 1), (2, 2), (3, 3), (0, 2), (1, 3), (2, 0), (3, 1)\}$은 X에서 동치관계임을 보여라.

(2) R의 동치류를 구하여라.

24. A가 무한집합이면 A의 동치관계도 무한개가 있음을 보여라. 또 그 역도 성립함을 보여라.

25. $f: X \to Y$가 단사일 필요충분조건은 임의의 $g, h: A \to X$, $f \circ h = f \circ g$에 대해서 $h = g$임을 보여라.

26. $f: X \to Y$가 전사일 필요충분조건은 임의의 집합 A와 임의의 두 함수 $g, h: Y \to A$가 $g \circ f = h \circ f$가 성립하면 $g = h$임을 보여라.

33 Light의 방법
(Light's Method for Associative Law)

이항연산 $*$을 가진 집합 S에서 $a \in S$라 할 때 다음과 같이 새로운 두 개의 연산 $\cdot(a)$, $(a)\odot$을 정의한다. 임의의 $x, y \in S$에 대해서 $\cdot(a)$, $(a)\odot$를 간단히 $\cdot$, $\odot$로 표시해서

$$x \cdot y = (x * a) * y, \quad x \odot y = x * (a * y)$$

만일 S의 모든 원소 a에 대해서

$$x \cdot y = x \odot y$$

라면 결합법칙이 성립하는 것이다. 그러면 이 두 연산에 대한 연산표를 만들어 보자.

$\cdot$연산표는 $*$ 연산표에서 x값 대신에 $x * a$값을 대입하면 된다. 따라서 세로의 각 x값 대신에 $x * a$값을 대입하는 것이다.

예를 들어서 $*$가 다음 표 33.1과 같을 때,

$*$	a	b	c
a	a	c	b
b	c	a	a
c	b	b	c

[표 33.1]

b에 대한 $\cdot$연산표는 x값 대신에 $x*b$가 대입되므로 $*$연산에서 세로의 a, b, c 대신에 b열의 값 c, a, b가 대신 들어서게 된다. 따라서 $\cdot$연산표의 제1행에는 c행의 값 b, b, c가, 제2행에는 a행의 값 a, c, b가, 제3행에는 b행의 값 c, a, a가 나타나므로 연산표는

$\cdot(b)$	a	b	c
a			
b		X	
c			

[표 33.2]

의 X는

$*$	a	b	c
c			
a		X	
b			

[표 33.3]

의 X값과 같고 결국 *연산표

$*$	a	b	c
c	b	b	c
a	a	c	b
b	c	a	a

[표 33.4]

에서

X는

$$\begin{matrix} b & b & c \\ a & c & b \\ c & a & a \end{matrix}$$

와 같게 된다.

(1)

마찬가지로 b에 대한 $\odot$연산표는 y의 값 대신에 $b*y$의 값이 나타나므로 제일 위의 가로값 a, b, c 대신에 b행의 값 c, a, a의 값이 나타난다. 따라서 제1열의 값은 c 열의 값 b, a, c. 2열은 a열의 값 a, c, b. 3열은 역시 a열의 값 a, c, b이다. 즉,

$(b)\odot$	a	b	c
a			
b		Y	
c			

[표 33.5]

의 Y는

$*$	c	a	a
a			
b		Y	
c			

[표 33.6]

의 Y값과 같게 되고 이 값은

b	a	a
a	c	c
c	b	b

(2)

와 같게 된다.

이 두 값 (1)과 (2)를 비교하면 서로 틀리므로 결합적이 아니다. 그러나 이와 같이 표를 두 개 만들 필요는 없다. 즉, 이 두 표를 함께 생각해서 세로축은 ·연산표의 $x * b$의 값 c, a, b를 적고 각 c, a, b의 행의 값을 마찬가지로 적어서 표 (1)을 만들고 이 표의 가로축은 ⊙연산표의 $b * y$의 값을 적는다. 즉, c, a, a를 적어서

b	c	a	a
c	b	b	c
a	a	c	b
b	c	a	a

(3)

와 같이 만들어서 여기서 각 열에 해당하는 값을 읽어서 원래 $*$연산표의 c, a, a의 값과 일치하는지를 살펴보면 알 수 있다. 즉, 표 (1)만 만들고 표 (2)는 머릿속에서 만들어서 (1)과 겹쳐보는 것이다. 표 (3)의 제1열의 값은 b, a, c이므로 일치한다. 또 제2열은 b, c, a이고 $*$표의 a열은 a, c, b이므로 이때는 일치하지 않는다. 만일 모든 행이 일치하면 b에 대하여 결합적이 되는 것이다.

물론 이러한 표는 모든 원소에 대해서 해야 하나 실제로는 생성원(generator)에 대해서만 해도 충분하다. 표에서 보면 $b * c = a$이므로 b와 c가 생성원이 된다. 따라서 b와 c에 대해서 결합법칙이 성립하면 a는 자동으로 결합법칙이 성립된다. 또 $\{a, c\}$, $\{a, b\}$등도 모두 생성원이 된다.

연습문제(33)

1. 다음 연산표에서 결합법칙이 성립하는지 확인하라.

(1)

*	a	b	c	d
a	a	b	c	d
b	b	a	c	d
c	c	d	c	d
d	d	c	c	d

(2)

*	a	b	c	d
a	a	b	c	d
b	b	c	d	a
c	c	d	a	b
d	d	a	b	c

(3)

*	a	b	c	d	e
a	a	a	a	d	d
b	a	c	c	d	d
c	a	c	b	d	d
d	d	d	d	a	a
e	d	e	e	a	a

(4)

*	a	b	c
a	b	a	c
b	b	b	a
c	a	c	b

(5)

*	a	b	c	d
a	a	c	b	d
b	c	a	c	b
c	b	d	a	c
d	d	b	a	c

(6)

*	a	b	c
a	a	c	c
b	a	b	c
c	a	c	c

2. 결합법칙이 성립하도록 빈칸을 채워라.

(1)

*	a	b	c
a	b		
b	c		
c	a		

(2)

*	a	b	c	d
a	a	b	c	d
b		a		
c			a	
d				a

34 군의 열
(Series of Groups)

군의 구조를 조사하는 방법 중 하나로 군의 열이 많이 사용된다. 특히 단순군의 구조를 밝히는 데는 군의 열을 이용한 Jordon-Hölder의 정리가 매우 유용하다. 지금부터 군의 열에 대해서 간단히 공부해 보자.

정의 34.1 1) $\{e\}=H_0, H_1, \cdots, H_n=G$는 모두 G의 부분군이고 H_i는 H_{i+1}의 정규부분군일 때 $(i=0, 1, \cdots, n-1)$ 부분군의 열

$$H_0, H_1, \cdots, H_n$$

을 G의 **부분정규열**(subnormal series)이라고 부른다.

2) 부분정규열의 특별한 경우로서 $\{e\}=H_0, H_1, \cdots, H_n=G$는 모두 G의 정규부분군이고 H_i는 H_{i+1}의 정규부분군일 때 정규부분군의 열 $H_0, H_1, \cdots, H_n$을 G의 **정규열**(normal series)이라고 부른다.

이때 상군 H_{i+1}/H_i를 이 열의 **인수**(factors)라고 하고 또 이 열에 포함된 서로 다른 (정규)부분군의 개수를 이 열의 **길이**(length)라고 부른다.

책에 따라서 정규열과 부분정규열을 혼동하여 사용하는 경우도 있으므로 각 책마다 정의를 잘 파악해야 한다. 경우에 따라서 부분정규열은

$$H_0 \subset H_1 \subset \cdots H_n \text{ 또는 } \{H_i\}$$

로 정규열은

$$H_0 \subset H_1 \subset H_2 \cdots \subset H_n,\ H_i\text{는 } G\text{의 정규부분군}$$

으로 표시하는 수도 있다.

【예제 1】 $\{0\}, 8\mathbb{Z}, 4\mathbb{Z}, 2\mathbb{Z}, \mathbb{Z}$는 $\mathbb{Z}$의 정규열이다. 이때 이 열의 인수는 각각

$$8\mathbb{Z}, 4\mathbb{Z}/8\mathbb{Z} \cong 2\mathbb{Z}/4\mathbb{Z} \cong \mathbb{Z}/2\mathbb{Z} \cong \mathbb{Z}_2$$

이고 길이는 5이다.

【예제 2】 $\{\overline{0}\}, \langle\overline{12}\rangle, \langle\overline{12}\rangle, \langle\overline{6}\rangle, \mathbb{Z}_{60}$은 길이는 4인 $\mathbb{Z}_{60}$의 정규열이다. 이 열의 인수는 $\langle\overline{12}\rangle$, $\{e\}$, $\mathbb{Z}_2$, $\mathbb{Z}_{10}$가 된다.

【예제 3】 G를 임의의 군이라고 하면 중심 $Z(G)$는 G의 정규부분군이다. $C_1 = Z(G)$라 두고 $\pi : G \to G/C_1$을 전형적 준동형사상이라고 하면 G/C_1의 중심 $Z(G/C_1)$는 G/C_1의 정규부분군이므로 $C_2 = \pi^{-1}(Z(G/C_1))$는 C_1를 포함하는 G의 정규부분군이다. 이와 같은 방법으로 $C_3, C_4, \cdots,$를 계속 만들어 가면 하나의 G의 정규열 $C_0, C_1, C_2, \cdots, C_n$을 얻을 수 있다.

정의 34.2 $H_0, H_1, \cdots, H_n$은 G의 부분정규열이다. 이때 이 열에 G의 부분군을 몇 개 더 첨가하여 만든 G의 새로운 부분정규열을 원래 열 $H_0, H_1, \cdots, H_n$의 세분(refinement)이라고 부른다.

또 부분정규열 $H_0, H_1, \cdots, H_n$의 세분의 길이가 원래 부분정규열의 길이보다 더 길 때 이 세분을 $H_0, H_1, \cdots, H_n$의 **진세분**(proper refinement)이라고 부른다.

특히 G의 부분정규열 $H_0, H_1, \cdots, H_n$의 세분이 $H_0, H_1, \cdots, H_i, N,$

$H_{i+1}, \cdots, H_n$과 같이 단 한 개의 부분군 N이 더 들어갔을 때 이 세분을 **일단계 세분**(one-step refinement)이라고 부른다.

정의에서 잘 알 수 있는 바와 같이 G의 두 개의 부분정규열 $H_0, H_1, \cdots, H_n$과 $K_0, K_1, \cdots, K_m$에서 $\{H_0, H_1, \cdots, H_n\} \subset \{K_0, K_1, \cdots, K_m\}$일 때 $\{K_j\}$는 $\{H_i\}$의 세분이 됨을 잘 알 수 있다. 또 $\{H_0, H_1, \cdots, H_n\} \subsetneq \{K_0, K_1, \cdots, K_m\}$일 때 $\{K_j\}$는 $\{H_i\}$의 진세분의 된다.

정의 34.3 두 개의 (부분)정규열 $\{H_i\}$와 $\{K_j\}$가 서로 **동치**(또는 동형)라는 말은 두 열의 인수집합 $\{H_{i+1}/H_i\}$와 $\{K_{j+1}/K_j\}$ 사이에 일대일 대응이 존재하여 이 대응하는 인수들끼리는 서로 동형이 될 때를 말한다.

【예제 4】 $\mathbb{Z}_{15}$의 두 개의 열 $0 \subset \langle \bar{5} \rangle \subset \mathbb{Z}_{15}$와 $0 \subset \langle \bar{3} \rangle \subset \mathbb{Z}_{15}$의 인수집합은 각각

$$\{\langle \bar{5} \rangle, \mathbb{Z}_{15}/\langle \bar{5} \rangle \cong \mathbb{Z}_5\} \text{와 } \{\langle \bar{3} \rangle, \mathbb{Z}_{15}/\langle \bar{3} \rangle \cong \mathbb{Z}_3\}$$

이 되어서 $\langle \bar{5} \rangle \cong \mathbb{Z}_3$, $\mathbb{Z}_5 \cong \langle \bar{3} \rangle$가 되어 결국 두 열은 서로 동치가 됨을 알 수 있다.

정의 34.4 G의 부분정규열 $\{H_i\}$의 각 인수 H_{i+1}/H_i가 단순군일 때, 이 열을 특히 **합성열**(composition series)이라고 부른다. 또 각 인수 H_{i+1}/H_i가 아벨군일 때 이 열을 **가해열**(solvable series)라고 부른다.

군의 성질에 따라서 가해열을 가질 경우도 있고 가지지 않을 경우도 있다. 특히 가해열을 가지는 군을 **가해군**(solvable group)이라고 부른다.

모든 아벨군은 가해군이다. 또 군 S_3에서 합성열 $e \subset A_3 \subset S_3$를 보면, A_3, $S_3/A_3 \cong \mathbb{Z}_2$는 모두 아벨군이므로 가해열이 된다. 그러나 S_5에서 합성열 $e \subset A_5 \subset S_5$는 비아벨 인수 A_5를 가지므로 가해군이 되지 않는다.

이 사실은 5차방정식의 풀이와 밀접한 관계가 있다. 특히 합성열을 다룰 때는 다음과 같이 N이 G의 정규부분군일 때 상군 G/N의 임의의 정규부분군은 항상 $H/N(N\subset H\subset G)$꼴이 되므로 결국 $G\neq N$인 G/N이 단순군일 필요충분조건은 $N\subset H\subset G$, H는 G의 정규부분군 $N\neq H$, $H\neq G$인 H가 존재할 수 없을 때이다. (이때 이러한 성질을 만족시키는 N을 G의 **극대정규부분군**(maximal normal subgroup)이라고 부른다.)

정리 34.1 G의 부분정규열 $\{H_i\}$가 합성열이 될 필요충분조건은 이 열이 진세분을 가질 수 없을 때이다.

증명 (⇒) 만일 부분정규열 $\{H_i\}$가 진세분 $\{K_j\}$를 가졌다면 $\{H_i\}\subsetneq\{K_j\}$이므로 $H_i\subsetneq N\subsetneq H_{i+1}$인 G의 정규부분군 N이 $\{K_j\}$에 존재한다. 따라서 H_{i+1}/H_i는 단순군이 아니므로 $\{H_i\}$는 합성열이 될 수 없다.

(⇐) 또 역으로 $\{H_i\}$가 합성열이 아니라면 단순군이 아닌 H_{i+1}/H_i가 존재할 것이고 따라서 $H_i\subset N\subset H_{i+1}$, $H_i\neq N$, $N\neq H_{i+1}$인 G의 정규부분군 N이 존재한다. 이 말은 열

$$H_0\subset H_1\subset \cdots\ H_i\subset N\subset H_{i+1}\subset \cdots$$

이 $\{H_i\}$의 진세분이 됨을 뜻하므로 모순이 된다. 따라서 $\{H_i\}$는 합성열이 된다. □

【예제 5】 정수군 $\mathbb{Z}$는 합성열을 가질 수 없다. 왜냐하면 만일

$$\{0\}=H_0\subset H_1\subset\cdots\subset H_n=\mathbb{Z}$$

가 길이가 $n+1$인 $\mathbb{Z}$의 임의의 부분정규열이라고 하면 정수군의 성질로부터 $H_1=r\mathbb{Z}$ $(r\neq 0)$꼴이 된다. 따라서 세분

$$0\subset 2r\mathbb{Z}\subset H_1\subset\cdots$$

는 $\{H_i\}$의 진세분이 되어 $\{H_i\}$는 합성열이 될 수 없다.

【예제 6】

$$\{e\}\subset A_n\subset S_n\ (n\geq 5)$$

는 합성열이다. 왜냐하면 $n \geq 5$이면 $A_n/\{e\} \cong A_n$은 단순군이고 또

$$|S_n/A_n| = 2\text{가 되어 } S_n/A_n \cong \mathbb{Z}_2$$

가 되므로 역시 단순군이 되기 때문이다. 마찬가지로

$$0 \subset \langle \bar{5} \rangle \subset \mathbb{Z}_{15}$$

는 합성열이다.

정리 34.2 $\{H_i\}$가 G의 합성열이면 $\{H_i\}$의 어떠한 세분도 $\{H_i\}$와 동치가 된다.

증명 $\{H_i\}$가 합성열이므로 $\{H_i\}$는 진세분을 가질 수 없다. 즉, $\{H_i\}$의 어떠한 세분도 $\{H_i\}$의 원소 이외의 다른 원소를 포함할 수 없다. 따라서 $\{H_i\}$에 더 첨가할 수 있는 부분군은 $\{H_i\}$의 원소밖에 없으므로 결국 세분의 인수는 $\{H_i\}$의 인수와 같게 되어 동치가 된다. □

정리 34.3 (Zassenhaus) H, K, H^*, K^*는 G의 부분군이고 H^*, K^*가 각각 H, K의 정규부분군이면 다음이 성립한다.

(1) $H^*(H \cap K^*)$는 $H^*(H \cap K)$의 정규부분군이다.

(2) $K^*(H^* \cap K)$는 $K^*(H \cap K)$의 정규부분군이다.

(3) $H^*(H \cap K)/H^*(H \cap K^*) \cong K^*(H \cap K)/K^*(H^* \cap K)$
$$\cong (H \cap K)/(H^* \cap K)(H \cap K^*)$$

이다.

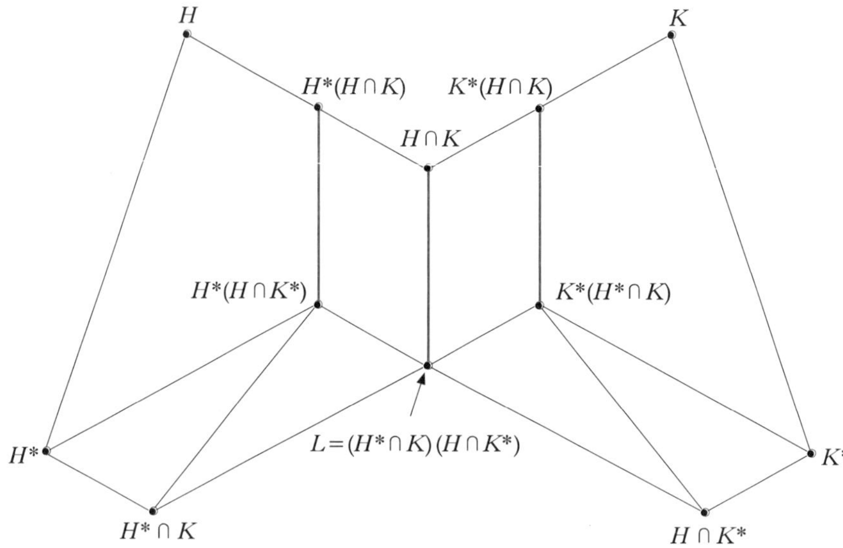

[그림 34.1]

증명 제1, 제2, 제3 동형사상 정리를 이용한다.

$$H\cap K^* = (H\cap K)\cap K^* \text{는 } H\cap K \text{의 정규부분군}$$

이 된다. 마찬가지로

$$H^*\cap K = (H\cap K)\cap H^* \text{도 } H\cap K \text{의 정규부분군}$$

이 되어서

$$L = (H\cap K^*)(H^*\cap K) \text{는 } H\cap K \text{의 정규부분군}$$

이 됨을 알 수 있다. 함수

$$\phi : H^*(H\cap K) \to H\cap K/L,\ \phi(ac) = Lc \text{(단, } a\in H^*,\ c\in H\cap K)$$

라고 하면 이 ϕ는 잘 정의되며

$$\mathrm{Ker}\,\phi = H^*(H\cap K^*)$$

인 전사인 준동형사상이 됨을 알 수 있다. 따라서 $H^*(H\cap K^*)$는 $H^*(H\cap K)$의 정규부분군이 되고 제1 동형사상 정리에 의해서

$$H^*(H\cap K)/\mathrm{Ker}\,\phi \cong H\cap K/L$$

이므로

$$H^*(H\cap K)/H^*(H\cap K^*) \cong (H\cap K)/(H\cap K^*)(H^*\cap K)$$

가 된다. 즉 (1), (3)이 증명되었다. 마찬가지로 2)번도 증명할 수 있다.

□

정리 34.4 (Schreier) 임의의 두 (부분)정규열은 항상 동치인 세분을 가진다.

증명

$$\{e\}=H_0\subset H_1\subset H_2\subset \cdots \subset H_n=G$$
$$\{e\}=K_0\subset K_1\subset K_2\subset \cdots \subset K_m=G$$

를 G의 임의의 두 부분정규열이라고 하자.

$$H_i=H_i(H_{i+1}\cap K_0)\subset H_i(H_{i+1}\cap K_1)\subset \cdots \subset H_i(H_{i+1}\cap K_m)=H_iH_{i+1}=H_{i+1}$$

즉 H_i와 H_{i+1} 사이에 $m-1$개의 항(서로 같을 수도 있다)을 첨가시킨다. 이와 같이 모든 $i=0,\ 1,\ 2,\ \cdots,\ n-1$에 대해서 세분을 하면 결국 새로운 세분 A는 $(m-1)(n-1)$개의 부분군을 포함하게 된다. 마찬가지로 K_j에 대해서도 이와 같은 방법을 사용하면 길이가 $(m-1)(n-1)$개가 되는 세분 B를 만들 수 있다. 또 정리 34.3의 3)에 의해서 이 각각의 세분은

$$H_i(H_{i+1}\cap K_{j+1})/H_i(H_{i+1}\cap K_j)\cong K_j(K_{j+1}\cap H_{i+1})/K_j(K_{j+1}\cap H_i)$$
$$(0\le i\le n-1,\ 0\le j\le m-1)$$

이 되어 인수끼리 서로 동형이 된다. 즉 두 정규부분열 $\{H_i\}$, $\{K_j\}$는 동치인 세분 A, B를 각각 가진다. □

정리 34.5 (Jordan–Hölder) 군 G의 임의의 두 합성열은 항상 서로 동치이다.

증명 증명 $\{H_i\}$, $\{K_j\}$를 G의 두 합성열이라고 하면 정리 34.4에 의해서 $\{H_i\}$, $\{K_j\}$는 동치인 세분을 가진다. 그런데 정리 34.2에 의해서 합성열의 세분은 항상 자신과 동치이므로 결국 $\{H_i\}$와 $\{K_j\}$는 동치가 된다. □

따름정리 34.6 합성열을 가지는 임의의 군은 단순군의 유일한 열로 표시할 수 있다.

단순군의 성질을 조사하는 데 이 정리가 많이 이용된다. 유한단순군의 구조를 완전히 밝히는 정리는 없으나 비교적 많은 종류의 단순군은 그 구조가 밝혀졌다. 예를 들면 위수가 200이하인 아벨이 아닌 단순군은 오직 A_5와 위수가 168인 S_7의 부분군 단 2종류만 존재함이 알려져 있다. 또 위수가 60 이하인 아벨이 아닌 단순군은 존재하지 않는다. 마찬가지로 위수가 60인 단순군은 모두 A_5와 동형이다.

연습문제(34)

1. A_4의 합성열을 모두 구하여라.

2. $S_3 \times Z_2$의 합성열을 모두 구하여라.

3. S_4의 합성열을 모두 구하여라.

4. N은 G의 단순 정규부분군이다. G/N이 합성열이 가지면 G도 합성열을 가짐을 보여라.

5. 합성열은 길이가 가장 긴 정규열이 됨을 보여라.

6. 아벨군이 합성열을 가질 필요충분조건은 유한군임을 보여라.

7. H는 G의 정규부분군이고 G는 합성열을 가진다. G는 H를 포함하는 합성열을 가짐을 보여라.

8. 위수가 60인 단순군은 A_5와 동형임을 보여라.

9. 두 정규열 $0 \subset 60\mathbb{Z} \subset 20\mathbb{Z} \subset \mathbb{Z}$와 $0 \subset 200\mathbb{Z} \subset 40\mathbb{Z} \subset \mathbb{Z}$에 동치인 세분을 구하여라.

10. $\mathbb{Z}_{60}$의 모든 합성열을 구하고 또 모두 동치임을 보여라.

11. $\mathbb{Z}_5 \times \mathbb{Z}_5$의 모든 합성열을 구하여라.

12. $S_3 \times S_3$의 합성열을 구하여라.

13. $\{\overline{0}\} \subset \langle \overline{12} \rangle \subset \langle \overline{3} \rangle \subset \mathbb{Z}_{36}$과 $\{\overline{0}\} \subset \langle \overline{18} \rangle \subset \mathbb{Z}_{36}$에 동치인 세분을 구하여라.

35 대칭군의 성질
(Symmetric Group)

정리 35.1 $\theta \in S_n$이고 $(a_1 \cdots a_k)$가 길이 k인 S_n의 순환이면

$$\theta(a_1 \cdots a_k)\theta^{-1} = (\theta(a_1) \cdots \theta(a_k))$$

이다.

증명 임의의 $\theta(a_i)$에 대해서 $(1 \le i < k)$

$$[\theta(a_1 \cdots a_k)\theta^{-1}]\ \theta(a_i) = [\theta(a_1 \cdots a_k)](a_i) = \theta(a_{i+1})$$

이다. 또 $x \ne \theta(a_i)$ $(1 \le i \le k)$이면 $\theta^{-1}(x) \ne a_i$이다. 물론 $[\theta(a_1 \cdots a_k)\theta^{-1}]\theta(a_k) = \theta(a_1)$이다.

$$[\theta(a_1 \cdots a_k)\theta^{-1}](x) = [\theta(a_1 \cdots a_k)]\theta^{-1}(x) = \theta[\theta^{-1}(x)] = x$$

이므로 결국 정의에 의해서

$$\theta(a_1 \cdots a_k)\theta^{-1} = (\theta(a_1) \cdots \theta(a_k))$$

가 됨을 알 수 있다. □

【예제 1】 $\theta=(1\ 2\ 3)(4\ 7)$, $f=(5\ 6\ 7)(3\ 4\ 2)$라고 하면

$$\begin{aligned}\theta f\theta^{-1}&=\theta(5\ 6\ 7)(3\ 4\ 2)\theta^{-1}\\&=[\theta(5\ 6\ 7)\theta^{-1}][\theta(3\ 4\ 2)\theta^{-1}]\\&=(\theta(5)\,\theta(6)\,\theta(7))(\theta(3)\,\theta(4)\,\theta(2))\\&=(5\ 6\ 4)(1\ 7\ 3)\end{aligned}$$

이다.

임의의 S_n의 원소 f에 대해서 f를 서로소인 순환의 곱 $f_1 f_2 \cdots f_k$로 표시할 수 있다. 만일 f와 g가 켤레라고 하면

$$g=afa^{-1},\ a\in S_n$$

의 꼴로 표시될 것이고 따라서

$$g=af_1f_2\cdots f_ka^{-1}=(af_1a^{-1})(af_2a^{-1})\cdots(af_ka^{-1})$$

가 된다. 그런데 $|af_ia^{-1}|=|f_i|$이고 앞 정리 35.1에서

$$a(a_1\cdots a_k)a^{-1}=(a(a_1),\ \cdots\ a(a_k))$$

이므로 결국 g도 f와 같은 꼴의 순환의 곱으로 표시됨을 알 수 있다.

물론 f_i, f_j가 서로 소이므로 af_ia^{-1}와 af_ja^{-1}도 서로 소이다. 역으로 만일 두 순환 f, g에서

$$f=(a_1a_2\cdots a_m),\ g=(b_1b_2\cdots b_m)$$

이면 앞 정리 35.1을 이용해서 $\theta\in S_n$을

$$\begin{cases}\theta(a_i)=b_i,\\ \theta(x)=x, & x\neq a_i\ (1\le i\le m)\end{cases}$$

인 치환을 생각하면

$$\theta f\theta^{-1}=g$$

가 됨을 알 수 있다. 따라서 우리는 다음과 같은 정리를 얻을 수 있다.

정리 35.2 두 치환 $f, g \in S_n$에서 f, g가 서로 켤레인 원소가 될 필요충분조건은 f, g를 각각 서로 소인 순환의 곱으로 분해하면 길이가 같은 순환의 곱, 즉 같은 꼴로 분해될 경우이다.

【예제 2】 S_n에서

$$f=\begin{pmatrix}1&2&3&4&5&6&7&8&9\\1&3&2&5&6&4&7&9&8\end{pmatrix},\quad g=\begin{pmatrix}1&2&3&4&5&6&7&8&9\\2&1&4&5&3&7&8&6&9\end{pmatrix},\quad h=\begin{pmatrix}1&2&3&4&5&6&7&8&9\\9&2&4&3&1&8&7&6&5\end{pmatrix}$$

이라고 하면

$$f=(2\ 3)(4\ 5\ 6)(8\ 9),\ g=(1\ 2)(3\ 4\ 5)(6\ 7\ 8),\ h=(1\ 9\ 5)(3\ 4)(6\ 8)$$

이다. f와 h는 길이 2, 3, 2인 순환의 곱으로 표시되어 같은 꼴이므로 a를

$$2\to3,\ 3\to4,\ 4\to1,\ 5\to9,\ 6\to5,\ 8\to6,\ 9\to8$$

인 함수로 생각하면

$$\begin{aligned} afa^{-1} &= a(2\ 3)(4\ 5\ 6)(8\ 9)a^{-1} \\ &= [a(2\ 3)a^{-1}][a(4\ 5\ 6)a^{-1}][a(8\ 9)a^{-1}] \\ &= (a(2)\ a(3))(a(4)\ a(5)\ a(6))(a(8)\ a(9)) \\ &= (3\ 4)(1\ 9\ 5)(6\ 8) \\ &= h \end{aligned}$$

가 되어 f와 h는 서로 켤레이다. 그러나 f와 g는 절대로 켤레가 될 수 없다.

정리 35.3 $f \in S_n$, $\bar{f}$를 f의 켤레류라고 하면

$$\bar{f}=\{g\in S_n \mid g\text{는 } f\text{와 같은 꼴로 서로 소인 순환의 곱으로 분해}\}$$

이다.

따름정리 35.4 S_n의 켤레류의 개수는 정수 n을 분할하는 가짓수와 같다.

【예제 3】 S_4의 켤레류의 개수는 합이 4가 되는 총가짓수

$$(4),\ (1,\ 3),\ (1,\ 1,\ 2),\ (2,\ 2),\ (1,\ 1,\ 1,\ 1)$$

로 분해되므로 모두 5개이다. 각 켤레류의 원소의 위수는 각각 4, 3, 2, 2, 1이다. 각각의 원소를 살펴보면

(1) 위수가 4인 것은 $(a\ b\ c\ d)$꼴인데 모두 $3!=6$개이고 기치환

(2) 위수가 3인 것은 $(a\ b\ c)$꼴인데 ${}_4C_3\times 2=8$개이고 우치환

(3) 위수가 2인 것은 $(a\ b)$꼴, ${}_4C_2=6$개. 기치환

$$(a\ b)(c\ d)\text{꼴},\quad \frac{{}_4C_2}{2!}=3\text{개. 우치환}$$

(4) 위수가 1인 것은 항등원 1개이다. 물론 우치환이다.

S_6의 켤레류는 숫자 6의 분해방법과 같다. (6), (1, 5), (2, 4), (3, 3), (1, 1, 4), (1, 2, 3), (2, 2, 2), (1, 1, 1, 3), (1, 1, 2, 2), (1, 1, 1, 1, 2), (1, 1, 1, 1, 1, 1)로 모두 11가지이다.

이와 같이 S_n의 켤레류를 구해보면 $n=1$이면 1, $n=2$이면 2, $n=3$이면 3, $n=4$면 5, $n=5$면 7, $n=6$이면 11, $n=61$이면 1121505가지가 있다.

【예제 4】 S_5의 원소를 살펴보면

(1) 위수가 1인 것은 항등원 1개

(2) $(a\ b)$꼴은 모두 ${}_5C_2\times\frac{1}{2}=10$개

(3) $(a\ b\ c)$꼴은 모두 ${}_5C_3\times 2!=20$개

(4) $(a\ b)(c\ d)$꼴은 모두 $({}_5C_2\times{}_3C_2)\times\frac{1}{2!}=15$개

(5) $(a\ b\ c)(d\ e)$꼴은 모두 ${}_5C_3\times 2!=20$개

(6) $(a\ b\ c\ d\ e)$꼴은 모두 $4!=24$개

(7) $(a\ b\ c\ d)$꼴은 모두 ${}_5C_4 \times 3! = 30$개

이중 우치환은 (1), (3), (4), (6)이고 나머지는 기치환이다. 각각의 위수를 살펴보면 위수가 2인 것은 (2), (4), 위수가 3인 것은 (3), 위수가 4인 것은 (7), 위수가 5인 것은 (6), 위수가 6인 것은 (5)이다. 마찬가지로 해서 A_5를 살펴보면 5개의 켤레류를 가진다 각 켤레류의 개수는 1, 20, 15, 12, 12개이다.

G가 유한군, N이 G의 정구부분군이면 $|N| = \sum_{a \in N} |\bar{a}|$, $\bar{a}$는 a의 켤레류이고 $|N| \,|\, |G|$이므로 S_5의 정규부분군은 e, A_5, S_5 밖에 없다. 또 A_5의 정규부분군은 e, A_5 밖에 없음을 알 수 있다.

정리 35.5 $f \in S_n$이면 f는 다음과 같이 표시할 수 있다.

(1) f는 $(1\ 2), (1\ 3), \cdots, (1\ n)$꼴의 곱으로 표시할 수 있다.

(2) f는 $(1\ 2), (2\ 3), (3\ 4), \cdots, (n-1\ n)$꼴의 곱으로 표시할 수 있다.

(3) $\theta = (1\ 2\ 3\ \cdots\ n)$이라 두면 f는 $(1\ 2)$, θ, θ^{-1}의 곱으로 표시할 수 있다.

증명 임의의 치환은 호환의 곱으로 표시된다는 사실은 다 잘 알고 있을 것이다.

(1) $(a\ b)$를 호환이라고 하면 $(a\ b) = (1\ a)(1\ b)(1\ a)$로 나타낼 수 있다. 따라서 f는 $\{(1\ i) \mid 2 \leq i \leq n\}$의 원소의 곱으로 표시할 수 있다.

(2) $(1\ i)$꼴의 호환은 $(1\ i) = (1\ i-1)(i-1\ i)(1\ i-1)$꼴로 표시할 수 있다. 여기서 호환 $(1\ i-1)$은 다시 $(1\ i-2)(i-2\ i-1)(1\ i-2)$꼴로 표시되고 이와 같이 계속 반복하면 결국 $(1\ i)$는 $(j-1\ j)$꼴의 호환의 곱으로 표시할 수 있다. 따라서 (1)에 의해서 f는 $(k\ k+1)$꼴의 호환의 곱으로 표시할 수 있다.

(3) $\theta = (1\ 2\ 3\ \cdots\ n)$이므로 $\theta(i) = i+1$이다. 또

$$\theta(1\ 2)\theta^{-1} = (\theta(1)\ \ \theta(2)) = (2\ 3)$$
$$\theta(2\ 3)\theta^{-1} = (\theta(2)\ \ \theta(3)) = (3\ 4)$$
$$\vdots$$

이다. 따라서 (2)에 의해서 f는 $\{(1\ 2), \theta, \theta^{-1}\}$의 원소의 곱으로 표시할 수 있다. □

【예제 5】
$$f=\begin{pmatrix}1\,2\,3\,4\,5\,6\,7\,8\,9\\5\,4\,3\,7\,8\,9\,6\,1\,2\end{pmatrix}$$

이다. f를 위의 정리의 (1), (2), (3)으로 나타내보면 우선 f를 순환의 곱으로 나타내면

$$f=(1\ 5\ 8)(2\ 4\ 7\ 6\ 9)(3)=(1\ 8)(1\ 5)(2\ 9)(2\ 6)(2\ 4)(2\ 7)$$

이다.

$$(2\ 9)=(1\ 2)(1\ 9)(1\ 2),\ (2\ 6)=(1\ 2)(1\ 6)(1\ 2),$$
$$(2\ 4)=(1\ 2)(1\ 4)(1\ 2),\ (2\ 7)=(1\ 2)(1\ 7)(1\ 2)$$

이므로

(1) $f=(1\ 8)(1\ 5)(1\ 2)(1\ 9)(1\ 2)(1\ 2)(1\ 6)(1\ 2)(1\ 2)(1\ 4)(1\ 2)(1\ 2)(1\ 7)(1\ 2)$
$=(1\ 8)(1\ 5)(1\ 2)(1\ 9)(1\ 6)(1\ 4)(1\ 7)(1\ 2)$

로 쓸 수 있다.

(2) $(1\ 8)=(1\ 7)(7\ 8)(1\ 7)$, $(1\ 7)=(1\ 6)(6\ 7)(1\ 6)$, $(1\ 6)=(1\ 5)(5\ 6)(1\ 5)$, $(1\ 4)=(1\ 3)(3\ 4)(1\ 3)$, $(1\ 3)=(1\ 2)(2\ 3)(1\ 2)$

이므로 결국 이렇게 모두 대입하면 된다.

(3)도 마찬가지로 하면 된다. 너무 길어서 생략.

$n\geq 5$이면 교대군 A_n은 단순군이다. 이 사실은 나중에 5차 방정식은 해가 존재하지 않는다는 사실을 증명하는데 쓰인다. 증명이 비교적 쉬우므로 증명하자. 이 증명은 중요하지는 않다. 그냥 이해만 하면 된다.

우선 A_n은 대칭군 S_n의 부분집합으로써 모든 우치환들의 모임이다. $[S_n : A_n]=2$이므로 A_n은 S_n의 정규부분군이다. 또 그 위수는 $\frac{1}{2}n!$임은 당연하다. 임의의 길이 3인 순환 $(a\ b\ c)\in S_n$은 우치환이므로 $(a\ b\ c)\in A_n$이다. 또 반대로 다음 정리를 얻을 수 있다.

정리 35.6 $n\geq 3$일 때 임의의 $\theta\in A_n$은 길이 3인 순환의 곱으로 표시할 수 있다.

증명 $\theta \in A_n$이라고 하면 θ는 $\theta = f_1 f_2 f_3 \cdots f_{2n}$, f_i는 호환과 같이 짝수개의 호환의 곱으로 표시할 수 있다. 각 f_i를 두 개씩 묶음으로써

$$\theta = (f_1 f_2)(f_3 f_4) \cdots (f_{2n-1} f_{2n})$$

과 같이 나타내면 $f_i f_{i+1} = (a\,b)(c\,d)$ 또는 $(a\,b)(a\,c)$ 꼴 중 한 개이다. 만일 $(a\,b)(c\,d)$이면 $(a\,b)(c\,d) = (a\,d\,b)(a\,d\,c)$로 쓸 수 있고 $(a\,b)(a\,c)$이면 $(a\,b)(a\,c) = (a\,c\,b)$로 쓸 수 있다. 따라서 어느 경우나 길이 3인 순환의 곱이 되므로 결국 θ는 길이 3인 순환의 곱으로 표시된다. □

정리 35.7 $n \geq 3$이다. N이 A_n의 정규부분군이고 $(r\,s\,t) \in N$이면 $N = A_n$이다.

증명 편의상 $(1\,2\,3) \in N$이라고 하자. $(r\,s\,t) \in N$이면 $1 = r$, $2 = s$, $3 = t$로 생각해서 계산하면 된다. 임의의 $k \geq 3$에 대해서 $(1\,2\,k) \in N$임을 보이자. 우선 $(1\,2\,3)(1\,2\,3) = (1\,3\,2) \in N$이다. $x = (1\,2)(3\,k)$라고 하면

$$x(1\,3\,2)x^{-1} = (1\,2)(3\,k)(1\,3\,2)(1\,2)(3\,k) = (1\,2\,k)$$

이고 N은 A_n의 정규부분군이므로 $x(1\,3\,2)x^{-1} = (1\,2\,k) \in N$이 된다. 모든 길이 3인 순환은 $(a\,b\,c)$, $(1\,a\,b)$, $(2\,a\,b)$, $(1\,2\,a)$, $(2\,1\,a)$, $(1\,2\,3)$, $(1\,3\,2)$꼴이다.

$$\begin{aligned}
(a\,b\,c) &= (1\,2\,a)(1\,2\,a)(1\,2\,c)(1\,2\,b)(1\,2\,b)(1\,2\,a) \\
(1\,a\,b) &= (1\,2\,b)(1\,2\,a)(1\,2\,a) \\
(2\,a\,b) &= (1\,2\,b)(1\,2\,b)(1\,2\,a) \\
(2\,1\,a) &= (1\,2\,a)(1\,2\,a)
\end{aligned}$$

이므로 결국 모든 길이 3인 순환은 N의 원소가 된다. 따라서 $N = A_n$이다. □

그러면 이제 A_n은 단순군임을 보이자. 잘 알겠지만

$$(a_1\,a_2 \cdots a_n)^{-1} = (a_n\,a_{n-1} \cdots a_2\,a_1) = (a_1\,a_n\,a_{n-1} \cdots a_2)$$

이다.

정리 35.8 $n \geq 5$이면 A_n은 단순군이다.

증명 N을 $\{e\}$가 아닌 A_n의 정규부분군이라고 하자. $N=A_n$임을 보이면 된다. 몇 가지 경우로 나누어 생각해 보자. N의 모든 원소를 서로소인 순환의 곱으로 표시했을 때

⑴ 길이 4 이상인 순환을 가진 원소가 있을 경우

⑵ 모든 원소가 길이가 4보다 작은 순환의 곱일 경우(즉 길이가 3 이하일 경우)

다시 ⑵를 두 가지로 나누어서

⑵-① 길이가 3인 순환을 가진 원소가 있을 경우

⑵-② 모든 원소가 길이가 3보다 작은 서로소인 순환의 곱으로 표시된 경우(즉, 모든 순환이 서로소인 호환의 곱일 경우)로 나누어 생각한다.

⑴ 편의상 $(1\,2\,3\,4\cdots\ r)f\in N$라 하자. $(r\geq 4)$

사실은 길이 r인 순환$(a\,b\,c\,d\cdots\ t)f$로 적어야 하나 $1\to a,\ 2\to b,\ 3\to b\cdots\ r\to t$로 바꾸면 되기 때문에 간단히 이렇게 표시하였다. 아래도 마찬가지로 생각하면 된다. $(1\,2\,3)\in A_n$이므로

$$\begin{aligned}[(1\,2\cdots\ r)f]^{-1}(1\,2\,3)[(1\,2\cdots\ r)f](1\,2\,3)^{-1}&=f^{-1}(1\,r\cdots\ 4\,3\,2)(1\,2\,3)(1\,2\cdots\ r)f(1\,3\,2)\\&=f^{-1}f(1\,r\cdots\ 4\,3\,2)(1\,2\,3)(1\,2\cdots\ r)(1\,3\,2)\\&=(1\,3\,r)\in N\end{aligned}$$

따라서 $N=A_n$이다.

⑵-①-(i) N이 길이 3인 순환을 2개 이상 곱한 원소 $(1\,2\,3)(4\,5\,6)f$를 가졌다고 하자. $(1\,2\,4)\in A_n$이므로

$$\begin{aligned}&[(1\,2\,3)(4\,5\,6)f]^{-1}(1\,2\,4)[(1\,2\,3)(4\,5\,6)f](1\,2\,4)^{-1}\\&=f^{-1}(4\,6\,5)(1\,3\,2)(1\,2\,4)(1\,2\,3)(4\,5\,6)f(1\,4\,2)\\&=f^{-1}f(4\,6\,5)(1\,3\,2)(1\,2\,4)(1\,2\,3)(4\,5\,6)(1\,4\,2)\\&=(1\,4\,2\,6\,3)\end{aligned}$$

이다. 따라서 $(1\,4\,2\,6\,3)\in N$이 되어 ⑴의 경우가 되므로 $N=A_n$이다.

⑵-①-(ii) N가 길이 3인 순환을 1개만 가진 원소 $(1\,2\,3)f$를 가질 경우 f는 호환의 곱이므로

$$(1\,2\,3)f(1\,2\,3)f=(1\,2\,3)(1\,2\,3)ff=(1\,3\,2)$$

이고 N의 원소이므로 $N=A_n$이다.

⑵-①-(iii) N이 $(1\,2\,3)$ 꼴의 원소를 가질 경우는 당연히 $N=A_n$이다.

⑵-② N의 모든 원소가 호환의 곱으로만 표시되었다고 하자.

$(1\,2)(3\,4)f$를 N의 임의의 원소라고 하면 물론 f속에는 1, 2, 3, 4는 없다.

$(1\,2\,3)\in A_n$이므로

$$[(1\ 2)(3\ 4)f]^{-1}(1\ 2\ 3)[(1\ 2)(3\ 4)f](1\ 2\ 3)^{-1}=f^{-1}(3\ 4)(1\ 2)(1\ 2\ 3)(1\ 2)(3\ 4)f(1\ 3\ 2)$$
$$=(1\ 3)(2\ 4)$$

이다. $n\geq 5$이므로 $(1\ 3\ 5)\in A_n$이다.

$$[(1\ 3)(2\ 4)](1\ 3\ 5)[(1\ 3)(2\ 4)](1\ 3\ 5)^{-1}=(13)(24)(135)(13)(24)(153)$$
$$=(1\ 3\ 5)\in N$$

이므로 $N=A_n$이다. □

위의 정리에서 $n\geq 5$이면 A_n의 정규부분군은 $\{e\}$와 자신뿐임을 알 수 있었다. 마찬가지로 $n\geq 5$이면 S_n의 진정규부분군은 A_n뿐임을 증명할 수 있다. 위수에 따른 단순군은 Gallian, J. 의 "The Search for Finite Simple Groups," Mathematics Megazine, 49(1976), pp. 163-179. 와 Steen, L. A. 의 "A Monstrous Piece of Research," Science News, 118(1980), pp. 204-206.을 참고하기 바란다.

연습문제(35)

1. $N=\{e, (1\ 2)(3\ 4), (1\ 3)(2\ 4), (1\ 4)(2\ 3)\} \subset S_4$이다.
   (1) N은 S_4의 정규부분군임을 보여라.
   (2) $N \subset A_4$임을 보여라.
   (3) $S_4/N \cong S_3$, $A_4/N \cong \mathbb{Z}_3$임도 증명하라.

2. A_4는 위수 6인 부분군을 가지지 않음을 보여라.

3. 지수가 2인 S_n의 부분군은 A_n뿐임을 보여라.

4. $n \geq 3$이다.

$$D_n=\{e, a, a^2, \cdots, a^{n-1}, b, ab, a^2b, \cdots, a^{n-1}b\}$$
$$\text{단 } a^n=b^2=e,\ aba=b$$

인 군을 **차수 n의 정이면체군**(dihedral group of degree n)이라고 부른다.
   (1) $H=\{e, a, a^2, \cdots, a^{n-1}\}$는 D_n의 정규부분군임을 보여라.
   (2) $D_n/H \cong \mathbb{Z}_2$임을 보여라.
   (3) D_n의 모든 진정규부분군을 구하라.
   (4) $Z(D_n)$은 n이 홀수면 $\{e\}$, 짝수면 $\mathbb{Z}_2$와 동형임을 보여라.
   (5) S_n에서 $\theta=(1\,2\,3 \cdots n)$, $\phi=\begin{pmatrix}1 & 2 & 3 & \cdots & n \\ 1 & n & n-1 & \cdots & 2\end{pmatrix}$일때 D_n은 θ, ϕ를 포함하는 S_n의 최소의 부분군과 동형임을 보여라.

참고 정n각형에서 각 꼭지점을 1, 2, $\cdots$, n라고 했을 때 θ는 중심에서 $\frac{2\pi}{n}$만큼 시계방향으로 회전해서 $1 \to 2$, $2 \to 3$, $\cdots$, $n \to 1$과 같이 정n각형을 회전시킨 것이고 ϕ는 1과 중심을 연결하는 선으로 이 다각형을 $2 \to n$, $3 \to n-1$, $\cdots$, $n \to 2$와 같이 대칭시킨 것으로 볼 수 있다. 따라서 θ와 ϕ에 의해서 생성되는 S_n의 부분군은 이 다각형을 회전시키고 대칭시켜서 생기는 모든 변환을 표시한다.

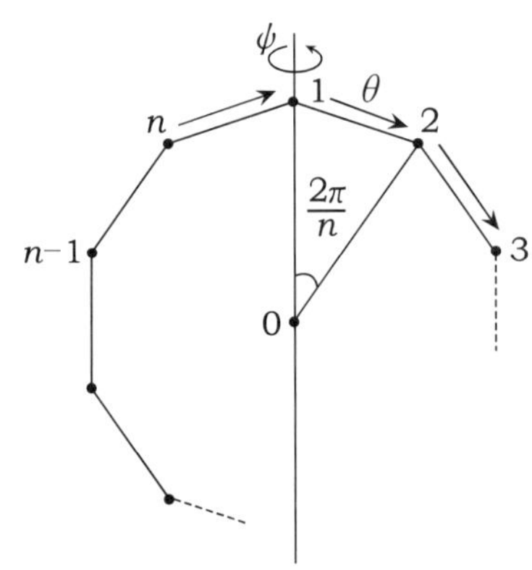

36 실계수 다항식
(Polynomial over Real Numbers)

$\mathbb{Q}[x]$의 다항식은 기약인지 가약인지 모를 경우가 많다. 그러나 $\mathbb{R}[x]$와 $\mathbb{C}[x]$의 다항식은 기약인지 가약인지 금방 알 수 있다. 그 이유를 살펴보자. 다음 정리는 유명한 대수의 기본정리인데 1799년 Gauss가 처음으로 증명하였다. 증명은 대부분의 복소해석학에 나와 있으므로 생략한다.

정리 36.1 (대수의 기본정리(Fundamental Theorem of Algebra)) 복소수 계수를 갖는 상수가 아닌 다항식은 반드시 복소수 근을 가진다.

따름정리 36.2 $a(x) \in \mathbb{C}[x]$이다. $a(x)$가 $\mathbb{C}[x]$에서 기약일 필요충분조건은 $\deg a(x) = 1$이다.

증명 $\deg a(x) \geq 2$이면 반드시 복소수근 c를 가지므로 $x-c$로 인수분해된다. □

정리 36.3 $a(x) \in \mathbb{C}[x]$이다. $\deg a(x)=n$이면 $a(x)$는 n개의 근(중근도 포함)을 가진다.

증명 모든 다항식은 기약다항식의 곱으로 인수분해되므로 $a(x)$는 1차식으로 인수분해된다. 따라서 $a(x)=k(x-c_1)(x-c_2)\cdots(x-c_n)$으로 분해되고 근은 $c_1, c_2, \cdots, c_n$이다. □

$\mathbb{R} \subset \mathbb{C}$이므로 모든 실수계수다항식도 일차식 $k(x-c_1)\cdots(x-c_n)$으로 인수분해된다. 물론 c_i는 복소수이다(어떤 것은 실수). 특히 $a(x) \in \mathbb{R}[x]$에서는 켤레근이 존재한다.

정리 36.4 $f(x) \in \mathbb{R}[x]$이다. 만일 $a+bi$가 $f(x)$의 근이면 $a-bi$도 $f(x)$의 근이다.

증명 편의상 $z=a+bi$, $\bar{z}=a-bi$라고 하자. 임의의 복소수 $z_1, z_2 \in \mathbb{C}$에 대해서

$$\overline{z_1+z_2}=\bar{z_1}+\bar{z_2}, \quad \overline{z_1 z_2}=\bar{z_1}\,\bar{z_2}$$

가 됨을 쉽게 보일 수 있다. 또 $\bar{z_1}=z_1$일 필요충분조건은 $z_1 \in \mathbb{R}$이다.

본론으로 들어가서 $f(x)=a_0+a_1x+\cdots+a_nx^n \in \mathbb{R}[x]$ 라고 하면 $f(z)=a_0+a_1z+\cdots+a_nz^n=0$이다. 따라서

$$0=\overline{a_0+a_1z+\cdots+a_nz^n}=\bar{a_0}+\bar{a_1}\bar{z}+\cdots+\bar{a_n}\bar{z}^n=a_0+a_1\bar{z}+\cdots+a_n\bar{z}^n$$

이므로 결국 $f(\bar{z})=0$이다. □

따름정리 36.5 실계수다항식 $f(x)$는 1차 또는 2차의 실계수 인수로 분해된다.

증명 만일 $r=a+bi$가 $f(x)$의 근이면 $\bar{r}=a-bi$도 $f(x)$의 근이므로 $f(x)$는 $(x-r)(x-\bar{r})$ 인수를 가진다. 그런데

$$(x-r)(x-\bar{r})=x^2-2ax+(a^2+b^2) \in \mathbb{R}[x]$$

이므로 결국 2차의 실계수인수를 가진다. 물론 처음부터 $r=a$인 실근을 가지면 $x-r \in \mathbb{R}[x]$이다. □

앞에서 $\mathbb{C}[x]$의 다항식이 기약일 경우는 차수가 1차일 경우인데 $\mathbb{R}[x]$의 다항식이 기약일 경우는 조금 복잡하다.

정리 36.6 $f(x) \in \mathbb{R}[x]$이다. $f(x)$가 $\mathbb{R}[x]$에서 기약일 필요충분조건은 $\deg f(x) = 1$이거나 또는 $f(x)=ax^2+bx+c$, $D=b^2-4ac<0$일 때이다.

증명 우선 $\deg f(x)=1$이면 당연히 $f(x)$는 기약이다. 또 이차식의 판별식이 음수이면 실근을 가지지 않으므로 실계수로 인수분해되지 않는다.
역으로 $f(x)$가 $\mathbb{R}[x]$에서 기약이라고 하자. 만일 $\deg f(x) \neq 1$이면 $f(x)$는 $z=s+ti \in \mathbb{C}$인 근을 가지고 $z \notin \mathbb{R}$이다. 또 $\bar{z}=s-ti$도 근이 되고 따라서 $f(x)$는

$$c(x)=(x-z)(x-\bar{z})=x^2-2sx+(s^2+t^2)$$

로 나누어진다. 그런데 $f(x)$, $c(x) \in \mathbb{R}[x]$이므로 나눗셈정리에 의해서

$$f(x)=c(x)h(x),\ h(x) \in \mathbb{R}[x]$$

꼴로 적을 수 있다. 가정에서 $f(x)$는 $\mathbb{R}[x]$에서 기약이므로 $h(x)$는 상수이다. $h(x)=a$로 두면 결국 $f(x)=ax^2+bx+c$로 적을 수 있고 $f(x)$는 실근을 가지지 않으므로 $b^2-4ac<0$이다. □

정리 36.7 $f(x) \in \mathbb{R}[x]$, $\deg f(x)$가 홀수면 $f(x)$는 실근을 가진다.

증명 $f(x)$를 $\mathbb{R}[x]$에서 기약다항식 $p_1(x)p_2(x)\cdots p_k(x)$의 곱으로 나타내면 $p_i(x)$의 차수는 1 또는 2이다.

$$\deg f(x)=\deg p_1(x)+\deg p_2(x)+\cdots+\deg p_k(x)$$

는 홀수이므로 $p_i(x)$ 중 적어도 한 개는 차수가 1이다. 따라서 $p_i(x)=ax+b \in \mathbb{R}[x]$는 실근 $-\dfrac{b}{a}$를 가진다. □

연습문제(36)

1. 다음 다항식을 각각 $\mathbb{Q}[x]$, $\mathbb{R}[x]$, $\mathbb{C}[x]$의 원소로 생각했을 때 기약다항식의 곱으로 쓰라.

(1) $9x^3+18x^2-4x-8$

(2) $2x^4+3x^3-8x-12$

(3) $6x^4-7x^3+8x^2-7x+2$

2. 다음 다항식의 근을 구하라.

(1) $x^3+\frac{3}{2}x^2-\frac{4}{9}x-\frac{2}{3}$

(2) $\sqrt{3}x^3+\frac{1}{\sqrt{3}}x^2-\sqrt{3}x-\frac{1}{\sqrt{3}}$

3. 다음 다항식은 $\mathbb{Q}[x]$에서 기약임을 보여라.

(1) $6x^4+4x^3-6x^2-8x+5$

(2) $x^3+\frac{1}{2}x^2-\frac{3}{2}x+\frac{6}{5}$

(3) $x^3+x^2+\frac{3}{2}x+\frac{1}{2}$

(4) $3x^2-2x-4$

(5) $x^2-\frac{5}{2}x+\frac{3}{2}$

(6) x^4+x^3+3x+1

(7) $x^4-\frac{1}{2}x^2+\frac{3}{2}x-\frac{4}{3}$

(8) $\frac{1}{2}x^3+2x-\frac{3}{2}$

37 유한체
(Finite Field)

모든 체는 $\mathbb{Z}_p$나 또는 $\mathbb{Q}$를 포함한다. 만일 체 F의 표수가 0이면 유리수 $\mathbb{Q}$를 포함하고 표수가 p이면 $\mathbb{Z}_p$를 포함한다. 동시에 이 둘을 모두 포함할 수는 없다. 따라서 유한체는 $\mathbb{Q}$를 포함할 수 없으므로 표수가 소수 p인 체 $\mathbb{Z}_p$를 포함하게 된다. 우선 유한체의 위수에 대해서 생각해 보자.

정리 37.1 F가 유한체이면 F의 위수는 p^m이다. 단 p는 F의 표수이고 $m=[F:\mathbb{Z}_p]$이다.

증명 F는 $\mathbb{Z}_p$를 포함하므로 F는 $\mathbb{Z}_p$상에서의 유한 벡터공간으로 생각할 수 있다. 따라서 그 기저를 $\{\alpha_1, \alpha_2, \cdots \alpha_m\}$이라고 두면 F의 모든 원소는

$$a_1\alpha_1+a_2\alpha_2+\cdots+a_m\alpha_m,\ a_i\in\mathbb{Z}_p$$

꼴로 표시할 수 있다. 각 a_i가 취할 수 있는 값은 p개씩이므로 결국

$$|F|=p^m$$

이다. 물론 $[F:\mathbb{Z}_p]$는 기저의 원소의 개수 m이다. □

위의 정리에 의해서 원소가 6개나 12개인 체는 존재하지 않음을 알 수 있다. 또 위의 정리의 역으로 임의의 소수 p와 정수 m에 대해서 위수가 p^m인 체가 항상 존재한다. 또 위수가 같은 체는 모두 동형이 된다.

아래 정리는 Vincent O. McBrien이 Freshman's Dream이라 이름 붙인 정리이다. 모든 체는 정역이므로 정리 20.4에서 다음 정리를 얻을 수 있다.

정리 37.2 F는 표수가 p인 체이고 $a, b \in F$면

$$(a+b)^p = a^p + b^p$$

이다.

따름정리 37.3 F는 표수가 p인 체이고 $a, b \in F$면 임의의 자연수 m에 대해서

$$(a+b)^{p^m} = a^{p^m} + b^{p^m}$$

이다.

증명

$$(a+b)^{p^2} = ((a+b)^p)^p = (a^p + b^p)^p = a^{p^2} + b^{p^2}$$

이고 이 식을 반복하면 귀납적으로

$$(a+b)^{p^m} = a^{p^m} + b^{p^m}$$

이 됨을 알 수 있다.

정리 37.4 F가 위수 n인 유한체이면 F는 $f(x) = x^n - x \in \mathbb{Z}_p[x]$의 분해체이다.

증명 $|F| = n$이라고 하자. F는 $\mathbb{Z}_p$를 포함한다. F^*는 곱에 대하여 군이고 $F^* = F - \{0\}$의 개수는 $n-1$이다. 임의의 $a \in F^*$에 대해서 라그랑즈 정리에 의해서 a의 위수는 $n-1$의 약수이므로 $a^{n-1} = 1$이 성립한다. 따라서 a는 $f(x) = x^n - x \in \mathbb{Z}_p[x]$

의 근이다. 물론 0는 $f(x)$의 근이다.

여기서 $\alpha_1, \alpha_2, \cdots, \alpha_m$를 $f(x)$의 모든 서로 다른 근이라고 하면 $F \subset \{\alpha_1, \alpha_2, \cdots, \alpha_m\}$이므로 $n \le m$이다. 그런데 $f(x)$의 근은 n개 이하이므로 $m \le n$이다. 따라서 $m = n$이므로 $F = \{\alpha_1, \alpha_2, \cdots, \alpha_m\}$이 되어 결국 F는 $f(x)$의 근의 집합이다. 즉 F는 $f(x)$의 분해체이다. 또 $f(x)$는 F에서 분리가능이다. 구체적으로 적으면 $F = \mathbb{Z}_p(\alpha_1, \alpha_2, \cdots, \alpha_n) = \{\alpha_1, \alpha_2, \cdots, \alpha_n\}$이고 $f(x) = (x - \alpha_1)(x - \alpha_2) \cdots (x - \alpha_i) \in F[x]$로 분해된다. 물론 위수 n은 당연히 $n = p^t$ (p는 소수)꼴이다. □

앞 정리 37.4에서 F가 위수 n인 유한체이면 F는 $x^n - x \in \mathbb{Z}_p[x]$의 분해체가 되었다. 역으로 K를 $x^n - x \in \mathbb{Z}_p[x]$의 분해체라고 하면 K는 F와 동형이 되므로 $|K| = |F| = n$이 되어 다음과 같은 정리를 얻을 수 있다. 즉 위의 정리의 역도 성립한다.

정리 37.5 K를 $f(x) = x^n - x \in \mathbb{Z}_p[x]$의 분해체라고 하면 K의 위수는 n이다.

따라서 F가 위수 n인 유한체가 될 필요충분조건은 F가 $f(x) = x^n - x \in \mathbb{Z}_p[x]$의 분해체가 될 경우이다.

따름정리 37.6 임의의 소수 p와 임의의 자연수 m에 대해서 위수가 p^m인 체가 존재한다.

증명 $f(x) = x^{p^m} - x \in \mathbb{Z}_p[x]$라 두면 이 다항식의 분해체 $\mathbb{Z}_p(\alpha_1, \alpha_2, \cdots \alpha_t)$는 항상 존재하므로 이 분해체를 F라 두면 F의 위수는 p^m이 된다. □

정리 37.6 위수가 같은 두 체는 서로 동형이다.

증명 K, F를 모두 위수가 n인 체라고 하면 K, F는 모두 $x^n - x \in \mathbb{Z}_p[x]$의 분해체가 되므로 $K \cong F$이다. □

위수가 p^m인 유한체는 모두 서로 동형이 되므로 이 체를 **위수 p^m인 갈루아 체**(Galois field of order p^m)라고 부르고 보통 $GF(p^m)$으로 표시한다. 임의의 소수 p와 자연수 m에 대해서 위수 p^m인 갈루아 체는 따름정리 37.6에서 존재성은 밝혀졌지만 구체적으로 구하기 위해서는 $\mathbb{Z}_p[x]$상에서 차수 m인 기약다항식 $p(x)$을 찾으면 된다. 이 경우 $F = \mathbb{Z}_p[x]/\langle p(x) \rangle$로 두고 $p(x)$의 한 근을 α라고 하면

$$F = \{a_0 + a_1\alpha + a_2\alpha^2 + \cdots + a_{m-1}\alpha^{m-1} \mid a_i \in \mathbb{Z}_p\}$$

이므로 $|F| = p^m$이 됨을 알 수 있다.

정리 37.8 F가 위수 p^m인 유한체면 F는 $\mathbb{Z}_p$의 정규 분리가능한 확대체이다.

증명 F의 표수는 앞 정리에서 p이므로 $\mathbb{Z}_p \subset F$가 된다. 또 정리 34.4에서 F는 분리가능다항식 $f(x) = x^{p^m} - x \in \mathbb{Z}_p[x]$의 분해체이므로 F는 $\mathbb{Z}_p$의 정규확대체이다.

$\mathbb{Z}_p[x]$상에서 차수 m인 기약다항식을 찾는 방법은 우선 차수 m인 다항식은 유한개 뿐이므로 이러한 다항식을 한개 한개 인수가 있나 없나 조사해 보면 된다. 다음 따름정리 37.11에서 이러한 다항식은 항상 존재함을 알 수 있다.

정리 37.9 F는 체이다. G가 $(F^*, \cdot)$의 유한부분군이면 G는 순환군이다.

증명Ⅰ G는 유한아벨군이므로 유한아벨군의 기본정리에서

$$G \cong \langle a_1 \rangle \times \langle a_2 \rangle \times \cdots \times \langle a_n \rangle$$

임을 알 수 있다. $|G| = |a_1| \times |a_2| \times \cdots \times |a_n| = m$이라 하자. $(a_1, a_2, \cdots, a_n) \in$

$\langle a_1 \rangle \times \langle a_2 \rangle \times \cdots \times \langle a_n \rangle$의 위수는 $l = \mathrm{lcm}(|a_1|, |a_2|, \cdots, |a_n|)$이므로 $l \le m$이다. 한편 임의의 $g \in G$에 대해서 $g^l = 1$이 됨은 당연하다. 따라서 G의 모든 원소는 $x^l - 1 \in F(x)$의 근이 되므로 $m \le l$이다. 그러므로 $l = m$이 되어서 결국 $\langle a_1 \rangle \times \langle a_2 \rangle \times \cdots \times \langle a_n \rangle = \langle (a_1, a_2, \cdots, a_n) \rangle$이 된다. 따라서 G는 $(a_1, a_2, \cdots, a_n)$에 의해서 생성되는 순환군과 동형이므로 역시 순환군이다. □

유한 아벨군의 성질을 이용하지 않고 직접 증명해 보자. 조금 까다롭다.

증명2 $|G| = n$라고 하자. 만일 G에 위수가 n인 원소 x가 존재하면 $G = \langle x \rangle$가 되어 G는 순환군이 된다.
$k|n$이라고 하고 $kd = n$라 두자. $H = \{g \in G \mid |g| = k\}$라고 하면 $H = \varnothing$가 될 수도 있다.

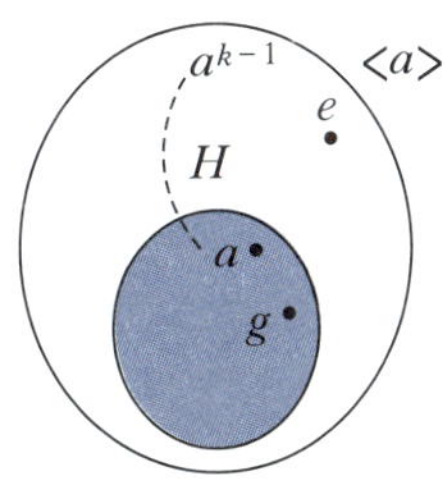

[그림 37.1]

만일 $H \neq \varnothing$이면 $a \in H$에 대해서 $\langle a \rangle = \{1, a, a^2, \cdots, a^{k-1}\}$는 모두 서로 다른 원소이고 $a^k = 1$이므로 식 $x^k - 1 \in F[x]$를 만족시킨다. 그런데 x^k 1의 근은 k개 이하이므로 결국 $\langle a \rangle$는 $x^k - 1$의 해집합이 됨을 알 수 있다. 또 임의의 $g \in H$도 역시 $g^k = 1$이므로 결국 $H \subset \langle a \rangle$가 된다. 즉 G에서 위수가 k인 원소의 개수는 k개 이하가 되는데 일반적인 군에서는 이런 일이 절대로 일어날 수 없다. 예를 들어 S_n에서 모든 호환은 위수가 2이다. 그러나 체에는 0이라는 무시무시한 무기가 있다. $\langle a \rangle$에서 위수가 k인 원소 a^i는

$$|a^i| = \frac{|a|}{\gcd(i, |a|)} = \frac{k}{\gcd(i, k)}$$

로부터 $\gcd(i, k) = 1$, 즉 i와 k는 서로 소$(1 \le i \le k)$이므로 결국 $\varphi(k)$만큼 있음을 알 수 있다.
결국 위의 모든 사실로부터 만일 위수가 k인 원소가 G에 존재한다면 그 개수는 $\varphi(k)$가 된다. 물론 위수 k인 원소가 한 개도 없을 수도 있다.
이번에는 $(\mathbb{Z}_n, \oplus)$에서 위수가 k인 원소가 몇 개인지 조사해 보자. 우선 $k|n$는

당연하다. $kd=n$로 두면 $\bar{d}\in\mathbb{Z}_n$의 위수는 k가 됨은 순환군에서 배웠다.

$$\{\bar{i}\in\mathbb{Z}_n \mid |\bar{i}|=k\}=\{i\bar{d}\in\mathbb{Z}_n \mid 1\le j\le k,\ \gcd(j,\ k)=1\}$$

임을 보이자. 만일 $\bar{i}\in\mathbb{Z}_n$의 위수가 k이면 $k\bar{i}=0$이므로 ki는 n의 배수이다. 따라서 $n=kd\,|\,ki$로부터 i는 d의 배수가 되어 $\bar{i}\in\langle\bar{d}\rangle$가 됨을 알 수 있다. $\bar{i}=j\bar{d}$라 두면

$$|\bar{i}|=|j\bar{d}|=\frac{|\bar{d}|}{\gcd(j,\ |\bar{d}|)}=\frac{k}{\gcd(j,k)}$$

이고 $|\bar{i}|=k$이므로 결국 $\gcd(j,\ k)=1$, $1\le j\le k$이므로 위수가 k인 원소는 $\varphi(k)$개 만큼 존재한다. 또 $\gcd(j,\ k)=1$이면 단연히 $j\bar{d}$의 위수는 k가 됨을 알 수 있다. 따라서 위수가 k인 원소의 개수는 $\varphi(k)$개 만큼 존재한다. $\mathbb{Z}_n$에서 n의 모든 약수를 $d_1,\ d_2,\ \cdots,\ d_t$라고 하고 $X_i=\{\bar{a}\in\mathbb{Z}_n \mid |\bar{a}|=d_i\}$라고 하면

$$|X_i|=\varphi(d_i),\ \ \mathbb{Z}_n=\bigcup_{i=1}^{t}X_i,\ \ X_i\cap X_j=\varnothing\,(i\neq j)$$

가 되므로 우리는 정수론에서 유명한 Gauss 정리

$$n=\varphi(d_1)+\varphi(d_2)+\cdots+\varphi(d_t)=\sum_{d|n}\varphi(d)$$

를 얻을 수 있다. G에서도 이와 같이 d_i와 X_i를 만들면

$$|G|=|X_1|+|X_2|+\cdots+|X_t|$$

가 되는데 이때는 $|X_i|=0$이 될 경우 즉, 위수가 d_i인 원소가 없을 때도 생각해야 한다.

그런데 실제로 $|X_i|=0$이 될 수는 없다. 왜냐하면 $|X_i|=0$ 또는 $|X_i|=\varphi(d_i)$인데 만일 $|X_j|=0$이면 $n=|X_1|+|X_2|+\cdots+|X_t|<\varphi(d_1)+\varphi(d_2)+\cdots+\varphi(d_t)=n$이 되어 모순이다. 다시말하면 $|X_i|=0$이면 $|G|$는 $|X_i|$를 제외한 $|X_j|$들의 합

$$|G|=|X_1|+|X_2|+\cdots+|X_t|\le\varphi(d_1)+\varphi(d_2)+\cdots+\varphi(d_t)\ \ (\varphi(d_i)\text{는 제외})$$

으로 나타낼 수 있는데 이것은 $\varphi(d_1)+\cdots+\varphi(d_i)+\cdots+\varphi(d_t)=n=|G|$에 모순이므로 결국 G에는 위수가 n인 원소가 존재하고 그 개수는 $\varphi(n)$개 만큼 있다.

□

따름정리 37.9 F가 유한체이면 $F^* = F - \{0\}$는 곱하기 연산에 대해서 순환군이다.

정리 37.11 F는 E의 유한부분체이다. $\alpha_1, \cdots, \alpha_k \in E$가 F상에서 대수적이면 $F(\alpha_1, \cdots, \alpha_k)$는 F의 단순확대체이다.

증명 $F(\alpha_1, \cdots, \alpha_k)$는 F의 유한확대체이다. 또 $|F|$는 유한이고 기저도 유한이므로 $F(\alpha_1, \cdots, \alpha_k)$는 역시 유한체가 됨을 알 수 있다. 실제로 $|F(\alpha_1, \cdots, \alpha_k)| = |F|^{\text{기저}}$이다. 따라서 $F(\alpha_1, \cdots, \alpha_k)^*$의 생성원을 α라고 하면 $F(\alpha_1, \cdots, \alpha_k) = F(\alpha)$가 된다. □

따름정리 37.12 p는 소수, n은 자연수이면 차수 n인 $\mathbb{Z}_p[x]$의 기약다항식이 존재한다.

증명 따름정리 37.6에서 위수가 p^n인 체가 존재한다. 이 체를 F라고 하면 이 체는 $\mathbb{Z}_p$의 유한확대체이고 따라서 기저를 $\{\alpha_1, \alpha_2, \cdots, \alpha_m\}$이라고 하면 위수를 비교하여 $m = n$이 됨을 알 수 있다. 위의 정리 37.11에서 $F = \mathbb{Z}_p(\alpha_1, \alpha_2, \cdots, \alpha_m)$은 $F = \mathbb{Z}_p(\alpha)$로 쓸 수 있다. α의 $\mathbb{Z}_p$상에서의 극소다항식을 $p(x)$라고 하면

$$\deg p(x) = [\mathbb{Z}_p(\alpha) : \mathbb{Z}_p] = [F : \mathbb{Z}_p] = m = n$$

이다. □

E를 임의의 체라고 할 때 다항식 $x^n - 1 \in E[x]$를 만족시키는 $u \in E$를 1의 n-제곱근(n-th root of unit)이라고 한다. $F = \{u \in E \mid u^n = 1\}$라고 하면 F는 $(E^*, \cdot)$의 부분군이 됨을 쉽게 알 수 있다. 또 $|F| \leq n$이므로 결국 F는 곱에 대한 $(E^*, \cdot)$의 유한부분군이므로 순환군이다. 따라서 $F = \mathbb{Z}_p(\alpha)$의 형태가 된다.

【예제 1】 위수가 8인 체를 만들어 보자. $8 = 2^3$이므로 $|F| = 8$인 체라고 하면 F의

표수는 2가 된다. 따라서 $F=\mathbb{Z}_2(\alpha)$, $[F:\mathbb{Z}_2]=3$이므로 α의 $\mathbb{Z}_2$에서 극소다항식의 차수가 3이 되게 구성한다.

$p(x)=x^3+x+1$ 또는 $q(x)=x^3+x^2+1\in\mathbb{Z}_2[x]$는 기약이 됨을 쉽게 알 수 있다. α를 $p(x)$의 한 근이라고 하면 $[\mathbb{Z}_2(\alpha):\mathbb{Z}_2]=\deg p(x)=3$이므로 $F=\mathbb{Z}_2(\alpha)$로 두면 $|F|=2^3=8$이 된다.

$\{1, \alpha, \alpha^2\}$이 $\mathbb{Z}_2(\alpha)$의 기저가 된다. 따라서 F의 임의의 원소 u는

$$u=a+b\alpha+c\alpha^2,\ a, b, c\in\mathbb{Z}_2\ (\text{단, } 1+\alpha+\alpha^3=0)$$

꼴로 표시할 수 있다.

만일 $q(x)$를 이용한다면 β를 $q(x)$의 한 근이라고 하면 $1+\beta^2+\beta^3=0$이다. $1+\beta=t$라 두면 t는 $p(x)\in\mathbb{Z}_2[x]$의 근이 됨을 쉽게 계산할 수 있다.

$\mathbb{Z}_2(\alpha)$, $\mathbb{Z}_2(\beta)$는 모두 $x^8-x\in\mathbb{Z}_2[x]$의 분해체이므로 서로 동형이다. 실제로

$$h:\mathbb{Z}_2(\alpha)\to\mathbb{Z}_2(\beta),\ h(\alpha)=\beta+1$$

은 동형사상이고 $h|_{\mathbb{Z}_2}$는 항등사상이 된다.$\{1, \beta+1, (\beta+1)^2\}$은 $\mathbb{Z}_2(\beta)$의 기저를 이룬다.

실제로

$$h(a+b\alpha+c\alpha^2)=a+b(1+\beta)+c(1+\beta)^2,\ a, b, c\in\mathbb{Z}_2$$

인 함수이다. 또 $\mathbb{Z}_2(\beta)-\{0\}=\langle\beta\rangle$가 되어 $\mathbb{Z}_2(\beta)=\{0, 1, \beta, \cdots, \beta^6\}$이다(단, $\beta^7=1$, $\beta^3=\beta^2+1$).

【예제 2】 1의 원시 8-제곱근을 구해보자. $|E|=8+1=9=3^2$. 따라서 체 E는 위수가 9이다. 위수가 8인 $x^8-1\in E[x]$의 근 α를 구하는 문제이다.

$x^2+x+2\in\mathbb{Z}_3[x]$는 기약이므로 x^2+x+2의 한 근을 u라고 하면 $|\mathbb{Z}_3(u)|=3^2=9$이므로 $E=\mathbb{Z}_3(u)$로 두면 된다. 또 $u^8=1$이 되어 $\alpha=u$로 두면 α는 $x^8-1\in\mathbb{Z}_3(u)$에서 근이 됨을 알 수 있다.

또 $u^2=-u+1$, $u^4=-1$, $u^8=1$이 되어 $|u|=8$이다. 그 외에 α^3, α^5, α^7도 모두 1의 원시 8-제곱근이 된다($\varphi(8)=4$이므로 모두 4개임). α^2

도 x^8-1을 만족시키나 α^2의 위수는 4이므로 원시근이 될 수 없다. 특히 원시근으로 인수분해된 식

$$(x-\alpha)(x-\alpha^3)(x-\alpha^5)(x-\alpha^7)=x^4+1$$

는 E상에서 원분다항식(cyclotomic polynomial)이다. 특히 이 경우는 8-제곱근일 경우이므로 8-원분다항식이다.

정리 37.13 F가 표수 p인 유한체면 $G(F, \mathbb{Z}_p)$는 순환군이다.

증명 $\theta \in G(F, \mathbb{Z}_p)$, $\theta(u)=u^p$는 잘 정의됨을 알 수 있다. 임의의 $h \in G(F, \mathbb{Z}_p)$는 $h=\theta^{tp}$(t는 정수) 꼴이 됨을 보이자. $[F : \mathbb{Z}_p]=m$이라고 하면 $|F|=p^m$이다. $F^*=F-\{0\}$는 곱에 의한 순환군이므로 $F^*=\langle a \rangle$로 둘 수 있다.

$$\langle a^p \rangle = \left\{a^p,\ a^{p^2},\ \cdots,\ a^{p^{m-1}},\ a^{p^m}=1\right\}$$

는 위수 m인 $\langle a \rangle$의 부분군이다. $1 \le i \le m$에 대해서 따름정리 37.3에 의해서 $\theta^i(a)=a^{p^i}$는 $G(F, \mathbb{Z}_p)$의 원소이다. 정리 37.8에서 F는 $\mathbb{Z}_p$의 정규확대체이므로 갈루아 정리에서 $[F : \mathbb{Z}_p]=G(F, \mathbb{Z}_p)=m$이므로 결국 $G(F, \mathbb{Z}_p)=\langle \theta \rangle$가 됨을 알 수 있다. □

마찬가지로 해서 다음 정리를 얻을 수 있다.

정리 37.14 F는 유한체, K는 F의 유한확대체이면 K는 F의 갈루아 확대체이고 $G(K, F)$는 순환군이다.

증명 $\mathbb{Z}_p$를 F의 소체라고 하면 K는 $\mathbb{Z}_p$의 유한확대체이다. $[K : \mathbb{Z}_p]=m$라고 하면 $|K|=p^m$이고 $G(K, \mathbb{Z}_p)$는 순환군이다. $G(K, F)$는 $G(K, \mathbb{Z}_p)$의 부분군이므로 역시 순환군이다. K, F는 모두 유한체이므로 $\mathbb{Z}_p$의 정규분리가능한 확대체이다.

$$|G(K, \mathbb{Z}_p)|=[K : \mathbb{Z}_p],\ |G(F, \mathbb{Z}_p)|=[F : \mathbb{Z}_p],\ [K : \mathbb{Z}_p]=[K : F][F : \mathbb{Z}_p],$$
$$G(\mathrm{F}, \mathbb{Z}_p) \cong G(K, \mathbb{Z}_p)/G(K, F)$$

에서 $|G(K, F)|=[K:F]$이고 따라서 K는 F의 갈루아 확대체이다. □

F는 표수가 p인 유한체라고 하자. 임의의 양의 정수 n에 대하여 다항식 $f(x)=x^n-1\in F[x]$의 근을 $\alpha_1, \alpha_2, \cdots, \alpha_n$이라고 하면 $f(x)$의 분해체는 $K=F(\alpha_1, \alpha_2, \cdots, \alpha_n)$이 된다. 그런데 집합 $H=\{\alpha_1, \alpha_2, \cdots, \alpha_n\}$은 곱에 대해서 군이 되므로 앞 정리에서 $(H, \cdot)$는 순환군이 된다. $(H, \cdot)$의 생성원을 α라고 하면 $K=F(\alpha)$ 꼴로 쓸 수 있다. 만일 n이 p의 배수가 아니면 $f'(x)=nx^{n-1}\neq 0$이므로 $f(x)$와 $f'(x)$는 서로소가 된다. 따라서 $f(x)$는 F상에서 분리다항식이다. $\alpha_i\in H$ 중 $\langle \alpha_i \rangle=H$가 되는 α_i를 p를 법으로 하는 원시 n-제곱근(primitive n-th roots of unit mod p)이라고 부른다. $H=\{\alpha_1, \alpha_2, \cdots, \alpha_n\}=\langle \alpha \rangle$이므로 α_i가 p를 법으로 하는 원시 n-제곱근일 필요충분조건은 $\alpha_i=\alpha^k$, $\gcd(k, n)=1$이 됨을 쉽게 알 수 있다. 따라서 p를 법으로 하는 원시 n-제곱근은 모두 $\varphi(n)$개 있음을 알 수 있다. 또 이때는 $|\alpha_i|=n$이 된다. $\mathbb{Q}$상에서와 마찬가지로 우리는 이러한 p를 법으로 하는 원시 n-제곱근을 근으로 하는 원분다항식

$$\Phi_n(x)=(x-u_1)(x-u_2)\cdots(x-u_{\varphi(n)})\in K[x]$$

를 생각할 수 있다.

【예제 3】 $F=\mathbb{Z}_3$, $n=8$이라고 하면 $\mathrm{char}F=3$은 8의 약수가 아니므로 원분다항식을 구할 수 있다. 우선 $f(x)=x^8-1\in\mathbb{Z}_3[x]$의 근을 구하기 위해서 $8=3^2-1$이므로 $g(x)=x^9-1\in\mathbb{Z}_3[x]$의 분해체를 구하는 것이 쉽다. $x^2+x+2\in\mathbb{Z}_3[x]$는 기약이므로 $E=\mathbb{Z}_3[x]/\langle x^2+x+2\rangle$의 위수는 9가 됨을 알 수 있고, 따라서 E는 $g(x)$의 분해체가 된다. $\alpha=\bar{x}$라고 하면 $E=\mathbb{Z}_3[\alpha]$ 꼴이 되므로 결국 α가 3을 법으로 하는 원시 8-제곱근이다. 또 $\alpha^3, \alpha^5, \alpha^7$도 모두 원시근이다. 따라서 원분다항식은

$$\Phi_8(x)=(x-\alpha)(x-\alpha^3)(x-\alpha^5)(x-\alpha^7)\in\mathbb{Z}_3(\alpha)[x]$$

인데 $\alpha^2+\alpha+2=0$, $\alpha^8=1$을 이용하면 $\Phi_8(x)=x^4-1$이 됨을 알 수 있다. 결론적으로 $\Phi_8(x)\in\mathbb{Z}_3[x]$가 되는 데 실제로 모든 $\Phi_n(x)$는 $\mathbb{Z}_p[x]$의 원

소가 된다.

$n=p^t-1$이 안되는 경우의 예를 한 가지 더 들어보겠다.

【예제 4】 $F=\mathbb{Z}_3$, $n=10$이라고 하면 3은 10의 약수가 아니다. $f(x)=x^{10}-1\in\mathbb{Z}_3[x]$의 분해체 K를 구하기 위해서 $|K|=3^t$ 꼴이므로 $10|3^t-1$이 되어야 한다. 오일러의 정리에서 $10|3^{\varphi(10)}-1$이므로 $t=\varphi(10)=4$로 두면 되겠다. $\mathbb{Z}_3[x]$에서 차수가 4인 기약다항식을 구해보면 $x^4+1\in\mathbb{Z}_3[x]$가 간단히 생각난다. 따라서 $K=\mathbb{Z}_3[x]/\langle x^4+1\rangle$라 두면 $\alpha=\bar{x}$는 K에서 x^4+1의 근이 된다. 또 $K\cong\mathbb{Z}_3(\alpha)$이고 $|K|=3^4=81$이다. 실제로 $[K:\mathbb{Z}_3]=4$이므로 K의 원소는 $a_0+a_1\alpha+a_2\alpha^2+a_3\alpha^3$, $a_i\in\mathbb{Z}_3$ 꼴이 된다. K의 임의의 원소 β에 대해서 $\beta^{80}=1$이므로 이 중 $|\beta|=10$이 되는 원소를 찾아보자. $\alpha^4=-1$이므로 $\alpha^8=1$이 되어 α는 안된다.

$(K^*, \cdot)$는 위수가 80인 아벨군이고 $10|80$이므로 위수가 10인 원소 β는 반드시 존재한다. 구체적으로 구하기는 힘들므로 구했다 치고 따라서 β는 $x^{10}-1\in\mathbb{Z}_3[x]$를 만족시킨다. β^3, β^7, β^9도 역시 3을 법으로 하는 원시근이므로 결국 원분다항식은

$$\Phi_{10}(x)=(x-\beta)(x-\beta^3)(x-\beta^7)(x-\beta^9)$$

이다. 이 식을 전개시켜 $\beta^{10}=1$을 대입하면

$$\Phi_{10}(x)=x^4-x^3+x^2-x+1\in\mathbb{Z}_3[x]$$

가 된다

유한체에 대해서 좀 더 알고 싶은 사람은 [18] 3장을 참고하기 바란다.

연습문제(37)

1. $p \in \mathbb{Z}$가 소수이면 모든 $\bar{a} \in \mathbb{Z}_p$에 대해서 $(\bar{a})^p = \bar{a}$임을 보여라.

2. $|F| = p^n$, F는 체이다. F의 모든 원소는 F에서 단 한 개의 p-제곱근을 가짐을 보여라.

3. 위수 9인 체를 만들고 그 연산표를 만들어라.

4. $|F| = q$, $\gcd(n, q) = 1$, E는 F상에서 $x^n - 1$의 분해체이다. $[E:F]$는 $q^k - 1$이 n의 배수가 되는 최소의 양의 정수 k임을 보여라.

5. $f(x) \in F[x]$는 기약이고 F가 유한체이면 $f(x)$는 중근을 가지지 않음을 보여라.

6. $|F| = m$, $f(x) \in F[x]$는 기약이다.
   $f(x) | x^{m^n} - x$일 필요충분조건은 $\deg f(x)$가 n의 약수임을 보여라.

7. 유한체 F의 임의의 원소 x는 $x = a^2 + b^2$, $a, b \in F$꼴로 쓸 수 있음을 보여라.

38 자유아벨군 (Free Abelian Groups)

정의 38.1 X를 군 G의 부분집합이라고 할 때 X를 포함하는 G의 최소의 부분군을 X에 의해서 생성되는 G의 부분군(subgroup of G generated by X)이라고 하고 $\langle X \rangle$로 표시한다.

정의에서 $\{H_i | i \in I\}$를 X를 포함하는 G의 부분군들의 집합이라고 하면 $\langle X \rangle = \bigcap_{i \in I} H_i$가 됨을 쉽게 알 수 있다. 물론 $G \in \{H_i | i \in I\}$이다.

또 이 때 X의 원소를 부분군 $\langle X \rangle$의 **생성원**(generators)라고 부른다. 물론 $X \neq Y$이면서 $\langle X \rangle = \langle Y \rangle$가 될 수도 있다. 만일 X가 유한집합이면 $H = \langle X \rangle$를 **유한생성**(finitely generated)라고 부른다.

특히 $G = \langle X \rangle$, X는 유한집합일 때 G는 **유한생성군**(finitely generated group)이라고 부른다. 예를 들어 임의의 $a \in G$에 대해서 순환부분군 $H = \langle a \rangle$는 한 개의 원소 a에 의해서 생성되는 G의 유한생성 부분군이다. $\langle \varnothing \rangle = \{e\}$ 임은 정의에서 당연하다.

【예제 1】 $G = \mathbb{Z}_{12} = \langle \bar{1} \rangle = \langle \bar{5} \rangle = \langle \bar{2}, \bar{3} \rangle$이므로 생성원은 여러 개일 수 있다.

【예제 2】 $G=\mathbb{Z}\times\mathbb{Z}$는 순환군이 아니다. 그러나 $G=\langle(1, 0), (0, 1)\rangle$이 되어 유한생성이다. 물론 $G=\langle(1, 0), (1, 1)\rangle$도 된다.

> **정리 38.1** $X\subset G$이면 X에 의해서 생성되는 G의 부분군 $\langle X\rangle$는
> $\langle X\rangle=\left\{a_1^{m_1}a_2^{m_2}\cdots a_n^{m_n}\mid a_i\in X,\ m_i\in\mathbb{Z}\right\}$이다.

증명
$$H=\left\{a_1^{m_1}a_2^{m_2}\cdots a_n^{m_n}\mid a_i\in X,\ m_i\in\mathbb{Z}\right\}$$
라고 하면 H는 G의 부분군이 됨을 쉽게 알 수 있다. 또 $X\subset H$이므로 정의에 의해서 $\langle X\rangle\subset H$이다. 한편 $a_i\in X\subset\langle X\rangle$이므로 $a_i^{m_i}\in\langle X\rangle$이고 따라서 $H\subset\langle X\rangle$가 된다. 따라서 $\langle X\rangle=H$이다. □

【예제 3】 $G=\mathbb{Z}\times\mathbb{Z}=\langle(1, 0), (0, 1)\rangle$이므로 G의 모든 원소는 $m_1(1, 0)+m_2(0, 1)$ 꼴로 나타낼 수 있다.

위의 예제 1과 같이 군이 이 군의 유한부분집합 X에 의해서 생성되면 군의 모든 원소가 생성원의 연산으로 표시되어 군의 원소를 쉽게 나타낼 수 있다.

이번에는 임의의 집합 X가 있을 때 이 집합 X로 군을 만들어 보자. 우선 다음 예제를 잘 공부하자.

【예제 4】 두 개의 테이블 A, B 위에 동전이 한 개씩 있다. A의 동전을 뒤집는 동작을 a, B의 동전을 뒤집는 동작을 b, 두 동전의 위치를 바꾸는 동작을 c라고 하자. 위의 세 가지 동작을 연속해서 유한 번 시행한 것을 집합 $X=\{a, b, c\}$의 유한수열(finite sequence) 또는 **단어**(word)라고 하자. 예를 들어 b^2ca는 차례로 B의 동전을 두 번 뒤집고(사실은 원래대로임) 위치를 바꾼 후 다시 A의 동전을 뒤집는 동작을 말한다.

X의 단어 중 더 간단한 단어로 나타낼 수 있는 것도 있고 없는 것도 있다. 예를 들면 b^2ca는 ca와 같다. 특히 더 이상 간단히 할 수 없는 단어를 **축약단어**(reduced word)라고 부른다. 모든 단어는 줄여서 축약단

어로 만들 수 있다. a, b, c 세 동작을 유한 번 시행한 후 나타나는 모든 경우의 수는 축약단어의 집합과 같음을 알 수 있다.

$$\begin{aligned} W(X) &= \{w \mid w\text{는 } X\text{의 단어}\} \\ F(X) &= \{x \mid x\text{는 유한 번 시행한 모든 결과}\} \\ &= \{w \mid w\text{는 } X\text{의 축약단어}\} \end{aligned}$$

라고 하자. $W(X)$는 당연히 무한집합이다. w_1, $w_2 \in W(X)$이면 $w_1w_2 \in W(X)$이다. 그러나 일반적으로 w_1, $w_2 \in F(X)$라도 $w_1w_2 \not\in F(X)$이다. 따라서 집합 $F(X)$에 연산 $*$를 임의의 w_1, $w_2 \in F(X)$에 대해서 $w_1 * w_2$는 w_1w_2의 축약단어라고 정의하자. $G=(F(X), *)$는 위수 8인 군이 된다. 그 이유를 살펴 보면

처음 A의 동전의 앞면을 1, 뒷면을 2, B의 동전의 앞면을 3, 뒷면을 4라고 하자. a, b, c를 유한 번 시행하여 나타나는 모든 경우의 수를 알아보자. 편의상 네 개의 칸 □□□□이 있다 치고 첫째 칸은 A테이블 동전의 앞면, 둘째 칸을 A테이블의 동전의 뒷면, 셋째 칸은 B테이블 동전의 앞면, 마지막 칸을 B테이블의 동전의 뒷면을 나타낸다고 하면 유한번 시행한 모든 가짓수는 첫째 칸은 1, 2, 3, 4 모두 나타낼 수 있고 둘째 칸은 고정, 셋째 칸은 2가지, 넷째 칸은 고정이다. 따라서 모두 $4 \times 2 = 8$가지이다. 따라서 $|F(X)| = 8$이다. 구체적으로 나타내면

$$1234,\ 1243,\ 2134,\ 2143,\ 3412,\ 3421,\ 4312,\ 4321$$

이다. 단어로 나타내면 차례로

$$e,\ b,\ a,\ ab,\ c,\ cb,\ ca,\ cab$$

이다. 단 e는 그냥 두는 것을 나타낸다.

G를 치환으로 표시하면 a는 $(1\ 2)$, b는 $(3\ 4)$, c는 $(1\ 2)(3\ 4)$인 S_4의 원소로 생각할 수 있다 따라서 G는 a, b, c에 의해서 생성되는 S_4의 부분군이다. $|a| = |b| = |c| = 2$이고 $ca = (1\ 4\ 2\ 3)$이므로 $|ca| = 4$이다. 따라서 $ca = g$라 두면

$$g^2 = (ca)(ca) = (12)(34) = ab,\ g^3 = g(ab) = (ca)(ab) = cb$$

이고

$$gb = cab,\ g^2b = (ab)b = a,\ g^3b = (cb)b = c$$

$$F(X) = \{e, g, g^2, g^3, b, gb, g^2b, g^3b\},\ |g| = 4,\ |b| = 2,,\ bg = g^3b$$

이므로 $F(X) \cong D_4$이다. 위와 같이 생각하면 도형을 움직이는 것은 모두 대칭군으로 생각할 수 있다. 실제로 대칭군은 양자역학, 세포분열, 분자의 구조분석 등 다양하게 이용된다.

$X \neq \varnothing$일때 $X^{-1} = \{a^{-1} \mid a \in X\}$라고 하자. 여기서 a^{-1}는 a의 역원이 아니라 그냥 X의 원소 a에 대응하는 X 바깥의 한 원소이다. 집합 $X \cup X^{-1}$의 원소의 유한수열 $a_1, a_2, \cdots, a_n$을 간단히 $a_1 a_2 \cdots a_n$으로 적기로 하고 $W(X) = \{a_1 a_2 \cdots a_n \mid a_i \in X \cup X^{-1}\}$라고 하자.

정의 38.2 $X \neq \varnothing$, $W(X) = \{a_1 a_2 \cdots a_n \mid a_i \in X \cup X^{-1}\}$일 때 $W(X)$의 원소를 X의 단어(word on X)라고 부른다. 특히 X의 단어 중 a와 a^{-1}가 이웃하지 않는 단어를 축약된 단어(reduced word)라고 부른다.

【예제 5】 $X = \{a_1, a_2, a_3\}$일 때

$$w_1 = a_2 a_2 a_1^{-1} a_1^{-1} a_1 a_3 a_3^{-1}, \qquad w_2 = a_1 a_3^{-1} a_3^{-1} a_2 a_2 a_3$$

$$w_3 = a_2 a_2^{-1} a_2^{-1} a_3 a_1 a_1 a_1^{-1} a_1^{-1} a_1^{-1}, \quad w_4 = a_3 a_3 a_3$$

는 모두 X의 단어이고 이 중 축약된 단어는 w_2, w_4이다.

정리 38.2 $X \neq \varnothing$, $e \notin X \cup X^{-1}$, $F(X) = \{w \mid w$는 X의 축약된 단어$\} \cup \{e\}$이다. $F(X)$에 연산 $*$를 다음과 같이 정의하면 $(F(X), *)$는 군이 된다;

임의의 $a, b \in X \cup X^{-1}$에 대해서

$$a * b = ab,\ aa^{-1} = a^{-1}a = e,\ ae = ea = a,\ ee = e.$$

증명 X의 단어 w_1, w_2에 대해서 w_1w_2도 역시 X의 단어가 됨은 분명하고 또 $w_1 * w_2$는 축약된 단어이므로 역시 $F(X)$의 원소이고 따라서 $*$는 잘 정의된다. 또 결합법칙도 성립한다. e가 $F(X)$의 항등원, $w \subset F(X)$의 역원은 w의 각 문자(letters)에 대해서 거꾸로 a_i는 a_i^{-1}로, a_j^{-1}는 a_j로 바꾼 단어 w^{-1}가 역원이 된다. □

정의 38.3 위의 정리 38.2에서 정의한 군 $(F(X), *)$를 집합 X에 의해서 생성된 자유군(free group generated by X)라고 부른다.

참고
1. $X \subset F(X)$이고 정리 38.2에서 $F(X) = \langle X \rangle$임은 분명하다.
2. 여기서 자유란 뜻은 원래 집합 X에 아무런 조건이 없이 군을 만들었다는 뜻이다. 자세한 내용은 [21] p.67 참조
3. 임의의 $w \neq e \in F(X)$의 위수는 무한이다. 따라서 $F(X)$는 무한집합이다.

【예제 6】 $X = \{a, b\}$일 때 $F(X)$의 두 원소의 곱

$$(aab^{-1}ab) * (b^{-1}a^{-1}ba^{-1}aab)$$

는 $aab^{-1}aea^{-1}ba^{-1}aab = aaab$이고 $w = aaab$의 역원 w^{-1}는 $b^{-1}a^{-1}a^{-1}a^{-1}$이다.

정리 38.3 모든 군은 어떤 적당한 자유군의 상군과 동형이다.

증명 G를 임의의 군이라고 하고 G의 생성원의 집합을 X라고 하자. 또 X에 의해서 생성되는 자유군을 $(F(X), *)$라 하면 임의의 $w = a_1a_2 \cdots a_n \in F(X)$에 대해서

$$f : F(X) \to G = \langle X \rangle,\ f(w) = a_1a_2 \cdots a_n,\ f(e) = e' \quad (e'\text{는}G\text{의 항등원})$$

이라고 하면 f는 전사인 준동형사상이 된다. 따라서 제1동형사상정리에 의해서

$$F(X)/\mathrm{Ker}f \cong G$$

□

주의 1. 위의 정리 38.3의 증명에서 $f(a_1a_2\cdots a_n)=a_1a_2\cdots a_n$는 왼편의 $a_1a_2\cdots a_n$은 실제로 $X\cup X^{-1}$의 원소의 유한수열 즉 X의 단어이고 오른편 $a_1a_2\cdots a_n$은 군 G의 원소에서 각 a_i를 연산한 값으로 생각한 것이다.

2. 정리 38.3에서 $G=\langle X\rangle$, $F(X)=\langle X\rangle$이므로 $G=F(X)$로 생각하기 쉬운데 아래 예제 7에서와 같이 같은 생성원을 가져도 여러 가지 틀리는 군이 있을 수 있다.

【예제 7】

$$D_4=\{e,\ a,\ a^2,\ a^3,\ b,\ ab,\ a^2b,\ a^3b\},\ a^4=b^2=e,\ ba=a^3b$$

인 정이면체군이라고 하면 D_4는 생성원이 $\{a, b\}$이고 조건 $a^4=e$, $b^2=e$, $abab^{-1}=e$를 만족시킨다. 다시 $X=\{a, b\}$(꼭 a, b가 아니라도 됨), $F(X)$는 X에 의해서 생성되는 자유군이라고 하면 $F(X)\neq D_4$이다. 그러나

$$f:F(X)\to D_4,\ f(a)=a,\ f(b)=b$$

인 함수라고 하면 f는 전사준동형이다. 또

$$f(a^4)=f(b^2)=f(abab^{-1})=e$$

이므로 $Y=\{a^4,\ b^2,\ abab^{-1}\}\subset F(X)$라고 하고 N를 Y에 의해서 생성되는 $F(X)$의 정규부분군이라고 하면 $N\subset \operatorname{Ker} f$이다. 임의의 $\overline{w}\in F(X)/N$에 대해서 $\overline{w}=Na^ib^j$, $0\leq i\leq 3$, $0\leq j\leq 1$꼴이다. 따라서

$$8=|F(X)/N|\geq |F(X)/\operatorname{Ker} f|,\ F(X)/\operatorname{Ker} f\cong D_4$$

에서 결국 $N=\operatorname{Ker} f$가 된다. 따라서

$$D_4\cong F(X)/N$$

이 되고 여기서 결국 D_4는 자유군 $F(\{a, b\})$에서 관계(relations) $a^4=b^2=e$, $ba=a^3b$을 만족시키는 군이다. 자유군은 이러한 관계에서 자유(relation-free)란 의미이다.

【예제 8】 $X=\{a\}$이면 자유군 $F(X)=\langle a\rangle$는 무한순환군이고 따라서 $F(X)\cong\mathbb{Z}$이다. 만일 여기서 어떤 조건 $a^n=e$가 붙으면 $\langle a\rangle\cong F(X)/n\mathbb{Z}\cong\mathbb{Z}_n$가 된다.

지금까지 우리는 유한생성군과 자유군에 대해서 잠시 살펴보았는데 일반적인 유한생성군과 자유군의 구조는 통일된 모양이 없다. 따라서 그 모양을 일률적으로 나타낼 수는 없다. 그러나 유한생성아벨군은 그 모양이 딱 한 가지로 정해지므로 그 모양을 나타낼 수 있다. 본 단원에서는 이와 같은 유한생성아벨군의 구조에 대해서 공부해보자. 모든 군은 자유군의 상군으로 표시되는 것과 마찬가지로 모든 아벨군은 자유아벨군의 상군으로 표시할 수 있다(정리 38.10). 따라서 우리는 자유아벨군의 모양만 구하면 모든 아벨군은 그 상군으로 표시되므로 아벨군의 모양도 구할 수 있다.

아래의 정의에서 보는 바와 같이 아벨군은 벡터공간과 매우 비슷한 성질을 가지고 있다. 아벨군 $(A, +)$는 스칼라를 $\mathbb{Z}$로 생각하면 $\mathbb{Z}$상에서의 벡터공간(정확하게는 $\mathbb{Z}$상에서의 가군(module))과 동일한 성질을 가진다.

정의 38.4 $(A, +)$는 아벨군이고 $X \subset A$이다. 이때 X가 다음 두 조건을 만족시킬 때 X를 A의 기저(basis)라고 한다.

1) 임의의 $g \in A$에 대해서 $n_i \in \mathbb{Z}$, $x_i \in X$가 존재하여$(1 \le i \le k)$

$$g = n_1 x_1 + \cdots + n_k x_k$$

로 표시된다.

2) 만일 $n_i \in \mathbb{Z}$, $x_i \in X$로써 $x_i \neq x_j \ (i \neq j)$

$$n_1 x_1 + \cdots + n_k x_k = 0$$

이면 모든 $n_i = 0$이다.

앞의 정의 38.4에서 $n_i x_i$는 G의 원소 x_i를 n_i번 합한 원소이며 n_i와 x_i의 곱을 의미하지는 않는다. 또 X의 원소를 유한번 연산한

$$n_1 x_1 + \cdots + n_k x_k \ (n_i \in \mathbb{Z},\ x_i \in X)$$

꼴의 원소를 X의 원소의 **일차결합**(linear combination)이라고 부른다.

$$\langle X\rangle = \{x \in G \mid x\text{는 } X\text{의 원소의 일차결합}\}$$

임을 알 수 있다. 아벨군 A가 $A=\langle X\rangle$일 필요충분조건은 정의 38.4의 조건 1)이 성립할 때이다. 특히 X가 유한집합일 때 A는 **유한생성아벨군**(finitely generated abelian group)이다.

조건 2)를 X는 **일차독립**(linearly independent)이라고 부른다. 따라서 X가 아벨군 A의 기저라는 말은 X가 일차독립이면서 A를 생성한다는 뜻이다. $\mathbb{Z}\times\mathbb{Z}$의 기저는 $\{(1, 0), (0, 1)\}$이다. 아벨군 중에서는 기저를 안 가지는 것도 많이 있다. 예를 들면 $(\mathbb{R}, +)$는 기저가 존재하지 않는다. 또 유한아벨군 $\mathbb{Z}_n$도 기저가 없다.

【예제 9】 $G=\mathbb{Z}_8$, $X=\{\overline{4}, \overline{6}\}$라면 X의 모든 일차결합 $\langle X\rangle$는 집합 $\{\overline{0}, \overline{2}, \overline{4}, \overline{6}\}$이다. 따라서 X는 G를 생성하지 못한다. 물론 X는 일차독립도 아니다. 그러나 $X=\{\overline{3}\}$라면 $\overline{3}$는 G의 생성원이므로 X는 G를 생성한다. 즉 $\overline{3}$의 모든 일차결합의 집합 $\{n\overline{3} \mid n \in \mathbb{Z}\}$이 G가 된다. 그러나 $8\,\overline{3}=\overline{0}$이므로 X는 일차독립이 아니다.

일반적으로 모든 아벨군은 생성원을 가진다. 간단히 $A=\langle A\rangle$이다. 그러나 일차독립인 생성원, 즉 기저가 없는 경우가 많다. 그래서 우리는 다음과 같은 정의를 한다.

정의 38.5 기저를 가지는 아벨군을 **자유아벨군**(free abelian group)이라고 부른다.

【예제 10】 $A=\mathbb{Z}\times\mathbb{Z}$는 자유아벨군이다. 그러나 $\mathbb{Z}_5$는 자유아벨군이 아니다. $\mathbb{Z}_5$의 어떠한 부분집합도 일차독립이 아니다.

정리 38.4 아벨군 A가 기저 X를 가지면 A의 임의의 항등원이 아닌 원소는 X 원소의 일차결합으로서 유일한 형태로 표시되고 또 그 역도 성립한다.

증명 (⇒) X는 A를 생성하므로 임의의 $a\in A$는 X의 원소의 일차결합으로 표시된다. 만일 $a\in A$가 두 가지 모양으로

$$n_1x_1+n_2x_2+\cdots+n_kx_k=m_1y_1+m_2y_2+\cdots+m_ly_l \quad (n_i,\ m_j\in\mathbb{Z},\ x_i,\ y_j\in X)$$

꼴로 표시되었다고 하자. 물론 $k\neq l$면 $x_k\neq x_l$, $y_k\neq y_l$이다. 좌변식과 우변식에서 공통되는 항이 없으면 그 항의 계수를 0으로 취급하여 모두 공통항이 있도록 하여

$$n_1x_1+n_2x_2+\cdots+n_kx_k=a_1z_1+a_2z_2+\cdots+a_rz_r$$
$$m_1y_1+m_2y_2+\cdots+m_ly_l=b_1z_1+b_2z_2+\cdots+b_rz_r$$
$$(\text{단 } \{x_1,\ \cdots,\ x_k\}\cup\{y_1,\ \cdots,\ y_l\}\subset\{z_1,\ \cdots,\ z_r\},\ a_i,\ b_i\in\mathbb{Z},\ 1\le i\le r)$$

꼴로 쓸 수 있다. 따라서 위의 식으로부터

$$(a_1-b_1)z_1+(a_2-b_2)z_2+\cdots+(a_r-b_r)z_r=0$$

가 되어서 $a_i=b_i\,(i=1,\ \cdots,\ r)$이다. 그런데

$$\{n_1,\ \cdots,\ n_k\}\cup\{m_1,\ \cdots,\ m_l\}\subset\{a_1,\ \cdots,\ a_k\}$$

이므로 만일 $x_i=y_j$라면 $n_i=m_j$가 되어 a는 단 한 가지 모양으로 표시된다.

(⇐) 항등원 0은 X의 원소가 아님은 당연하다. X는 A를 생성하므로 일차독립이 되는지만 살펴보자. 만일

$$n_1x_1+n_2x_2+\cdots+n_kx_k=0,\ x_i\neq x_j,\ 1\le i,\ j\le k,\ n_1\neq 0$$

이라면

$$x_1=x_1+(n_1x_1+\cdots+n_kx_k)=(1+n_1)x_1+\cdots+n_kx_k$$

이고 $1\neq 1+n_1$이므로 x_1은 두 가지 방법으로 표시되어 모순이다. □

정리 38.5 $G=\mathbb{Z}\times\mathbb{Z}\times\cdots\times\mathbb{Z}$ (유한개)이면 G는 자유아벨군이다.

증명 $G=\mathbb{Z}^k$를 $\mathbb{Z}$를 k로 직적(외직적)한 군이라고 하자.

$$X=\{(1,\ 0,\ \cdots,\ 0),\ (0,\ 1,\ \cdots,\ 0),\ \cdots,\ (0,\ 0,\ \cdots,\ 1)\}$$

이라고 하면 $|X|=k$이 되고

1) 임의의 $g=(a_1, a_2, \cdots, a_k)\in G$에 대해서

$$g=a_1(1, 0, \cdots, 0)+a_2(0, 1, 0, \cdots, 0)+\cdots+a_k(0, 0, \cdots, 1),\ a_i\in\mathbb{Z}$$

이 되어 X는 G를 생성한다. 여기서 $a_1(1, 0, \cdots, 0)$는 $(1, 0, \cdots, 0)$를 a_1번 합한다는 뜻이다. 즉 $(a_1, 0, 0, \cdots, 0)$이다.

2) 만일

$$n_1(1, 0, \cdots, 0)+n_2(0, 1, \cdots, 0)+\cdots+n_k(0, 0, \cdots, 1)=(0, 0, \cdots, 0)$$

이면

$$(n_1, n_2, \cdots, n_k)=(0, 0, \cdots, 0)$$

이 되어서

$$n_1=n_2=\cdots=n_k=0$$

이 된다. 1), 2)에 의해서 X는 G의 기저가 됨을 쉽게 알 수 있다. 따라서 G는 자유아벨군이다. □

위의 정리 38.5의 역도 성립한다.

정리 38.6 군 G가 기저의 원소가 k개인 자유아벨군이면 $G\cong\mathbb{Z}\times\mathbb{Z}\times\cdots\times\mathbb{Z}$ (k개)이다.

증명 $X=\{a_1, a_2, \cdots, a_k\}$를 G의 기저라고 하자. $\mathbb{Z}\times\mathbb{Z}\times\cdots\times\mathbb{Z}$에서 G로의 함수 ϕ를

$$\phi:\mathbb{Z}\times\mathbb{Z}\times\cdots\times\mathbb{Z}\to G,\ \phi(n_1, n_2, \cdots, n_k)=n_1a_1+\cdots+n_ka_k$$

라고 하면

1)
$$\begin{aligned}&\phi((n_1, n_2, \cdots, n_k)+(m_1, m_2, \cdots, m_k))\\&=\phi(n_1+m_1, n_2+m_2, \cdots, n_k+m_k)\\&=(n_1+m_1)a_1+(n_2+m_2)a_2+\cdots+(n_k+m_k)a_k\\&=(n_1a_1+n_2a_2+\cdots+n_ka_k)+(m_1a_1+m_2a_2+\cdots+m_ka_k)\\&=\phi(n_1, n_2, \cdots, n_k)+\phi(m_1, m_2, \cdots, m_k)\end{aligned}$$

이므로 ϕ는 준동형사상이다.

2) 임의의 $g \in G$에 대해서는 X는 G를 생성하므로

$$g = n_1 a_1 + \cdots + n_k a_k,\ n_i \in \mathbb{Z},\ a_i \in X$$

로 표시된다. 따라서

$$\phi(n_1, \cdots, n_k) = n_1 a_1 + \cdots + n_k a_k = g$$

가 되어 ϕ는 전사이다.

3) $(n_1, n_2, \cdots, n_k) \in \mathrm{Ker}\,\phi$면

$$\phi(n_1, \cdots, n_k) = n_1 a_1 + \cdots + n_k a_k = 0$$

이 되고 정의 38.4의 2)에 의해서 모든 $n_i = 0$이 된다. 즉, $\mathrm{Ker}\,\phi = 0$이다.

1), 2), 3)에 의해서 ϕ는 동형사상이 된다. 즉, 기저의 조건 1)에 의해서 ϕ는 전사가 되고 2)에 의해서 ϕ는 단사이다. 따라서

$$G \cong \mathbb{Z} \times \mathbb{Z} \times \cdots \times \mathbb{Z}$$

이다. □

위의 정리에 의해서 G가 기저의 원소가 k개인 자유아벨군일 필요충분조건은 G는 $\mathbb{Z}$를 k개 직적한 $\mathbb{Z} \times \mathbb{Z} \times \cdots \times \mathbb{Z}$와 동형임을 알 수 있다. 물론 무한기저를 가지는 자유아벨군도 많다.

일반적으로 자유아벨군은 여러 가지 모양의 기저를 가질 수 있다. 그러나 기저의 원소의 개수는 모두 같다.

정리 38.7 자유아벨군 F의 한 기저가 유한집합이면 임의의 두 유한기저의 원소의 개수는 같다.

증명 $X = \{a_1, a_2, \cdots, a_k\}$가 자유아벨군 F의 기저라고 하면 $|X| = k$이고 앞의 정리에서 $F \cong \mathbb{Z} \times \mathbb{Z} \times \cdots \times \mathbb{Z}$ (k개)로 둘 수 있다.

$$H = \{2x \mid x \in F\} = \{x + x \mid x \in F\}$$

라고 하면 임의의 $2x,\ 2y \in H$에 대해서 $x,\ y \in F$이고

$$2x + 2y = 2(x + y) \in H, \quad -(2x) = 2(-x) \in H$$

이므로 H는 F의 부분군이다. 앞 정리 38.6의 동형사상

$$\phi : \mathbb{Z}\times\mathbb{Z}\times\cdots\times\mathbb{Z}\to F$$

에서 $\phi^{-1}(H)$를 구해보면

$$(n_1,\ n_2,\ \cdots,\ n_k)\in\phi^{-1}(H)$$

일 필요충분조건은

$$n_1a_1+n_2a_2+\cdots+n_ka_k=2x,\ \ x\in F$$

의 원소꼴이므로

$$n_1a_1+\cdots+n_ka_k=2(m_1a_1+m_2a_2+\cdots+m_ka_k),\ \ m_i\in\mathbb{Z}$$

이고 결국 $n_i=2m_i,\ m_i\in\mathbb{Z}$가 되어

$$\phi^{-1}(H)=2\mathbb{Z}\times 2\mathbb{Z}\times\cdots\times 2\mathbb{Z}$$

가 된다. 따라서

$$\begin{aligned}F/H&\cong(\mathbb{Z}\times\cdots\times\mathbb{Z})/(2\mathbb{Z}\times\cdots\times 2\mathbb{Z})\\&\cong(\mathbb{Z}/2\mathbb{Z})\times(\mathbb{Z}/2\mathbb{Z})\times\cdots\times(\mathbb{Z}/2\mathbb{Z})\\&\cong\mathbb{Z}_2\times\mathbb{Z}_2\times\cdots\times\mathbb{Z}_2\ (k\text{개})\end{aligned}$$

이고 $|F/H|=2^k$이 된다. 또 다른 F의 기저를 Y라고 하고 $|Y|=s$라고 하면 마찬가지로 해서 $|F/H|=2^s$이므로 $2^k=2^s$, 즉 $|X|=|Y|$임을 알 수 있다. □

물론 이 정리는 기저의 개수가 무한일 경우에도 역시 성립한다. 위의 정리에 의해서 자유아벨군에서는 어떠한 기저를 잡더라도 그 기저의 원소의 개수는 불변이므로 다음과 같이 정의할 수 있다.

정의 38.6 자유아벨군 F의 기저의 원소의 개수를 F의 **계수**(rank)라고 부른다.

【예제 11】 $X=\{(1,\ 0,\ 0),\ (0,\ 1,\ 0),\ (0,\ 0,\ 1)\}$은 $F=\mathbb{Z}\times\mathbb{Z}\times\mathbb{Z}$의 기저이므로 F의 계수는 3이다. 물론

$$Y=\{(1,\ 1,\ 1),\ (1,\ 1,\ 0),\ (1,\ 0,\ 0)\}$$

도 F의 기저가 된다.

정리 38.8 $X=\{a_1, \cdots, a_k\}$가 자유아벨군 F의 기저이면 임의의 $n\in\mathbb{Z}$, 임의의 i, j $(1\le i\ne j\le k)$에 대해서 a_j 대신 a_j+na_i를 대입한

$$Y=\{a_1, \cdots, a_{j-1}, a_j+na_i, a_{j+1}, \cdots, a_k\}$$

도 역시 F의 기저이다.

증명 $a_j=(a_j+na_i)-na_i$로 쓸 수 있으므로 F의 임의의 원소 g는

$$\begin{aligned} g&=n_1a_1+\cdots+n_ka_k \\ &=n_1a_1+\cdots+n_j\{(a_j+na_i)-na_i\}+\cdots+n_ka_k \\ &=n_1a_1+\cdots+(n_i-n_jn)a_i+\cdots+n_j(a_j+na_i)+\cdots+n_ka_k \end{aligned}$$

이므로 Y의 원소들의 일차결합으로 표시된다. 또 만일

$$n_1a_1+\cdots+n_j(a_j+na_i)+\cdots+n_kx_k=0\ (n_i\in\mathbb{Z})$$

라면

$$n_1a_1+\cdots+(n_i+n_jn)a_i+\cdots+n_ja_j+\cdots+n_kx_k=0$$

이므로

$$n_1=n_2=\cdots=n_i+n_jn=\cdots=n_j=\cdots=n_k=0$$

으로부터 모든 $n_i(1\le i\le k)$는 0이 되므로 Y는 일차독립이다. □

【예제 12】 $F=\mathbb{Z}\times\mathbb{Z}$에서

$$X=\{(1, 0), (0, 1)+3(1, 0)\}=\{(1, 0), (3, 1)\}$$

도 역시 Y의 기저이다.

【예제 13】 $F=\mathbb{Z}\times\mathbb{Z}$, $K=\langle(0, 3), (1, 6)\rangle\subset F$라고 하면 정리 38.8의 증명에서 본 바와 같이

$$\{(0,\ 3),\ (1,\ 6)-2(0,\ 3)\}=\{(0,\ 3),\ (1,\ 0)\}$$

도 K를 생성한다. 따라서

$$\begin{aligned} K &= \{a(0,\ 3)+b(1,\ 0) \mid a,\ b \in \mathbb{Z}\} \\ &= \{(b,\ 3a) \mid a,\ b \in \mathbb{Z}\} \\ &= \mathbb{Z} \times 3\mathbb{Z} \end{aligned}$$

가 됨을 알 수 있다. 따라서 $F/K \cong \mathbb{Z}_3$이 된다.

정리 38.9 계수 n인 모든 자유아벨군은 순환군의 직적으로 분해된다.

증명 $X=\{a_1,\ a_2,\ \cdots,\ a_n\}$을 자유아벨군 F의 기저라고 하자.

$$K=\{m_2a_2+m_3a_3+\cdots+m_na_n \mid m_i \in \mathbb{Z}\}$$

라고 하면 K는 F의 부분군이 됨을 알 수 있다. 또 K의 기저는 $\{a_2,\ a_3,\ \cdots,\ a_n\}$이 된다. 임의의 $g\in F$에 대해서 X는 기저이므로

$$g=m_1a_1+(m_2a_2+\cdots+m_na_n)$$

이므로 결국 $g\in \langle a_1\rangle+K$이다. 한편 $\langle a_1\rangle \cap K=\{0\}$도 쉽게 알 수 있다. 따라서 $F\cong\langle a_1\rangle\times K$이고 이것을 반복하면 $F\cong\langle a_1\rangle\times\langle a_2\rangle\times\cdots\times\langle a_n\rangle$을 얻는다. □

정리 38.10 모든 유한 아벨군은 p-군의 직적으로 분해(decomposition)된다.

증명 G는 아벨군, $|G|=p^nm$, $\gcd(p,\ m)=1$, p는 소수라고 하자.

$$H=\{x\in G \mid |x|\text{는 } p^n\text{의 약수}\},\ K=\{x\in G \mid |x|\text{는 } m\text{의 약수}\}$$

라고 하면 $|ab|$는 $\text{lcm}(|a|,\ |b|)$의 약수이므로 $H,\ K$는 G의 부분군이 됨을 쉽게 알 수 있다. 임의의 $g\in G$와 $i\in\mathbb{Z}$에 대해서

$$((g^{p^n})^i)^m=g^{p^nmi}=g^{|G|i}=e$$

이므로 $|(g^{p^n})^i|$는 m의 약수이다. 따라서

$$\{g^{p^n},\ g^{2p^n},\ g^{3p^n},\ \cdots\}\subset K$$

이다. 이와 마찬가지로 $|(g^m)^i|$는 p^n의 약수이므로

$$\{g^m,\ g^{2m},\ g^{3m},\ \cdots\}\subset H$$

가 된다. 한편 p^n과 m은 서로소이므로 $p^n k+mt=1$인 정수 $k,\ t\in\mathbb{Z}$가 존재한다. 따라서 $g=g^{p^n k}g^{mt}\in KH$가 되어 결국 $G=KH$이다. 한편 $\gcd(p,\ m)=1$이므로 p^n과 m의 공약수는 1뿐이므로 $H\cap K=\{e\}$이다. 이 사실로부터 G는 H과 K의 내직적이 됨을 알 수 있다. 즉 $G\cong H\times K$이고 H는 p-군이다. 또 $|H|=p^n$, $|K|=m$이 됨도 쉽게 알 수 있다. $|G|$를 소인수분해하여 $|G|=p_1^{n_1}p_2^{n_2}\cdots p_m^{n_m}$이 되었다면 위의 사실을 반복하면

$$G\cong G_1\times G_2\times\cdots\times G_m,\ G_i\text{는 } p_i\text{-군}$$

꼴의 내직적으로 나타낼 수 있다. □

【예제 14】 $|G|=72$인 아벨군이라고 하면 $|G|=72=2^3\times 3^2$이므로

$$G\cong G_1\times G_2,\ |G_1|=2^3,\ |G_2|=3^2$$

꼴이다. 따라서 G_1은 위수가 8인 p-군이므로

$$\mathbb{Z}_8,\ \mathbb{Z}_4\times\mathbb{Z}_2,\ \mathbb{Z}_2\times\mathbb{Z}_2\times\mathbb{Z}_2$$

중 한 개이고 G_2는 $\mathbb{Z}_9$, $\mathbb{Z}_3\times\mathbb{Z}_3$ 중 한 개와 동형이다. 결국 위수 72인 아벨군은 6종류가 있다.

유한아벨군에 대한 보다 자세한 이론은 뒤에 다시 나온다.

정리 38.11 모든 아벨군은 자유아벨군의 상군으로 표시된다.

증명 A를 아벨군이라고 하고

$$F=\{f\,|\,f:A\to\mathbb{Z},\ f(a)\neq 0\text{인 } a\text{는 유한개}\}$$

라고 하자. F에 연산 $+$을

$$(f+g)(x)=f(x)+g(x)$$

과 같이 정의하면 $(F, +)$는 아벨군이 됨을 쉽게 알 수 있다. 이때 모든 원소를 0으로 보내는 함수가 항등원이 된다. 또 임의의 $x \in A$에 대해서 함수 θ_x를

$$\theta_x : A \to \mathbb{Z},\ \theta_x(a)=\begin{cases} 1 & \text{만일 } x=a \\ 0 & \text{만일 } x \neq a \end{cases}$$

인 함수라고 하면

$$B=\{\theta_x \mid x \in A\} \subset F,\ |B|=|A|$$

이다. B가 F의 기저가 됨을 보이자.

1) 임의의 $f \in F$에 대해서 $f(a) \neq 0$인 a는 유한개밖에 없으므로 $f(x_1) \neq 0$, $f(x_2) \neq 0, \cdots, f(x_n) \neq 0$이고, 그 외의 $x \in A$에 대해서는 $f(x)=0$라고 가정하자.

   만일 $x=x_i$, $1 \leq i \leq n$이라면 $f(x)=f(x_i)$이고

$$(f(x_1)\theta_{x_1}+\cdots+f(x_n)\theta_{x_n})(x)=f(x_i)\theta_{x_i}(x_i)=f(x_i)$$

   이다. 또 $x \neq x_i$, $1 \leq i \leq n$일 경우는 $\theta_{x_i}(x)=0$이다. 또한

$$f(x)=0,$$
$$(f(x_1)\theta_{x_1}+\cdots+f(x_n)\theta_{x_n})(x)=f(x_1)\theta_{x_1}(x)+\cdots+f(x_n)\theta_{x_n}(x)=0$$

   이므로 어느 경우나 f는 B의 원소의 일차 결합

$$f(x_1)\theta_{x_1}+\cdots+f(x_n)\theta_{x_n}$$

   으로 표시된다.

2) 또 만일

$$m_1\theta_{g_1}+m_2\theta_{g_2}+\cdots+m_k\theta_{g_k}=0\ (\theta_{g_i} \in B,\ m_i \in \mathbb{Z})$$

   이라면 $g_i \in A\ (1 \leq i \leq k)$이므로

$$m_i=m_i\theta_{g_i}(g_i)=(m_1\theta_{g_1}+\cdots+m_k\theta_{g_k})(g_i)=0(g_i)=0$$

   가 되어 모든 $m_i=0$이 된다. 따라서 B의 원소는 일차독립이다.

1), 2)로부터 B는 F의 기저가 됨을 쉽게 알 수 있다. 따라서 F는 계수가 $|B|=|A|$인 자유아벨군이 된다. 또 F의 임의의 원소 u는

$$u=m_1\theta_{x_1}+m_2\theta_{x_2}+\cdots+m_n\theta_{x_n}\ (m_i \in \mathbb{Z},\ x_i \in A)$$

꼴로 단 한 가지 모양으로 표시되므로

$$h: F \to A,\ h(u) = m_1x_1 + m_2x_2 + \cdots + m_nx_n$$

라고 하면 B의 일차독립으로부터 h는 함수가 된다.

또 임의의 $x \in A$에 대해서 $h(\theta_x) = x$이므로 h는 전사인 준동형사상이 됨을 알 수 있다. 따라서 제1동형사상 정리에 의해서 $A \cong F/\mathrm{Ker}\,h$이므로 A는 자유아벨군 F의 상군이 된다. □

따름정리 38.12 A가 n개의 원소로 생성되는 유한생성아벨군이면 A의 모든 부분군은 n개 이하의 원소로 생성된다.

증명 A의 생성원을 X라고 하고 위의 정리에서 A 대신 X를 대입하면 마찬가지로 하여 계수가 $|X| = n$인 자유아벨군 F를 얻을 수 있다. 또 위의 함수

$$h: F \to A,\ h(u) = m_1x_1 + \cdots + m_nx_n\ (m_i \in \mathbb{Z},\ x_i \in X)$$

는 준동형사상이고 X가 A의 생성원이므로 전사가 됨을 알 수 있다. H를 A의 부분군이라 하면 $h^{-1}(H)$는 F의 부분군이므로 위의 정리 38.11에 의해서 $h^{-1}(H)$는 위수가 n 이하인 기저 T를 가진다. h는 전사이므로

$$h(h^{-1}(H)) = H$$

이고 또 $|T| \le n$이므로 $|h(T)| \le n$이다. $h(h^{-1}(H))$는 $h(T)$에 의해서 생성되므로 따라서 H는 n개 이하의 원소로 생성되어진다. □

정리 38.13 모든 유한생성아벨군 A는

$$A \cong \mathbb{Z}_{d_1} \oplus \cdots \oplus \mathbb{Z}_{d_t} \oplus (\mathbb{Z} \oplus \mathbb{Z} \oplus \cdots \oplus \mathbb{Z})\ (d_1 > 1,\ d_1 | d_2 | \cdots | d_t)$$

꼴로 나타낼 수 있다. 단 여기서 $d_1 | d_2 | \cdots | d_t$의 뜻은 d_1은 d_2의 약수, d_2는 d_3의 약수 …란 의미이다.

증명 A의 생성원을 X라고 하자. 만일 $|X| = 1$이면 $A = \langle a \rangle$인 순환군이 된다. 만일 $|A| = n$이면 $A = \langle a \rangle \cong \mathbb{Z}_n$, $n \ge 2$이고 만일 $|A| = \infty$이면 $A = \langle a \rangle \cong \mathbb{Z}$가 되어 정

리가 성립한다. $S=\{X|X$는 A의 생성원$\}$이라고 하면 A는 유한생성이므로 유한집합 X가 S에 존재한다. S의 원소 중 원소의 개수가 최소인 X를 A의 **극소생성원**(mininal generator of A)라고 부른다. $X=\{y_1, y_2, \cdots, y_m\}$이 A의 극소생성원이라고 하면 A의 모든 생성원의 개수는 m개 이상이다. 만일 A의 극소생성원 $Y=\{a_1, a_2, \cdots, a_m\}$이 존재해서

$$n_1 a_1 + n_2 a_2 + \cdots + n_m a_m = 0$$

이면 모든 $a_i=0$, $1 \leq i \leq m$이 된다고 하면 Y는 A의 기저가 되고 따라서 앞 정리 38.6에서 $A \cong \mathbb{Z}^m$이다. 따라서 정리가 성립한다.

이번에는 이러한 조건을 만족시키는 극소생성원이 존재하지 않는 경우를 생각해 보자. 즉 임의의 A의 극소생성원은 A의 기저가 될 수 없다고 하자. 당연히 $X=\{y_1, y_2, \cdots, y_m\}$은 A의 기저가 아니므로 $k_1 y_1 + k_2 y_2 + \cdots + k_m y_m = 0$이면서 어떤 $k_i \neq 0 \in \mathbb{Z}$가 존재할 것이다. 또 만일 $k_i = 1$이면 $\{y_1, \cdots, y_{i-1}, y_{i+1}, \cdots, y_m\}$이 K를 생성하게 되어 모순이다. 따라서 $k_i \neq 1$이 된다. 편의상

$$K=\{k_i \in \mathbb{Z} \,|\, k_1 x_1 + k_2 x_2 + \cdots + k_m x_m = 0,\ \{x_1, x_2, \cdots, x_m\}\text{은 } A\text{의 모든 극소생성원}\}$$

이라고 하면 K에는 1, 0이 아닌 원소가 반드시 존재한다. 따라서 $K-\{0, 1\} \neq \varnothing$이므로 $K-\{0, 1\}$의 최소의 원소를 d_1이라고 하고 그때의 A의 극소생성원을 $\{y_1, y_2, \cdots, y_m\}$이라 하자. 즉 $A=\langle y_1, y_2, \cdots, y_m \rangle$이고 $d_1 y_1 + d_2 y_2 + \cdots + d_m y_m = 0$이고 $d_1 \neq 0, 1$면서 A의 어떠한 극소생성원 $\{x_1, x_2, \cdots, x_m\}$의 일차결합 $k_1 x_1 + k_2 x_2 + \cdots + k_m x_m = 0$에 대해서도 $k_i \neq 0$면 $d_1 \leq k_i$이다. 나눗셈정리에 의해

$$d_i \div d_1 = q_i \cdots r_i \ (0 \leq r_i < d_1)\ (i=2, \cdots, m)$$

라고 하면

$$d_i = d_1 q_i + r_i \ (i=2, \cdots, m)$$

이므로

$$0 = d_1(y_1 + q_2 y_2 + \cdots + q_m y_m) + r_2 y_2 + \cdots + r_m y_m$$

이다. 그런데 정리 38.8에 의해서

$$\{y_1 + q_2 y_2 + \cdots + q_m y_m, y_2, \cdots, y_m\}$$

도 역시 A의 극소생성원이므로 집합 K의 성질과 d_1에 의해서 $r_2 = \cdots = r_m = 0$이 된다. 따라서

$$0=d_1(y_1+q_2y_2+\cdots+q_my_m),\ d_1\geq 2$$

이다. 다시 H_1를 $\{y_2, \cdots, y_m\}$에 의해서 생성되는 아벨군, 즉

$$H_1=\langle y_2, y_3, \cdots, y_m\rangle=\{n_2y_2+n_3y_3+\cdots+n_my_m \mid n_i\in\mathbb{Z}\}$$

이라고 하자. 또 편의상

$$x_1=y_1+q_2y_2+\cdots+q_my_m$$

이라고 하고 $N_1=\langle x_1\rangle$라 하자. $|N_1|=|x_1|=d$라고 하면

$$0=dy_1+dq_2y_2+\cdots+dq_my_m,\ d\neq 0$$

에서 $d_1\leq d$이고 또 $d_1x_1=0$, $|x_1|=d$이므로 $d\leq d_1$이다. 따라서 $|x_1|=d_1$이다. 따라서 $N_1\cong\mathbb{Z}_{d_1}$이다.

한편 $\{x_1, y_2, \cdots, y_m\}$은 A의 극소생성원이므로 임의의 $a\in A$에 대해서

$$a=t_1x_1+t_2y_2+\cdots+t_my_m\in N_1+H_1$$

이므로 $A=N_1+H_1$이다. $x\in N_1\cap H_1$라고 하면

$$x=j_1x_1=j_2y_2+j_3y_3+\cdots+j_my_m$$

꼴이고 나눗셈정리에 의해서 $j_1=h_1d_1+r_1$, $0\leq r_1<d_1$로 쓸 수 있다. $d_1x_1=0$이므로 $j_1x_1=r_1x_1$이고 따라서

$$r_1x_1-j_2y_2-\cdots-j_my_m=0$$

이다. d_1의 성질에 의해서 $r_1=0$이므로 $x=j_1x_1=0$이고 결국 $N_1\cap H_1=\{0\}$이다. 따라서 A는 N_1과 H_1의 내직적 $N_1\oplus H_1$가 된다. H_1에 대해서 위와 같은 방법을 반복하면 H_1의 극소생성원의 개수는 분명히 $m-1$개이고

$$H_1=\langle x_2\rangle\oplus H_2,\ d_2x_2=0,\ \{x_2, y_3, \cdots, y_m\}\text{은 } H_1\text{의 생성원},$$
$$\{y_3, \cdots, y_m\}\text{은 } H_2\text{의 생성원}$$

이 되는 $x_2\in A$가 존재한다. 따라서

$$A=\langle x_1\rangle\oplus H_1=\langle x_1\rangle\oplus(\langle x_2\rangle\oplus H_2)$$

꼴로 분해된다. 이번에는 $d_1|d_2$를 보이자. $\{x_1, x_2, y_3, \cdots, y_m\}$은 당연히 A의 생성원이다. d_2를 d_1으로 나누어 $d_2=d_1q+r_0$, $0\leq r_0<d_1$라고 하면 $\{x_1+qx_2, x_2, y_3, \cdots, y_m\}$은 A의 극소생성원이고

$$d_1(x_1+qx_2)+r_0x_2=d_1x_1+d_2x_2=0$$

이므로 d_1의 성질에 의해서 $r_0=0$, 즉 $d_1|d_2$이다. 귀납적으로 정리가 성립함을 알 수 있다. □

따름정리 38.14 F는 계수 n인 자유아벨군이다. $K\neq\{0\}$인 F의 부분군이면 F의 적당한 기저 $\{x_1, x_2, \cdots, x_n\}$과 정수 $d_1, d_2, \cdots, d_t(t\leq n)$가 존재하여 $d_1>1$, $d_1|d_2|\cdots|d_t$이면서 $\{d_1x_1, \cdots, d_tx_t\}$가 K의 생성원이 된다.

증명 F/K는 유한 생성아벨군이므로 결국

$$(\mathbb{Z}\times\mathbb{Z}\times\cdots\times\mathbb{Z})/K\cong\mathbb{Z}_{d_1}\oplus\mathbb{Z}_{d_2}\oplus\cdots\oplus\mathbb{Z}_{d_t}\oplus(\mathbb{Z}\oplus\cdots\oplus\mathbb{Z})$$

꼴이다. 그런데 K는 F의 부분군이므로 $K=m_1\mathbb{Z}\times m_2\mathbb{Z}\times\cdots\times m_n\mathbb{Z}$로 적을 수 있다. 따라서

$$\mathbb{Z}/m_iZ\cong Z_{d_i}\text{에서 } |\mathbb{Z}/m_iZ|=|Z_{d_i}| \text{ 또는 } |\mathbb{Z}/m_iZ|=|Z|$$

이므로 $m_i=d_i$ 또는 $m_i=0$이 되어

$$K=d_1\mathbb{Z}\times d_2\mathbb{Z}\times\cdots\times d_t\mathbb{Z}$$

꼴이다. F의 기저 $\{x_1, x_2, \cdots, x_n\}$, K의 기저는 $\{d_1x_1, d_2x_2, \cdots, d_tx_t\}$로 하면 된다. $(t\leq m)$ □

연습문제(38)

1. $\{(2, 1), (3, 1)\}$은 $\mathbb{Z}\times\mathbb{Z}$의 기저가 되는가?

2. 자유아벨군에서 위수가 유한인 원소는 항등원뿐임을 증명하라.

3. $(\mathbb{Q}, +)$는 자유아벨군이냐?

4. $\{(2, 1), (4, 2)\}$은 $\mathbb{Z}\times\mathbb{Z}$의 기저가 되는가?

5. A는 계수(rank)가 n인 자유아벨군이다. A의 진부분군이고 계수가 역시 n인 예를 찾아라.

6. A, B가 자유아벨군이면 $A\times B$도 자유아벨군임을 보여라.

7. $\{(a, b), (1, 2)\}$가 $\mathbb{Z}\times\mathbb{Z}$의 기저가 되게 a, b를 정하여라.

8. 임의의 자연수 n에 대해서 계수가 n인 자유아벨군은 존재하는가?

9. X는 자유아벨군 A의 기저이다. $X\subset Y\subset A$이면 Y도 A의 기저가 되느냐?

10. 0이 아닌 자유아벨군은 무한개의 기저를 가짐을 보여라.

39 여러 가지 정역

정역 중에서 $\mathbb{Z}$나 체상에서의 다항식환 $F[x]$ 처럼 체는 되지 못하지만 일반적인 영인자를 가지지 않는다는 정역의 성질보다 훨씬 많은 성질을 가지는 정역이 있다. 즉 $F[x]$는 기약인 원소로 분해할 수 있고 또 0이 아닌 원소로 나누어 몫과 나머지를 구할 수 있고 최소공배수, 최대공약수 등 여러 가지 다양한 성질을 가지고 있다. 그래서 이러한 성질을 가지는 정역을 보통의 일반적인 정역과 구분하여 좀더 자세히 공부하고자 한다. 앞에서 우리는 주 아이디얼정역(Principal Ideal Domain)을 잠깐 공부했는데 이것도 특별한 정역이다. 이외에도 몇 가지 정역이 있는데 대표적으로 유클리드정역과 유일한 인수분해정역(Unique Factorization Domain)에 대해서 공부해 보자.

정의 39.1 R은 1을 가진 가환환, $a \in R$, $a \neq 0$, $a \neq$단원이다.
1) a가 기약(irreducible)이란 만일 $a=bc$면 b 또는 c는 단원일 때를 말한다.
2) a가 소(prime)란 만일 $p|ab$면 $p|a$ 또는 $p|b$일 때를 말한다.

a가 소일 때 때로는 소원(prime element)라고도 부른다.

【예제 1】 정수집합 $\mathbb{Z}$에서 p가 소수면 p는 기약이며 동시에 소이다. 특히 정수환 $\mathbb{Z}$에서는 기약과 소, 소수(prime number)는 모두 같다. 그러나 환 $\mathbb{Z}_6$에서 $\overline{2}$는 소이지만 $\overline{2}=\overline{2}\cdot\overline{4}$꼴로 표시되므로 $\overline{2}$는 기약은 아니다. $\mathbb{Z}_6$에서 단원은 $\overline{1}$, $\overline{5}$이다.

【예제 2】 $\mathbb{Z}[\sqrt{10}]=\{a+b\sqrt{10}\,|\,a,\ b\in\mathbb{Z}\}$는 $\mathbb{R}$의 부분환이다.

$$N(a+b\sqrt{10})=a^2-10b^2$$

이라고 하면 임의의 $x,\ y\in\mathbb{Z}[\sqrt{10}]$에 대해서 $N(xy)=N(x)N(y)$이다. 이 사실을 이용하면 $a+b\sqrt{10}$이 $\mathbb{Z}[\sqrt{10}]$에서 단원일 필요충분조건은 $a^2-10b^2=\pm1$임을 쉽게 알 수 있다. 따라서 2, 3, $4+\sqrt{10}$은 $\mathbb{Z}[\sqrt{10}]$에서 기약이다. 그러나 $(4+\sqrt{10})(4-\sqrt{10})=6$이어서 $4+\sqrt{10}\,|\,2\times3$이지만 $4+\sqrt{10}\nmid 2$, $4+\sqrt{10}\nmid 3$이므로 $4+\sqrt{10}$은 소가 아니다.

아래 정리는 쉽게 증명할 수 있으므로 그냥 결과만 적는다.

정리 39.1 R은 정역이고 $a\in R$이다.

(1) a가 소일 필요충분조건은 $\langle a\rangle$가 0이 아닌 소아이디얼이다.

(2) a가 소이면 a는 기약이다.

(3) R이 PID이면 a가 소일 필요충분조건은 a가 기약이다.

다항식환 $R[x]$에서 다항식의 차수값이 환의 각 원소마다 정수가 한 개씩 대응되면 여러 가지로 환의 성질을 조사하는데 매우 편리하다. 그래서 우리는 다음과 같은 유클리드정역(ED)을 정의한다.

정의 39.2 정역 R이 임의의 $a\neq0\in R$에 대해서 양의 정수 $d(a)$가 대응되어 다음과 같은 성질을 만족시킬 때 이 정역을 **유클리드정역**(Euclidean Domain)이라 부른다.

1) 임의의 0이 아닌 $a, b \in R$에 대해서 $d(a) \le d(ab)$이고
2) $b \ne 0$이면 $a = bq + r$, $r = 0$이거나 또는 $d(r) < d(b)$인 $q, r \in R$가 존재한다.

이때 $d : R^* \to \mathbb{Z}$는 함수로서 **유클리드평가함수**(Euclidean evaluation function)라고 부른다.

주의 유클리드정역 R에서 $0 \in R$에 대해서는 $d(0)$가 정의되지 않는다. 또 2)번 사실에서 0이 아닌 원소로 나누어 몫과 나머지를 구할 수 있다.

【예제 3】 정수 $\mathbb{Z}$에서 $d(n) = |n|$라고 하면 $\mathbb{Z}$는 유클리드정역이 된다.

【예제 4】 F가 체일 때 다항식환 $F[x]$에서 $d(a(x)) = \deg a(x)$라고 하면 $F[x]$는 유클리드정역이 된다.

정역은 환에서 체로 가는 중간단계에 있는 대수적 구조인데 환에서는 삼칙 (+, −, ×)만 가능하지만 체에서는 역원이 존재하므로 사칙 (+, −, ×, ÷)가 가능하다. 여기서 나누기는 역원을 곱하는 것을 뜻한다. 이런 의미에서 유클리드정역은 정의의 2)번 사실에서 두 원소를 나눌 수 있다는 사실로 체에 상당히 가까이 갔다고 볼 수 있다.

특히 정역에서는 임의의 정수 m에 대해서

$$\mathbb{Z}[\sqrt{m}] = a + b\sqrt{m},\ a,\ b \in \mathbb{Z}$$

의 예가 많이 나타나는데 이것에 대한 성질을 몇가지 조사해 보자. 만일 m이 제곱수이면 $\mathbb{Z}[\sqrt{m}] = \mathbb{Z}$가 되므로 m이 제곱수가 아닌 것으로 가정한다. 아래 정리의 증명은 간단하므로 생략한다.

정리 39.2 $\mathbb{Z}[\sqrt{m}]$의 원소 $a + b\sqrt{m}$에 대해서

$$N(a + b\sqrt{m}) = (a + b\sqrt{m})(a - b\sqrt{m}) = a^2 - b^2 m$$

라고 하자. 그러면 임의의 $u, v \in \mathbb{Z}[\sqrt{m}]$에 대해서

(1) $N(u)=0$일 필요충분조건은 $u=0$이다.
(2) $N(uv)=N(u)N(v)$
(3) u가 단원일 필요충분조건은 $N(u)=\pm 1$이다.

위의 정리 39.2에서 만일 $m>0$이면 $a^2=mb^2\pm 1$이 되는 정수 a, b는 무한히 많으므로 단원은 무한개이다. 그러나 $m<0$이면 $a^2-mb^2=\pm 1$이 되는 정수 a, b는 유한개 뿐이다.

따름정리 39.3 $u\in \mathbb{Z}[\sqrt{m}]$, $N(u)$가 소수이면 u는 기약이다.

증명 $N(u)\neq \pm 1$이므로 u는 단원이 아니다. $u=xy$, $x, y\in \mathbb{Z}[\sqrt{m}]$라고 하면 $N(u)=N(x)N(y)$이다. $N(u)$가 소수이므로 $N(x)=\pm 1$ 또는 $N(y)=\pm 1$이고 따라서 x 또는 y는 단원이다. □

【예제 5】 $1\pm i\in \mathbb{Z}[i]$은 $N(1\pm i)=(1+i)(1-i)=2$이므로 기약이다. 따라서 $2=(1+i)(1-i)$로 기약인 원소로 분해된다. 또 2는 정수환 $\mathbb{Z}$의 원소로는 소이다. 그러나 $\mathbb{Z}[i]$의 원소로는 $2\mid((1+i)(1-i)$이지만 $N(2)=4$, $N(1\pm i)=2$이므로 소가 아니다. $1+i$, $-1-i$, $-1+i$, $1-i$는 모두 동반원이다.

【예제 6】 위의 따름정리 39.3의 역은 성립하지 않는다. 예를 들어

$$u=1+\sqrt{5}i\in \mathbb{Z}[\sqrt{-5}]$$

는 $N(u)=(1+\sqrt{-5})(1-\sqrt{-5})=1+5=6$은 소수가 아니다. 그러나 기약이다. 왜냐하면 만일 $u=xy$, $x, y\in \mathbb{Z}[\sqrt{-5}]$라고 하면 $N(x)=1, 2, 3, 6$중 1개이다. $x=a+bi$로 두자. 만일 $N(x)=2$면 $a^2+5b^2=2$가 되는 정수 a, b가 존재해야 되는데 실제로 불가능하다. $N(x)=3$일 경우도 마찬가지로 불가능하므로 결국 $N(x)=1$ 또는 6이 되어 u는 기약이 됨을 알 수 있다.

【예제 7】 $\mathbb{Z}[\sqrt{-5}]$에서 $u=3+2\sqrt{-5}$는

$$N(3+2\sqrt{-5})=(3+2\sqrt{-5})(3-2\sqrt{-5})=29$$

이므로 기약이다. 또 u와 동반인 원소는 u, $-u$뿐이다.

정역 $\mathbb{Z}[\sqrt{m}]$에서 특히 $m=-1$, 즉 $\mathbb{Z}[\sqrt{-1}]=\mathbb{Z}[i]$일때 정수와는 다른 여러 성질들을 가지고 있다. 그래서 이 정역에 대해서 좀더 공부해 보자. 특히 정역 $\mathbb{Z}[i]=\{a+bi|a, b\in\mathbb{Z}\}$를 **가우스 정수환**(ring of Gaussian integer)라고 부른다.

정리 39.4 $\mathbb{Z}[i]$는 유클리드정역이다.

증명 $\mathbb{Z}[i]=\{a+bi|a, b\in\mathbb{Z}\}$는 복소수 $\mathbb{C}$의 부분환이다. 특히 $\mathbb{Z}[i]$의 원소를 가우스정수(Gaussian integer)라고 부른다.

$$d(a+bi)=a^2+b^2$$

라고 하면 d는 유클리드정역의 성질을 모두 만족시킴을 보이자. 우선 $x=a+bi\in\mathbb{Z}[i]$에서 $x\neq 0$이면 $d(x)\geq 1$이다. 또 두 복소수 z_1, z_2에서

$$d(z_1z_2)=d(z_1)d(z_2)$$

가 됨은 쉽게 알 수 있다. 따라서 $x, y\in\mathbb{Z}[i]-\{0\}$에 대해서

$$d(x)=d(x)\cdot 1\leq d(x)\cdot d(y)=d(xy)$$

이다. 마지막으로 나누기 성질을 만족시킴을 보이자. 우선 임의의 $y=a+bi\in\mathbb{Z}[i]$, 임의의 자연수 $n>0$에 대해서

$$a=q_1n+r_1,\ b=q_2n+r_2,\ |r_1|\leq\frac{1}{2}n,\ |r_2|\leq\frac{1}{2}n,\ q_1, q_2\in\mathbb{Z}$$

로 나타낼 수 있다. $q=q_1+q_2i$, $r=r_1+r_2i$라 두면 $q, r\in\mathbb{Z}[i]$이고

$$y=a+bi=(q_1+q_2i)n+(r_1+r_2i)=qn+r$$

이다. 또 $r\neq 0$면

$$d(r)=r_1^2+r_2^2\le\frac{1}{4}n^2+\frac{1}{4}n^2<n^2=d(n)$$

이므로 모든 조건을 만족시킨다. 이제 일반적인 경우로 임의의

$$y=a+bi,\ x\neq 0\in\mathbb{Z}[i]$$

에 대해서 $x\bar{x}=n$라 두자. 실제로 $n=d(x)\ge 1$인 정수이다. 위의 특별한 경우로 $y\bar{x},\ n\in\mathbb{Z}[i]$에 대해서

$$t,\ r\in\mathbb{Z}[i],\ y\bar{x}=tn+r,\ r=0\ \text{또는}\ d(r)<d(n)=d(x)$$

가 성립한다. 따라서 만일 $r\neq 0$면

$$d(r)=d((y-tx)\bar{x})=d(y-tx)d(\bar{x})$$

이고 $d(\bar{x})>0$이므로 $d(y-tx)\le d(r)<d(x)$가 된다. $y-tx=r_0$라 두면 $r_0=0$일 필요충분조건은 $r=0$이므로

$$y=tx+r_0,\ r_0=0\ \text{또는}\ d(r_0)=d(y-tx)<d(x),\ t,\ r_0\in\mathbb{Z}[i]$$

가 되어 가우스 정수환 $\mathbb{Z}[i]$는 유클리드정역이 된다. □

$\mathbb{Z}[\sqrt{m}]$에서 $d(a+b\sqrt{m})=|a^2-mb^2|$라고 정의할 때 유클리드정역이 되는 것도 있고 안되는 것도 있다. 되는 것은 대략 지금까지 30개 정도 발견되었다. 아직까지 정확하게 몇 개나 되는지는 밝혀지지 않았다. 지금까지 발견된 가장 큰 수는 $m=73$이다. $\mathbb{Z}[\sqrt{5}]$는 유클리드정역이지만 $\mathbb{Z}[\sqrt{-5}]$는 아니다. 그 이유는 조금 뒤에 나온다.

정리 39.5 D가 유클리드정역이고 d가 유클리드 평가함수이면 다음이 성립한다.
(1) 임의의 $a\in D^*$에 대해서 $d(1)\le d(a)$이다.
(2) a가 단원일 필요충분조건은 $d(a)=d(1)$이다.

증명 (1)

$$d(1)\le d(1a)=d(a)$$

(2) 만일 a가 단원이면 $ab=1$인 $b\in D$가 존재한다. 따라서

$$d(1)\le d(a)\le d(ab)=d(1)$$

에서 $d(a)=d(1)$이다.
역으로 만일 $d(a)=d(1)$이라고 하면 1을 a로 나누어

$$1=aq+r,\ r=0 \text{ 또는 } d(r)<d(a)$$

인 $q, r\in D$가 존재할 것이다. 만일 $r\neq 0$면 $d(r)<d(1)$이 되어 모순이다. 따라서 $r=0$이 되어 $1=aq$에서 a는 단원이다. □

가우스 정수환은 정수의 성질을 조사하는데 많이 이용된다. 아래에 몇가지 성질들을 알아보자. 우선 $\mathbb{Z}\subset\mathbb{Z}[i]$이다.

만일 $x=a+bi\in\mathbb{Z}[i]$가 단원이면 $xy=1$인 $y\in\mathbb{Z}[i]$가 존재할 것이다. 따라서

$$1=d(xy)\geq d(x)=a^2+b^2$$

에서 $x=\pm 1$ 또는 $\pm i$가 되어 $\mathbb{Z}[i]$에서 단원은 모두 4개이다. 5는 $\mathbb{Z}$에서는 기약이다. 그러나 $5=(1+2i)(1-2i)$이고 $1+2i,\ 1-2i$는 단원이 아니므로 $\mathbb{Z}[i]$에서는 기약이 아니다. 따라서 소도 아니다. 따름정리 39.3에 의해서 $x\in\mathbb{Z}[i]$에서 $d(x)$가 소수이면 x는 기약이다. 그러나 역은 성립하지 않는다. $\mathbb{Z}[i]$에서 3은 기약이나 $d(3)=9$이다.

모든 소수는 $4n+1$ 또는 $4n+3$꼴로 표시할 수 있다. 이 중 $4n+1$꼴의 소수 p는 x^2+1이 p의 배수가 되는 정수 x가 존재한다.

정리 39.6 소수 p가 $4n+1$꼴이면 $p|x^2+1$인 정수 x가 존재한다.

증명

$$x=1\cdot 2\cdot 3\cdots\frac{p-1}{2}$$

라고 하면 $p=4n+1$의 형태이므로 $\frac{p-1}{2}=2n$의 짝수가 되어 항은 모두 짝수개이다. 따라서

$$(-1)(-2)(-3)\cdots\left(-\frac{p-1}{2}\right)=(-1)^{2n}x=x$$

이 된다. 따라서

$$x^2 = 1\cdot 2\cdot 3\cdots \frac{p-1}{2}\left(-\frac{p-1}{2}\right)\cdots(-3)(-2)(-1)$$

이다.

$$y = 1\cdot 2\cdot 3\cdots \frac{p-1}{2}\,\frac{p+1}{2}\cdots(p-3)(p-2)(p-1)$$

라고 하면 $\mathbb{Z}_p$에서 $\overline{p-i} = \overline{-i}$를 이용하면 $\overline{x^2} = \overline{y}$이다. 한편 $y = (p-1)!$이고 Wilson의 정리에서 $p \mid (p-1)!+1$이므로

$\overline{y+1} = \overline{0}$이다. 따라서 $\overline{x^2+1} = \overline{0}$

에서 $p \mid x^2+1$이 된다.

간단히 mod p를 이용하면 Wilson의 정리에 의해 $(p-1)! \equiv -1 \pmod p$이다.

$$\begin{aligned} -1 &\equiv (p-1)! \equiv 1\cdot 2\cdot \cdots \cdot p-1 \\ &\equiv 1\cdot 2\cdot \cdots \cdot \frac{p-1}{2}\cdot \frac{p+1}{2}\cdot \cdots \cdot p-1 \\ &\equiv 1\cdot 2\cdot \cdots \left(\frac{p-1}{2}\right)\left(-\frac{p-1}{2}\right)\cdots(-2)(-1) \\ &\equiv (-1)^{2n}\cdot\left(1\cdot 2\cdot \cdots \frac{p-1}{2}\right)^2 \pmod p \end{aligned}$$

이다. 따라서 $p \mid x^2+1$이다. □

【예제 8】 F가 체이면 모든 $x \in F^*$에 대해서 $d(x) = 1$로 두면 임의의 $a, b \neq 0 \in F$에 대해서 $a = (ab^{-1})b + 0$꼴로 쓸 수 있으므로 유클리드정역이 된다.

정리 39.7 R이 유클리드정역이면 R은 주아이디얼정역(PID)이다.

증명 I를 R의 임의의 아이디얼이라고 하자. 만일 $I = \{0\}$이면 $I = \langle 0\rangle$이므로 주아이디얼이다. $I \neq \{0\}$이면 $x \neq 0 \in I$인 원소가 존재한다. I에 속한 임의의 원소 x에 대해 $d(x)$가 최소가 되는 원소를 b라고 하면, $b \in I$이고 임의의 $x \in I$에 대해서 $d(b) \leq d(x)$이다. $I = \langle b\rangle$가 됨을 보이자. 우선 임의의 $a \in I$에 대해서 R은 유클

리드정역이므로 $a=bq+r$, $r=0$ 또는 $d(r)<d(b)$이고 $d(b)$의 성질에 의해서 $r\notin I$이다. 그런데 $r=a-bq$, a, $b\in I$이므로 $r\in I$이 되어 모순이다. 따라서 $r=0$이고 $a\in\langle b\rangle$이다. $b\in I$이므로 $\langle b\rangle\subset I$는 당연하다. 따라서 $I=\langle b\rangle$가 된다.□

【예제 9】 $\mathbb{Z}[i]$, $\mathbb{Z}[\sqrt{-2}]$, $\mathbb{Z}[\sqrt{3}]$은 모두 PID이다. 그러나 $\mathbb{Z}[x]$, $F[x, y]$는 주아이디얼 정역이 아니므로 유클리드정역이 아니다.

페르마는 소수 중 어떤 것은 두 정수의 제곱의 합으로 표시할 수 있고 어떤 것은 안되는 것을 발견하였다. 예를 들어

$$5=2^2+1^2,\ 13=3^2+2^2,\ 17=4^2+1^2,\ 29=5^2+2^2,\ 37=6^2+1^2$$

이다. 그러나 3, 7, 11, 19, 23, 31과 같은 소수는 결코 두 수의 제곱의 합으로 표시할 수 없다. 자세히 살펴보면 5, 13, 17, 29, 37은 모두 $4n+1$꼴이고 3, 7, 11, 19, 23, 31은 모두 $4n+3$꼴이다. 그래서 페르마는 소수가 $4n+1$꼴이면 두 정수의 제곱의 합으로 표시할 수 있다고 주장했고 또 1640년 쓴 편지에서 이 사실을 자기가 증명하였다고 말했다. 그러나 그는 그의 증명을 발표하지 않았고 결국 이 증명은 1754년 오일러가 7년동안이나 연구한 끝에 최초로 증명을 발표하였다. 이 증명에는 가우스정수가 이용된다.

정리 39.8 (Fermat) 소수 $p(>2)$가 $p=a^2+b^2$(a, b는 정수)로 표시될 필요충분조건은 p가 $4k+1$꼴이다.

증명 ($\Rightarrow$) 만일 $p=a^2+b^2$ 꼴이면 a, b중 한 개는 짝수, 한 개는 홀수라야 한다. 따라서 $a=2n+1$, $b=2m$(a와 b의 모양을 서로 바꾸어도 된다)라 하면

$$p=a^2+b^2=4n^2+4n+4m^2+1$$

으로서 p는 $4k+1$의 꼴이다.

($\Leftarrow$) $a^2+b^2=(a+bi)(a-bi)$이므로 가우스 정수환 $\mathbb{Z}[i]$에서 생각한다. 우선 $\mathbb{Z}[i]$에서 p가 $4n+1$꼴이면 앞 정리에서 p는 x^2+1(적당한 $x\in\mathbb{Z}$)의 약수이고 $x^2+1=(x-i)(x+i)$이므로 $p\mid(x-i)(x+i)$이다. 그러나 $p\nmid x-i$, $p\nmid x+i$이므로 결국 p는 $\mathbb{Z}[i]$에서 소가 아니고 따라서 기약도 아니다. 따

라서 p는 $\mathbb{Z}[i]$에서 단원이 아닌 두 원소의 곱 $(a+bi)(c+di)$로 표시할 수 있고 $d(p)=p(a+bi)p(c+di)$에서

$$p^2=(a^2+b^2)(c^2+d^2),\ a^2+b^2\neq 1,\ c^2+d^2\neq 1$$

이다. 결국 $p=a^2+b^2=c^2+d^2$이 되어 p는 두 정수의 합으로 표시할 수 있다. 실제로 두 정수의 제곱의 합은 단 한가지로만 표시된다. 즉 $a^2=c^2$, $b^2=d^2$이다. □

정의 39.3 R은 가환환, $a, b, d\in R$이다. d가 다음 두 가지 성질을 만족시킬 때 d를 a, b의 **최대공약수**(greatest common divisor)라고 부른다.

1) $d|a$, $d|b$이다
2) 만일 $c|a$, $c|b$이면 $c|d$이다.

보통 $a, b\in R$의 최대공약수를 $\gcd(a, b)$ 또는 간단히 (a, b)로 표시한다. 특히 $\gcd(a, b)=1$일 때 a, b는 서로소(relative prime)라고 부른다.

정리 39.9 R이 PID면 임의의 $a, b\in R$에 대해서 $d=\gcd(a, b)$가 존재하고 또 $d=ax+by$인 $x, y\in R$가 존재한다.

증명 $A=\langle a\rangle+\langle b\rangle$라고 하면 A는 R의 아이디얼이고 R은 PID이므로 $A=\langle d\rangle$꼴로 쓸 수 있다. 따라서 $d=ax+by$, $x, y\in R$꼴로 적을 수 있다. 한편 $a, b\in\langle d\rangle$이므로 $d|a$, $d|b$가 되어 d는 a, b의 약수이다. 만일 $c|a$, $c|b$이면 $c|ax$, $c|by$이므로 $c|ax+by$이고 따라서 $c|d$가 되어 d는 $\gcd(a, b)$가 된다. □

따름정리 39.9 R은 PID, $a, b, c\in R$이다. 만일 $a|bc$, $\gcd(a, b)=1$이면 $a|c$이다.

증명 $1=ax+by$인 $x, y\in R$가 존재한다. 양변에 c를 곱하면 $c=acx+bcy$이고 오른편은 a의 배수이다. 따라서 $a|c$이다. □

PID가 아니면 gcd가 없는 경우도 있다. 아래 예제를 살펴보자.

【예제 10】 $\mathbb{Z}[\sqrt{-5}]$에서 $a=9$, $b=3(2+\sqrt{-5})$라고 하면

$$9=3\times 3=(2+\sqrt{-5})(2-\sqrt{-5})$$

로 분해된다. 따라서 a, b의 공약수는 $\pm 1, \pm 3, \pm(2+\sqrt{-5})$뿐이다.

3은 공약수이고 ± 1은 단원이므로 최대공약수가 될 수 없다. 또 ± 3과 $\pm(2+\sqrt{-5})$는 다른 것을 나누지 않는다. 따라서 최대공약수는 없다. 마찬가지로 하여 a, b의 lcm도 존재하지 않음을 알 수 있다.

따름정리 39.11 R이 PID이면 기약인 원소는 소이다.

증명 $a\in R$, a는 기약이라고 하자. $a|bc$이라고 할 때 만일 $\gcd(a, b)=1$이면 $a|c$이다. 만일 $\gcd(a, b)\neq 1$이면 $d|a$, $d|b$인 단원이 아닌 $d\in R$가 존재한다. $a=dx$라고 하면 a는 기약이므로 x는 단원이다. $b=dy$라 두면 $bx=dxy=ay$이고 x는 단원이므로 $xu=1$라고 하면 $b=ayu$가 되어 $a|b$이다. 따라서 a는 소가 된다. □

따라서 PID에서는 기약과 소는 동일한 개념이다. 앞 예제에서 $1+\sqrt{5}i\in\mathbb{Z}[\sqrt{-5}]$는 기약이다. 또 $(1+\sqrt{5}i)(1-\sqrt{5}i)=6$이므로 $1+\sqrt{5}i|6=2\times 3$이다. 그러나 $1+\sqrt{5}i$는 2나 3의 약수가 될 수 없다. 따라서 소가 아니다. 따라서 $\mathbb{Z}[\sqrt{-5}]$는 PID가 아니고 결국 유클리드 정역도 될 수 없다.

정의 39.4 정역 R이 다음 조건을 만족시킬 때 R을 유일한 인수분해정역(Unique Factorization Domain)이라고 부른다.

1) R의 임의의 $a\neq 0$, $a\neq$단원에 대해서 $a=c_1c_2\cdots c_n$(c_i는 기약)으로 표시된다.

2) 만일 $a=c_1c_2\cdots c_n=d_1d_2\cdots d_m$($c_i$, d_j는 기약)으로 표시되었다면 $n=m$이고 모든 $1\leq i\leq n$에 대해서 c_i는 적당한 d_j와 동반한다.

보통 유일한 인수분해정역은 간단히 UFD로 표시한다.

$\mathbb{Z}[\sqrt{m}]$이 유클리드정역이 될 경우도 있고 안될 경우도 있는 것처럼 UFD가 될 때도 있고 안 될 때도 있다. 특히 음수인 m은 m이

$$-1,\ -2,\ -3,\ -7,\ -11,\ -19,\ -43,\ -67,\ -163$$

일 때 $\mathbb{Z}[\sqrt{m}]$이 UFD가 된다는 사실을 Gauss가 처음 밝혔고 그 후 1967년 $\mathbb{Z}[\sqrt{m}]$이 UFD가 되는 음수는 이것들 뿐이라는 사실이 증명되었다. 그러나 $\mathbb{Z}[\sqrt{m}]$이 UFD가 되는 양의 정수는 아직 몇 개나 있는지 알려지지 않고 있다.

【예제 11】 정수 $\mathbb{Z}$, 다항식 환 $\mathbb{Q}[x]$는 모두 유일한 인수분해정역이다.

【예제 12】 $\mathbb{Z}[\sqrt{10}]=\{a+b\sqrt{10}\mid a,\ b\in\mathbb{Z}\}$에서 $6=3\times 2=(4+\sqrt{10})(4-\sqrt{10})$이고 각각은 모두 기약이다. 따라서 $\mathbb{Z}[\sqrt{10}]$은 인수분해정역(Factorization Domain)은 되지만 유일 하지는 않다. 즉 UFD가 아니다.

정리 39.12 (PID에서의 ACC) R은 PID이다. $N_1\subset N_2\subset\cdots$가 R의 아이디얼의 증가열이면 적당한 $n\in\mathbb{Z}$가 존재하여 $N_n=N_{n+1}=\cdots$이다.

증명 R의 아이디얼의 열 $N_1\subset N_2\subset\cdots$에서 $I=\cup N_i$이라고 하면 I는 R의 아이디얼이 됨을 쉽게 알 수 있다. R은 PID이므로 $I=\langle c\rangle$라고 두면 $c\in\cup N_i$이므로 적당한 $n\in\mathbb{Z}$에서 $c\in N_n$가 된다. 따라서

$$\langle c\rangle\subset N_n\subset N_{n+1}\subset\cdots\subset I=\langle c\rangle$$

이므로 $N_n=N_{n+1}=\cdots$가 성립한다. □

위의 정리에 의해서 PID에서는 단조증가하는 무한개의 아이디얼의 열은 존재하지 않는다. 이러한 성질을 **증가사슬조건**(Ascending Chain Condition)이라고 하는데 이러한 성질은 수학의 다른 여러 대상에서도 성립한다.

정리 39.13 R이 PID이면 R은 UFD이다.

증명 $a\in R$, $a\neq 0$, $a\neq$단원이라고 하자.

1) 우선 a는 반드시 기약인 인수를 가짐을 보이자.
   만일 a가 어떠한 기약원소로도 나누어 지지 않는다면 $a|a$이므로 a는 기약이 될 수 없다. 따라서

$$a=a_1b_1,\ a_1\neq\text{단원},\ b_1\neq\text{단원}$$

꼴로 표시할 수 있다. 또 $b_1|a$이므로 b_1은 기약이 아니다. 따라서

$$b_1=a_2b_2,\ a_2\neq\text{단원},\ b_2\neq\text{단원}$$

꼴로 표시된다. 또 $b_2|a$이므로 b_2는 기약이 아니다. 따라서 $b_2=a_3b_3$, $a_3\neq$단원, $b_3\neq$단원이 된다. 이와 같이 계속하면

$$a=a_1b_1=a_1a_2b_2=a_1a_2a_3b_3=a_1a_2a_3a_4b_4$$

가 되고

$$\langle a\rangle\subset\langle b_1\rangle\subset\langle b_2\rangle\subset\langle b_3\rangle\subset\cdots$$

이고

$$\langle a\rangle\neq\langle b_1\rangle\neq\langle b_2\rangle\neq\langle b_3\rangle\neq\cdots$$

이다. 왜냐하면 만일 $\langle a\rangle=\langle b_1\rangle$이면 $b_1=ac$, $c\in R$이 되어 $a=a_1ac$로 부터 a_1이 단원이 되기 때문이다. 나머지도 마찬가지. 그런데 PID에서는 이와 같이 증가하는 무한개의 아이디얼열은 있을 수 없다. 따라서 모순이 되므로 결국 a는 반드시 기약인 인수를 가진다.

2) 다음으로 a는 유한개의 기약인 원소의 곱으로 표시됨을 보이자.
   앞에서 단원이 아닌 원소는 반드시 기약인 인수를 가지므로 $a=p_1c_1$, p_1은 기약이라고 하자. 만일 c_1이 단원이면 p_1c_1도 기약이므로 a 자신이 기약이다. 만일 c_1이 단원이 아니면 $c_1=p_2c_2$(p_2는 기약)으로 표시된다. 다시 c_2가 단원이면 c_1이 기약이 되어 $a=p_1c_1$, p_1, c_1은 기약이므로 잘 된다. 따라서 만약 c_2가 단원이 아니면 다시 $c_2=p_3c_3$(p_3는 기약)꼴로 표시된다. 이와 같이 하여 c_i가 계속 단원이 아니면

$$a=p_1c_1=p_1p_2c_2=p_1p_2p_3c_3=\cdots$$

가 되고

$$\langle a\rangle \subset \langle c_1\rangle \subset \langle c_2\rangle \subset \cdots,\ \langle c_i\rangle \neq \langle c_{i+1}\rangle$$

이 되어 모순이다. 결국 적당한 곳에서 c_i는 단원이 되어야 하고 따라서 $a=p_1p_2\cdots p_i$, p_i는 기약으로 표시된다.

3) 마지막으로 $a\in R$가 유한개의 기약인 원소의 곱으로 유일하게 표시됨을 보이자. 만일

$$a=p_1p_2\cdots p_r=q_1q_2\cdots q_s \text{이고 } r<s,\ p_i,\ q_j \text{는 기약}$$

이라고 하자. p_1은 기약이므로 소이고 $p_1|q_1q_2\cdots q_s$이므로 $p_1|q_j$, $1\leq j\leq s$가 된다. 편의상 q_j를 재배열해서 $q_j=q_1$이라 두자. $q_1=p_1u_1$꼴이고, q_1, p_1은 기약이므로 u_1은 단원이다. 따라서 p_1과 q_1은 동반한다.

$$p_1p_2\cdots p_r=p_1u_1q_2\cdots q_s$$

이므로 p_1를 소거시켜서

$$p_2\cdots p_r=u_1q_2\cdots q_s$$

를 얻을 수 있다. 이와 같이 $p_2, p_3\cdots$에 대해서도 반복하면 결국 $1=u_1u_2\cdots u_r\cdots q_s$가 남는데 q_s는 기약이므로 모순이다. 결국 $r\geq s$이고 같은 방법으로 $r\leq s$를 얻을 수 있다. 따라서 $r=s$가 되어 유한개의 기약인 원소들의 곱은 단원만 무시하면 유일하게 표시된다. □

위의 정리 39.13과 비슷한 방법으로 $\mathbb{Z}[\sqrt{m}]$은 인수분해정역이 됨을 증명할 수 있다. 이때는 아이디얼의 열 $\langle a\rangle\subset\langle b\rangle\subset\cdots$ 대신 $N(a)>N(b)>\cdots$를 이용한다. 물론 UFD는 안된다. (될 때도 있기는 있다).

우리는 위의 정리의 결과로 여러 가지 환 중에서

체 ⇒ 유클리드정역(ED) ⇒ 주아이디얼정역(PID) ⇒
유일한 인수분해정역(UFD) ⇒ 인수분해정역(FD) ⇒ 정역(ID)

과 같은 관계를 알 수 있다. 그러나 역은 성립하지 않는다. 그 예를 차례로 찾아보자.

다음 예제는 $x^3+y^3=z^3$을 만족시키는 0이 아닌 정수 x, y, z는 없다는 사실을 증명하기 위해서 1770년 오일러가 사용한 방법인데 오일러는 $\mathbb{Z}[\sqrt{-3}]$이 UFD가 되는 것으로 착각하고 증명하여서 결국 이 문제

는 미완성인 채로 남게 되었다. 그 후 1843년 Kummer는 w를 $x^p=1$의 원시근이라고 하면 $\mathbb{Z}[w]$는 UFD라는 가정 아래서 페르마의 정리를 증명하였다. 그러나 이것도 1847년 w가 $x^{23}=1$의 근일 때는 $\mathbb{Z}[w]$는 UFD가 아니라는 사실을 Cauchy가 지적함으로써 페르마의 정리는 또 다시 미해결로 남게 되었다. 결국 이 문제는 1994년 Andrew Wiles에 의해서 해결되었다. $\mathbb{Z}[\sqrt{-3}]$는 UFD가 아님을 밝혀 보자.

【예제 15】 $R=\{a+b\sqrt{3}i \mid a, b\in\mathbb{Z}\}$라고 하면 R은 복소수 $\mathbb{C}$의 부분환이다. 따라서 정역이 됨은 당연하다. R에서

$$4=2\times 2=(1+\sqrt{3}i)(1-\sqrt{3}i)$$

이고 각 인수는 기약이며 어느 것도 동반원이 아님을 보이자. 임의의 $\alpha=a+b\sqrt{3}i\in R$에 대해서 $N(\alpha)=a^2+3b^2$이라고 하면 $N(\alpha)=0$일 필요충분조건은 $\alpha=0$이고 $\alpha, \beta\in R$에 대해서

$$N(\alpha\beta)=N(\alpha)N(\beta)$$

이다.만일 $\alpha\in R$가 단원이면 $\alpha\beta=1$인 $\beta\in R$가 존재한다. 따라서

$$N(\alpha\beta)=N(\alpha)N(\beta)=N(1)=1$$

이므로 $N(\alpha)=1$이다. $\alpha=a+b\sqrt{3}i\in R$가 $N(\alpha)=1$이면 $a^2+3b^2=1$이므로 $a=\pm 1$, $b=0$이다. 따라서 $\alpha=\pm 1$이 되어 R에서는 단원은 ± 1, 두 개다. 2가 기약임을 보이자. 우선 $2\neq 0$, 2는 단원이 아니다. 만일 $2=\alpha\beta$, $\alpha, \beta\in R$이라고 하면 $N(2)=N(\alpha)N(\beta)$에서 $N(\alpha)N(\beta)=4$이다. 그런데 $N(\alpha)=0, 1, 3, 4, \cdots$이므로 $N(\alpha)=1$ 또는 $N(\beta)=1$이 되어 결국 2는 기약이다. 마찬가지로 $1+\sqrt{3}i$, $1-\sqrt{3}i$도 모두 기약이다. 따라서 R은 UFD가 아니다. 또 $2\mid(1+\sqrt{3}i)(1-\sqrt{3}i)$이지만 2는 어느 것도 나누지 않는다. 따라서 2는 기약이지만 소는 아니다.

실제로 따름정리 39.3에서 $\alpha\in R$가 $N(\alpha)$가 소수이면 α는 기약이다.

또 위의 사실을 이용하면 임의의 $\alpha\in R$, $\alpha\neq 0$, $\alpha\neq$단원이면 $N(\alpha)$를 소인수분해하여 α를 기약인 원소의 곱으로 표시할 수 있다.

【예제 14】 정수계수다항식환 $\mathbb{Z}[x]$에서

$$I=\{a(x)\in \mathbb{Z}[x] \mid a(x)\text{의 상수항이 짝수}\}$$

라고 하면 I는 $\mathbb{Z}[x]$의 아이디얼이다. 그러나 I는 주아이디얼이 아니다. 왜냐하면 $2\in I$, $x\in I$이므로 만일 $I=\langle f(x)\rangle$라고 하면 $f(x)|2$, $f(x)|x$가 되어 이러한 $f(x)$는 존재하지 않는다. $\mathbb{Z}[x]$는 PID가 아니다. 물론 $\mathbb{Z}[x]$는 UFD이다.

【예제 15】 F는 체이고 $F[x, y]$는 변수가 x, y 두 개인 다항식환이라고 하자. 즉 $F[x, y]=(F[x])[y]$로 생각하면 계수가 $F[x]$의 원소인 y에 관한 다항식환이다. 물론 거꾸로 생각해서 $(F[y])[x]$로 봐도 된다.

$$N=\{a(x, y)\in F[x, y] \mid a(x, y)\text{의 상수항은 } 0\}$$

이라고 하면 N은 $F[x, y]$의 아이디얼이다. 그러나 주아이디얼은 될 수 없다. 그 이유는 $x\in N$, $y\in N$이므로 만일 $N=\langle f(x)\rangle$라고 하면 $f(x)$는 x와 y의 공약수이므로 단원이 되고 따라서 $N=F[x, y]$가 되어 모순이다. F는 체이므로 $F[x]$는 UFD이고 따라서 $(F[x])[y]$도 UFD가 됨은 쉽게 증명할 수 있다. 결국 $F[x, y]$는 UFD는 되나 PID는 아니다.

【예제 16】 $\mathbb{Z}[\sqrt{10}]$, $\mathbb{Z}[-\sqrt{5}]$는 인수분해는 되나 유일한 인수분해정역은 아니다.

이번에는 PID이면서 유클리드정역이 안되는 보기를 찾아보자. 다음 보기는 좀 어려우므로 소개만 하겠다. 궁금한 사람은 직접 확인해 보기 바란다.

【예제 17】

$$D=\left\{a+\frac{1}{2}b(1+\sqrt{19}\,i) \mid a, b\in \mathbb{Z}\right\}$$

라고 하면 D는 PID는 되나 D가 유클리드정역이 되는 유클리드평가함수 d는 존재하지 않는다. [T. Motzkin의 "The Euclidean Algorithm" Bulletine of the AMS, vol 55, pp. 1142－1146(1949)를 참고]

정리 39.14 (유클리드호제법) R은 유클리드정역이고 d는 R의 유클리드평가함수라 하자. 임의의 $a, b \neq 0 \in R$에 대해서 $a = bq_1 + r_1$이고 $r_1 \neq 0$이면 $b = r_1 q_2 + r_2$, $r_1 = r_2 q_3 + r_3, \cdots$와 같이 계속해서 나머지가 0이 아니면 $r_{i-1} = r_i q_{i+1} + r_{i+1}$ 같이 반복하면

$$d(b) > d(r_1) > d(r_2) > \cdots > d(r_i) > d(r_{i+1}) > \cdots$$

이 되어 결국은 나머지의 열 $r_1, r_2, \cdots, r_i, \cdots$는 적당한 n에서 $r_n = 0$이 된다. 만일 $r_1 = 0$이면 $b = \gcd(a, b)$이고 r_n에서 처음으로 0이 되면 $\gcd(a, b) = r_{n-1}$이다.

증명 $r_1 = 0$이면 $a = bq_1$이므로 $\gcd(a, b) = b$이다. $r_1 \neq 0$이라고 하자. 만일 $d|a$, $d|b$이면 $d|a - bq_1$이므로 $d|r_1$이다. 또 만일 $c|r_1$, $c|b$이면 $c|bq_1 + r_1$이므로 $c|a$이다. 따라서

$$\{x|x\text{는 } a, b\text{의 공약수}\} = \{c|c\text{는 } b, r_1\text{의 공약수}\}$$

가 성립한다. 마찬가지로 $r_2 \neq 0$이면

$$\{x|x\text{는 } b, r_1\text{의 공약수}\} = \{x|x\text{는 } r_1, r_2\text{의 공약수}\}$$

이다. 이와 같은 방법을 반복하여 $r_n = 0$이 되었다면

$$\{x|x\text{는 } a, b\text{의 공약수}\} = \{x|x\text{는 } r_{n-2}, r_{n-1}\text{의 공약수}\}$$

이므로 $\gcd(a, b) = \gcd(r_{n-2}, r_{n-1})$이다. 그런데 $r_{n-2} = r_{n-1}q_n + r_n = r_{n-1}q_n$이므로

$$\gcd(r_{n-2}, r_{n-1}) = \gcd(r_{n-1}q_n, r_{n-1}) = r_{n-1}$$

이다. □

연습문제(39)

1. $\mathbb{Z}[\sqrt{10}]=\{a+b\sqrt{10}\mid a, b\in\mathbb{Z}\}$에서
   (1) $a+b\sqrt{10}$가 단원일 필요충분조건은 $a^2-10b^2=\pm1$임을 보여라.
   (2) 2, 3, $4+\sqrt{10}$, $4-\sqrt{10}$은 기약임을 보여라.
   (3) 2, 3, $4+\sqrt{10}$, $4-\sqrt{10}$은 소가 아님을 보여라.
   (4) $\mathbb{Z}[\sqrt{10}]$의 원소는 유한개의 기약원소의 곱으로 여러 가지 방법으로(not unique) 표시됨을 보여라.

2. 정역에서 단원은 소 원소의 곱으로 표시되지 않음을 보여라.

3. $\mathbb{Z}[\sqrt{3}i]=\{a+b\sqrt{3}i\mid a, b\in\mathbb{Z}\}$이다. $\alpha\neq0$, $\alpha\neq\pm1$인 $\alpha\in\mathbb{Z}[\sqrt{3}i]$는 유한개의 기약인 원소의 곱으로 표시됨을 보여라.

4. $\mathbb{Z}[\sqrt{5}i]=\{a+b\sqrt{5}i\mid a, b\in\mathbb{Z}\}$에서 21은 세 가지 모양으로 분해됨을 보여라.

5. D는 유클리드정역이고 d는 유클리드 함수이다. 다음을 증명하라.
   (1) a가 단원일 필요충분조건은 $d(a)=d(1)$이다.
   (2) d가 상수함수이면 D는 체이다.
   (3) $a, b\in D$가 동반원이면 $d(a)=d(b)$이다.

6. $\mathbb{Z}[\sqrt{2}i]=\{a+b\sqrt{2}i\mid a, b\in\mathbb{Z}\}$는 유클리드정역임을 보여라.

7. D는 모든 원소가 기약원소의 곱으로 표시되는 정역이다. D가 UFD일 필요충분조건은 모든 기약인 원소는 소임을 보여라.

8. 정역 $\mathbb{Z}[\sqrt{3}i]=\{a+b\sqrt{3}i\mid a, b\in\mathbb{Z}\}$에서
   (1) $\sqrt{3}i$는 소임을 보여라.
   (2) 4와 $2+2\sqrt{3}i$의 gcd는 없음을 보여라.

9. $\mathbb{Q}[x]$에서 $2x^3+9x^2+12x+5$와 $2x^5+5x^4+8x+20$의 gcd를 구하라.

10. 가우스정수환 $\mathbb{Z}[i]$에서

(1) α가 소일 필요충분조건은 $d(\alpha)$가 소수이거나 또는 α가 $4t+3$꼴의 소수와 동반일때 임을 보여라.

(2) $1+3i$, $7+8i$, $99+27i$를 각각 소 원소의 곱으로 표시하라.

11. $a, b \in \mathbb{Z}$, p는 $4t+3$꼴의 소수이다. $p \mid (a^2+b^2)$이면 $p^2 \mid (a^2+b^2)$임을 보여라.

12. $n \geq 2$인 정수이다. $n=a^2+b^2$, $a, b \in \mathbb{Z}$일 필요충분조건은 n을 소인수분해했을 때 $4t+3$꼴의 소수는 반드시 짝수지수가 됨을 보여라.

13. $\mathbb{Z}[i]$에서 $\gcd(53+9i,\ 1+7i)$를 구하라.

14. R은 PID이고 I는 R의 아이디얼이다. R/I의 아이디얼은 유한개 뿐임을 보여라.

40 군의 작용 (Group Action)

군의 작용은 유한군의 성질과 구조를 파악하는데 매우 유용하다. 또 Sylow정리도 군의 작용으로 쉽게 증명할 수 있다. 위상수학에서도 위상군에 많이 이용된다.

정의 40.1 X는 공집합이 아닌 집합이고 G는 군이다. 이 때 $G\times X$에서 X로의 함수 $*$가 존재하여 다음 조건 1), 2)를 만족시킬 때 집합 X를 **G-집합**(G-set), 또는 군 G는 X에 자용한다(G act on X)라고 한다; (단, $(g, x)\in G\times X$의 함수 값 $*(g, x)$는 간단히 $g*x$ 또는 gx로 표시한다.)
모든 $g_1, g_2\in G$, $x\in X$에 대해서

1) $e*x=x$ (e는 군 G의 항등원)
2) $(g_1g_2)*x=g_1*(g_2*x)$

참고 위의 정의에서 군 G를 X의 왼편에 곱했는데 마찬가지로 오른편에 곱해서 $*:X\times G\to X$인 함수도 생각할 수 있다. 이때는 X를 우 G-집합이라고 부른다. 위의 정의는 정확하게 X는 좌 G-집합(left G-set)이다. 결국은 같은 개념이므로 우리는 그냥 좌 G-집합에 대해서만 생각하기로 한다.

X가 좌G-집합이면 G의 임의의 원소 $a\in G$에 대해서 X에서 X로의 전단사함수

$$f_a : X \to X,\ f_a(x) = ax$$

를 만들 수 있다. 또 그 역도 성립한다. 즉 G의 각 원소 a에 대해서 X에서 X로의 전단사함수가 존재하면 X는 G-집합이다.

【예제 1】 H는 군 G의 부분군이다.

$$* : H \times G \to G,\ \ *(h, g) = hg$$

라고 하면 G는 H-집합이 된다. 즉 G의 모든 부분군 H는 G에 작용한다.

【예제 2】 G는 군, $X = \{K \mid K$는 G의 부분군$\}$라고 하고 임의의 $g \in G$, $K \in X$에 대해서

$$* : G \times X \to X,\ \ *(g, K) = gKg^{-1}$$

라 하면

1) $eKe^{-1} = K$
2) $(g_1 g_2)K(g_1 g_2)^{-1} = g_1(g_2 K g_2^{-1})g_1^{-1}$

이므로 $(g_1 g_2) * K = g_1 * (g_2 * K)$ 되어 X는 G-집합이 된다. 이때 함수값 $g * K = gKg^{-1}$는 K의 켤레부분군(conjugate subgroup)이다. 또 이때의 함수 $*$는 켤레작용함수(conjugate action)이다.

【예제 3】 G는 군, $X = G$라 두고 $g, x \in G$에서

$$*(g, x) = gxg^{-1}$$

라 두면 G는 G-집합이 된다. 이때 작용함수 $*$는 켤레작용함수이고 $g * x = gxg^{-1}$는 x의 켤레원소이다.

정리 40.1 X는 G-집합이다.

(1) X에서 관계 ~를

"$a \sim b$일 필요충분조건은 $b = ga$를 만족시키는 $g \in G$가 존재한다"

로 정의하면 ~는 X에서 동치관계가 된다.

(2) 각 $x \in X$에 대해서

$$G_x = \{g \in G \mid gx = x\}$$

라고 하면 G_x는 G의 부분군이 된다.

증명 1) i) 임의의 $a \in X$에 대해서 $a = ea$이므로 $a \sim a$이다.

ii) 만일 $a \sim b$이면 $b = ga$인 g가 존재하고 따라서

$$g^{-1}b = g^{-1}(ga) = (g^{-1}g)a = ea = a$$

이므로 $b \sim a$가 된다.

iii) $a \sim b$, $b \sim c$이면 $b = g_1 a$, $c = g_2 b$인 g_1, $g_2 \in G$가 존재하고 따라서,

$$c = g_2 b = g_2(g_1 a) = (g_2 g_1)a$$

이므로 $a \sim c$가 성립한다.

2) g_1, $g_2 \in G_x$라 하면 $g_1 x = x$, $g_2 x = x$이다. 따라서

$$g_2^{-1}x = g_2^{-1}(g_2 x) = ex = x$$

이므로

$$(g_1 g_2^{-1})(x) = g_1(g_2^{-1}x) = g_1 x = x$$

따라서, $g_1 g_2^{-1} \in G_x$이므로 G_x는 G의 부분군이 된다. □

위의 정리 40.1에서의 동치관계 ~에서 x의 동치류를 특히 x의 **궤도**(orbit)라고 부른다. 따라서 x의 궤도 $\bar{x}$는 $\bar{x} = \{gx \mid g \in G\}$이다. $\bar{x} = \{x\}$, 즉 x의 궤도가 한 개뿐이면 모든 $g \in G$에 대해서 $gx = x$이다. 이때 x를 **고정점**(fixed point)라고 한다. 또 G_x를 x를 고정시키는 부분군(subgroup fixing x) 또는 x의 isotropy군 또는 x의 **안정부분군**(stabilizer)이라고 부른다.

【예제 4】 예제 3과 같이 $X = G$, $*(g, x) = gxg^{-1}$라고 했을 때, x의 궤도 $\bar{x}$는

$$\bar{x} = \{gxg^{-1} \mid g \in G\}$$

이다. 즉, x의 켤레류가 된다. 또

$$G_x=\{g\in G \mid gxg^{-1}=x\}=\{g\in G \mid gx=xg\}$$

이 된다. 즉, x의 중심화 부분군 $C(x)$가 된다. 또, 위의 예제 2에서는

$$G_x=\{x\in G \mid xKx^{-1}=K\}=\{x\in G \mid xK=Kx\}$$

가 되는데, 이 부분군을 특히 K의 **정규화부분군**(normalizer)이라 부르고 $N(K)$로 표시한다. (연습문제 10.13 참조)

G의 모든 부분군 K는 $N(K)$의 정규부분군이 되며, 또 K가 G의 정규부분군이 될 필요충분조건은 $N(K)=G$가 됨을 잘 알 수 있다. (연습문제 10.13)

> **정리 40.2** X는 G-집합이다. $x\in X$일 때 x의 궤도 $\bar{x}$의 원소의 개수는 $[G:G_x]$와 같다.

증명 G_x의 좌잉여류들의 집합에서 x의 궤도 $\bar{x}$로의 함수 f를

$$f:\{aG_x \mid a\in G\}\to \bar{x}=\{gx \mid g\in G\},\ f(hG_x)=hx$$

로 정의하면

$$hG_x=gG_x\Leftrightarrow h^{-1}g\in G_x\Leftrightarrow (h^{-1}g)x=x\Leftrightarrow hx=gx$$

이므로 f는 잘 정의되며 또 단사함수가 된다. 임의의 $gx\in\bar{x}$에 대해서 $gG_x\in G/G_x$이고 $f(gG_x)=gx$이므로 f는 전사이다. 따라서

$$[G:G_x]=|\bar{x}|$$

가 됨을 알 수 있다. □

이 정리로부터 우리는 정리 9.11의 류방정식도 유도할 수 있다. G가 유한군이라고 하자. 예제 4에서

$$X = G, \quad *(g, x) = gxg^{-1}$$

로 정의하면 $G_x = C(x)$이다. $\overline{a_1}, \overline{a_2}, \overline{a_3}, \cdots, \overline{a_n}$를 G의 서로 다른 모든 켤레류라고 하면 정리 40.2에서

$$\begin{aligned} |G| &= |\overline{a_1}| + |\overline{a_2}| + \cdots + |\overline{a_n}| \\ &= [G: C(a_1)] + [G: C(a_2)] + \cdots + [G: C(a_n)] \end{aligned}$$

이다. 또 $[G: C(a)] = 1 \Leftrightarrow G = C(a) \Leftrightarrow a \in Z(G)$이므로

$$|G| = |Z(G)| + \sum [G: C(a_i)] \ (\text{단, } [G: C(a_i)] > 1)$$

이 됨을 알 수 있다.

정리 40.3 G는 위수 p^n(p는 소수)인 군이고 X는 유한집합이다. X는 G-집합이고

$$X_0 = \{x \in X \mid \text{모든 } h \in G\text{에 대해서 } hx = x\}$$

라 하면 $|X| - |X_0|$는 p의 배수이다.

증명 임의의 $x \in X$에 대해서 $\bar{x} = \{hx | h \in G\}$이고 항상 $x \in \bar{x}$이므로 $|\bar{x}| = 1$일 필요충분조건은 $\bar{x} = \{x\}$, 즉 모든 $h \in G$에 대해서 $hx = x$이다. 따라서

$$x \in X_0\text{일 필요충분조건은 } |\bar{x}| = 1$$

이므로 X는 서로소인 동치류 집합들의 합

$$X = X_0 \cup \overline{x_1} \cup \overline{x_2} \cup \cdots \cup \overline{x_n} \ (\text{단, } |\overline{x_i}| > 1)$$

꼴로 쓸 수 있다(류방정식의 일반화). 따라서

$$|X| = |X_0| + |\overline{x_1}| + \cdots + |\overline{x_n}|$$

이다. 그런데 $|\bar{x}| > 1$이면 $|\bar{x}| = [G: G_x] \neq 1$이고 이 지수는 라그랑즈의 정리에 의해서 $|G| = p^n$의 약수이므로 p의 배수가 된다. 따라서

$$|X| - |X_0| = |\overline{x_1}| + \cdots + |\overline{x_n}|$$

는 p의 배수이다. □

위의 정리에서 X_0는 X의 고정점의 집합이 됨을 알 수 있다. 즉

$X_0=\{x\in X\mid$모든 $h\in G$에 대해서 $hx=x\}=\{x\in X\mid x$는 G의 고정점$\}$

이다.

정리 40.4 G는 유한군, H는 G의 p-부분군이면 $[G:H]-[N(H):H]$는 p의 배수이다.

증명 $X=\{aH|x\in G\}$는 G의 좌잉여류의 집합이라 하고

$$*:H\times X\to X,\ h*(xH)=(hx)H$$

라 하면

$$e*(xH)=(ex)H=xH,$$
$$(g_1g_2)*(xH)=((g_1g_2)x)H=g_1(g_2xH)=g_1*(g_2*xH)$$

이므로 X는 H-집합이 된다.

$xH\in X_0$일 필요충분조건은 임의의 $h\in H$에 대해서 $h(xH)=xH$, 즉, 임의의 $h\in H$에 대해서 $x^{-1}hx\in H$이므로 결국 $xHx^{-1}\subset H$이다. 그런데 $|H|=|xHx^{-1}|$이므로 결국

$$\begin{aligned}X_0&=\{xH\in X\mid xHx^{-1}=H\}\\&=\{xH\in X\mid x\in N(H)\}\\&=N(H)/H\end{aligned}$$

가 된다. 따라서

$$|X_0|=|N(H)/H|=[N(H):H]$$

이다. 한편 $|X|=[G:H]$이므로 정리 40.3에 의해서

$$|X|-|X_0|=[G:H]-[N(H):H]$$

는 p의 배수이다. □

따름정리 40.5 G는 유한군, H는 G의 p-부분군이다. 만일 $[G:H]$가 p의 배수면 $N(H)\neq H$이다.

증명 $[G:H]=pt$라 두자. 만일 $N(H)=H$면 $[(N(H):H]=1$이고 $pt-1$이 p의 배수가 되어 모순이다. 따라서 $N(H)\neq H$이다. □

【예제 5】 $G=S_3$, $H=\langle(1\ 2\ 3)\rangle$라면 $[G:H]=2$이므로 H는 G의 정규부분군이다. 따라서 모든 $g\in G$에 대해서 $gHg^{-1}=H$가 되어 $N(H)=G$이다.

또 만일 $H=\langle(1\ 2)\rangle$라고 하면 H는 G의 정규부분군이 아니다. 따라서 $N(H)\neq G$이므로 $|N(H)|=1, 2, 3$ 중 하나이다. 그런데 $|N(H)|$는 $|H|$의 배수이므로 결국 $|N(H)|=2$, 따라서 이때는 $N(H)=H$이다.

정리 40.6 (제3-실로우의 정리) G의 실로우 p-부분군의 개수는 $|G|$의 약수이고 $pk+1$ 꼴이다.

증명 위의 예제 2와 같이

$$X=\{A\mid A\text{는 } G\text{의 부분군}\},\ *:G\times X\to X,\ g*A=gAg^{-1}$$

즉 $*$를 결레작용함수(conjugate action)이라고 하면 X는 G-집합이 된다. K를 G의 한 실로우 p-부분군이라고 하면 K의 궤도 $\overline{K}$는 $\{gKg^{-1}|g\in G\}$이고

$$G_K=\{g\in G\mid gKg^{-1}=K\}=N(K)$$

가 된다. 정리 40.2에 의해서 $|\overline{K}|=[G:G_K]$이고 또 실로우 p-부분군의 개수는 K와 켤레인 부분군의 개수이다. $\overline{K}$는 G의 실로운 p-부분군의 집합이므로

$$|\{gKg^{-1}\mid g\in G\}|=\overline{K}=[G:G_K]=[G:N(K)]=\frac{|G|}{|N(K)|}$$

이다. 따라서 G의 실로우 p-부분군의 개수는 $|G|$의 약수이다. 이번에는 다시

$$X=\{H\mid H\text{는 } G\text{의 실로우 } p\text{-부분군}\},\ *:K\times X\to X,\ *(k, H)=kHk^{-1}$$

리고 하면 앞 정리에 의해서 $kHk^{-1}\in X$이므로 X는 K-십합이 된다. 고정점 집

합 X_0에 대해 $X_0=\{K\}$임을 보이자. 임의의 $k\in K$에 대해서 $Kk^{-1}=K$이므로 $K\in X_0$이다. 만일 $H\in X_0$라고 하면 임의의 $x\in K$에 대해서 $xHx^{-1}=H$, 즉 $K\subset N(H)$이다. 물론 $H\subset N(H)$이고 H는 $N(H)$의 정규부분군이므로 $KH=HK$가 되어 KH는 G의 부분군이 된다. 따라서 $|KH|=\dfrac{|H||K|}{|H\cap K|}$에서 만일 $H\cap K\neq K$이면 $|KH|\geq|H|p^i$, $i\geq 1$이 되어 모순이다. 따라서 $H\cap K=K$에서 $K\subset H$이고 둘다 실로우 p-부분군이므로 $K=H$가 되어 결국 $|X_0|=1$이다. 즉 $X_0=\{K\}$뿐이다. 따라서 $|X|-|X_0|=|X|-1$은 p의 배수이므로 실로우 p-부분군의 개수는 $pk+1$꼴이다. □

연습문제(40)

1. X는 G-집합이다. $Y \subset X$, $G_Y = \{g \in G \mid$ 모든 $y \in Y$에 대해서 $gy = y\}$라 하면 G_Y는 G의 부분군임을 보여라.

2. $G = (\mathbb{R}, +)$, $X = \mathbb{R} \times \mathbb{R}$, 임의의 $P \in X$, $\theta \in G$에 대해서 $\theta * P$는 P를 θ만큼 시계 반대방향으로 회전시킨 점이다.
   (1) X는 G-집합이 됨을 보여라.
   (2) $P \in X$에 대해서 P의 고정부분군 G_P를 구하라.
   (3) $P \in X$의 궤도 $\overline{P}$를 구하라.

3. $|G| = 55$, $|X| = 18$, X는 G-집합이다. G는 적어도 두 개의 고정점을 가짐을 보여라.

4. X는 G-집합이다. $gx = y$라고 하면 $G_y = gG_x g^{-1}$임을 보여라.

5. 다음을 증명하라.
   (1) 군 G의 임의의 원소 g, $x \in G$에 대해서 $C(gxg^{-1}) = gC(x)g^{-1}$이다.
   (2) 군 G의 임의의 부분군 H, $g \in G$에 대해서 $N(gHg^{-1}) = gN(H)g^{-1}$이다.

6. G는 유한 p-군이고 X는 G-집합이다. $|X|$가 p의 배수가 아니면 X는 적어도 한 개의 고정점을 가짐을 보여라.

7. G는 유한 p-군이다.
   (1) N이 G의 정규부분군이면 $N \cap G \neq \{e\}$임을 보여라. 단, $N \neq \{e\}$이다.
   (2) $|Z(G)| \geq 2$임을 보여라.

8. $G = \{e, (1\ 2\ 3\ 4)(5\ 6\ 7\ 8), (1\ 3)(2\ 4)(5\ 7)(6\ 8), (1\ 4\ 3\ 2)(5\ 8\ 7\ 6)\} \subset S_8$이다.
   $X = \{1, 2, 3, 4, 5, 6, 7, 8\}$일 때
   (1) 7의 안정부분군을 구하라.
   (2) 7의 궤도를 구하라.

9. X는 G-집합이다. 임의의 $x, y \in X$에 대해서 $gx = y$인 $g \in G$가 존재하면 $|X|$는 $|G|$의 약수임을 보여라.

참고 이러한 G-집합을 **추이적**(transitive)이라고 부른다.

10. $\theta = (1\ 2)(3\ 4)(5\ 6)$, $\psi = (2\ 3) \in S_6$, $G = \{e, \theta, \psi, \theta\psi, \psi\theta, \theta\psi\theta, \psi\theta\psi, (\theta\psi)^2\}$ 은 S_6의 부분군이다. $X = \{1, 2, 3, 4, 5, 6\}$, X는 G- 집합이라고 하면 각 $i \in X$의 궤도 $\bar{i}$와 고정부분군 G_i를 구하라.

11. $f \in S_A$,. $|f| = n$, $a \in A$, $\theta = (a\ f(a)\ f^2(a) \cdots f^{m-1}(a))$, $f^m(a) = a$ 이면 m는 n의 약수임을 보여라.

참고문헌

1. 김응태, 박성안, 현대대수학, 이우출판사, 1984.
2. 김주필, 알기쉬운 대수학, 대선, 2002.
3. 김주필, 알기쉬운 집합론, 북스힐, 2007.
4. 천장호, 현대대수학, 대영사, 1988.
5. B. Baumslag and B. Chandler, Group theory, Schaum's Outline Series McGraw-Hill Book Co., 1968.
6. Chalres C. Pinter, A book of Abstract Algebra, McGraw-Hill Publishing Company, 1990.
7. Chalres C. Pinter, Set theory, McGraw-Hill. Inc., New York, 1969.
8. Dan Saracino, Abstract Algebra : A First Course, Addison-wesley Publishing Company, 1980.
9. David M. Burton, Elementary Number Theory, Wm. C. Brown Publishers, 1997.
10. Gödel, über formal unentscheidbare sät3eder-38, 173-198, 1931.
11. Homer Bechtell, The Theory of Groups, Addison-wesley Publishing Company, 1971.
12. I. N. Herstein, Topics in Algebra, John Wiley & Sons, Inc. 1975.
13. John B. Fraleigh, A first Course in Abstract Algebra, Addison-wesley Publishing Company, 1982.
14. John D. Dixon, Problems in Group Theory, Dover Publications, Ins. New York, 1973.
15. Kaplansky, Fields and Rings, 2-nd edition, The Univ of Chicago Press, 1972.
16. Larry Smith, Linear Algebra, Springer-Verlag, 1978.
17. Lisl, Gaal, Classical Galois theory, Chelsea Publishing Company, New York, N. Y. 1979.
18. Ludolf Lidl & Gunter Pilz, Applied Abstract Algebra, Springer, 1998.

19. Maurice Auslander & David A. Buchsbaum, Groups, Rings, Modules, Happer & Row, publishers, 1974.
20. P. M. Cohn, F. R. S., Universal Algebra, D. Reidel Publishing Company, 1981.
21. Thomas W. Hungerford, Algebra, Holt, Rinehart and Winston, 1974.

찾아보기

[ㅈ]

[ㅊ]

[ㅋ]

[ㅍ]

김 주 필

경북대학교 문리대 수학과 이학사
경북대학교 대학원 이학석사, 이학박사
한남대학교 이과대학 수학과 교수
한남대학교 이과대학장, 수리과학연구소장
미시간 주립대학교 연구교수

〈저서〉
기초 현대대수학, 한남대학교 출판부, 1996
알기쉬운 대수학 , 대선, 2003
알기쉬운 집합론, 북스힐, 2007

〈논문〉
군에서의 퍼지합동
클리포드 반군상의 단사포락
반군에서의 소아이디얼 외 30여 편

최 은 미

이화여자대학교 수학과 이학사
이화여자대학교 수학과 대학원 이학석사
Tufts University 수학과 대학원 이학박사
Oregon State University 연구교수
Indiana University 연구교수

〈저서〉
즐거운 대학수학, 경문사, 2007
정수론, 청문각, 2009
수학을 빛낸 여성들, 경문사, 2007
행복한교과서 수학자를 만나다, 경문사, 2006

〈논문〉
사영표현과 중심확대체
Brauer와 Schur 대수와 다수의 순수 대수학 논문
미적분 개혁운동과 미적분 강좌의 방향연구
학습중심과 능력중심성향이 수학적 신념과
지식에 미치는 영향 외 다수의 수학교육학 논문

즐거운 현대대수 II

2010년 3월 22일 초판 발행
2023년 7월 15일 초판 2쇄 발행

저 자 / 김주필 · 최은미
발행자 / 오판근
발행처 / 교우사

주 소 / 서울특별시 동대문구 약령시로 8 교우빌딩 2층
전 화 / 925-2861(代), 편집부 / 925-2825
팩 스 / 070-7966-8610

E-mail / kyowoo@kyowoo.co.kr
http://www.kyowoo.co.kr

등록 / 1994. 3. 24 제6-0256호

ISBN 978-89-8172-850-2 (94410)
978-89-8172-848-9 (세트)

값 24,000 원